VERLAG
THOMAS
HAMMERL

Thomas Hammerl

my inspiration

Top-Kreative weltweit
offenbaren ihre Erkenntnisse über
Intuition, Inspiration,
Kreativität,
Flops und Erfolg

Verlag Thomas Hammerl, Augsburg | Edition "Ars longa, vita brevis"

Hammerl, Thomas:
my inspiration –
Top-Kreative weltweit offenbaren ihre Erkenntnisse
über Intuition, Inspiration, Kreativität, Flops und Erfolg

1. Auflage, August 2016
Veröffentlicht im Verlag Thomas Hammerl, Augsburg
Edition "Ars longa, vita brevis"

Lektor/Korrektor: Joachim Pagel
Umschlagkonzept/-gestaltung: Harald Sianos
Graphische Gestaltung: Harald Sianos (www.designbuero7.com)
Verwendete Schrifttypen: Ibis Text und Signa Condensed
Papier: Condat matt Périgord
Druck: Senser Druck GmbH, Augsburg
Bindung: Diegmann Bückers, Anzing

klimaneutral
natureOffice.com | DE-559-793077
gedruckt

mit Biofarben, chemiereduziert und Ökostrom.
Papier aus forstwirtschaftlichem Waldanbau

Printed in Germany – ISBN 978-3-9818308-1-1

Dieses Buch ist
Ursula „Ulla“ Knipper
gewidmet –
Partnerin, Muse und Kritikerin in einer Person.

INHALT

87 | Godley, Kevin:
Musikvideoregisseur/Musiker (Großbritannien)
10cc/„I'm Not In Love" (Song), Godley & Creme/„Cry" (Song & Video), Herbie Hancock/„Rockit" (Video)

101 | Helfgott, David:
Klassik-Pianist (Australien)
„Rachmaninov – 3. Klavierkonzert"

109 | Heuel, Ralf:
Creative Director (Deutschland)
EDEKA-Werbekampagne

123 | Kalle, Alexandra:
Duftentwicklerin (Deutschland)
„4711", „Tabac", „Aqua Colonia"

133 | Leopoldseder, Hannes:
Vice Chairman "AEC" (Österreich)
"Ars Electronica"

145 | Levi, Kobi:
Schuhmacher/Footwear-Artist (Israel)
Lady Gaga-Video "Born This Way"

157 | Livné, Alon:
Modedesigner (Israel)
"Beyoncé: The Mrs. Carter Show"-Worldtour, "Die Tribute von Panem"/"The Hunger Games: Mockingjay – Part 1"

165 | Mayer, H. J.:
Architekt (Deutschland)
„Metropol Parasol"/Sevilla

171 | Peterson, David Joshua:
Sprachenerfinder (USA)
"Game of Thrones"

177 | Powell, Aubrey:
Graphiker/Drehbuchautor/Regisseur (Großbritannien)
Pink Floyd/"The Dark Side of the Moon"-Cover u.v.a.

193 | Rashid, Hani:
Architekt (Ägypten/USA)
"Yas Viceroy Hotel", Abu Dhabi

205 | Rashid, Karim:
Produktdesigner (Ägypten/USA)
Papierkorb „GARBO"

VORWORT VON THOMAS HAMMERL

INSPIRATION ZUM BUCH: SANTANAS STATEMENT

Gitarrist/Komponist Carlos Santana (links) 1992 beim Interview in München.

Im Gespräch mit dem Choreographen Demis Volpi (links) 2016 in Stuttgart.

„Wie die Vögel Flügel zum Fliegen benötigen, brauchen Menschen Inspiration zum Leben. Wenn ich musiziere, ist das mehr als die pure Interpretation eines Liedes. 90 Prozent sind Inspiration, Anmut und Gefühl, ergänzt um zehn Prozent Spieltechnik. In Ermangelung von Inspiration käme nur Fastfood-Musik raus – etwas ohne Herz, das einzig unter kommerziellen Gesichtspunkten gefertigt worden ist. Wichtige Vorraussetzung: Man muss ein Handwerk erst perfekt erlernen, um dann mit dessen Gesetzmäßigkeiten brechen und einen eigenen Stil entwickeln zu können. Freiheit hat ihren Ursprung schließlich in Disziplin! Beim Komponieren bin ich selbst übrigens ausschließlich das Mittel zum Zweck, etwas hörbar zu machen. Das spirituelle Fenster, durch das die Eingebung dafür fließt, steht nur temporär offen. Es gilt also die Gunst der Stunde zu nutzen, denn sobald diese Quelle wieder versiegt, ist es vorbei." Mit diesen Worten überraschte mich Carlos Santana im Rahmen eines Interviews am 11. Mai 1992 in München. Der esoterisch-erleuchtete Exkurs des Gitarristen/Komponisten war etwas Besonderes im Dialog mit dem weltweit gefeierten US-Amerikaner mexikanischer Abstammung. Jener legendäre Latin-Rocker (Hits: „Smooth", „Maria Maria") ließ die übliche Promotion für sein damaliges Studio-Album „Milagro" temporär links liegen und begann stattdessen zu philosophieren. Damit bewegte er sich außerhalb der allzu eingefahrenen Promotion-Normen und enthüllte eine sehr persönliche Seite. Klarer Fall: sein Zitat musste ich in meinen Artikel aufnehmen! Doch wie zuvor schon mehrfach auch bei anderen Auftraggebern geschehen, fiel genau der tiefgründige O-Ton der Löschtaste des Redakteurs zum Opfer. Wurde deswegen nachgefragt, hieß es seitens der Verantwortlichen zur Begründung meist lapidar: „Wir wissen, was der Leser will!". Das Resultat, nachdem hunderte meiner Interviews abgedruckt worden waren: Inhaltlich ähnelten sie wegen der Streichung solcher Passagen wie der beschriebenen, zumindest partiell, den Konversationen, die Journalisten-Kollegen geführt hatten. Die Texte erschöpften sich in den üblichen Floskeln, mit denen die PR-Berater und Betreuer der Künstler, Verlage oder Label ein neues Produkt aus den Bereichen Musik, Film, Literatur, Kunst zu bewerben trachteten. Bedauerliche Konsequenz für den Konsumenten: Ein monotoner, medialer Einheitsbrei, der genaugenommen nicht sein müsste. Im besten Fall verraten die Befragten nämlich etwas, das so noch kaum jemand von ihnen weiß; treffen Aussagen, welche weit substantieller sind, als jene selbstreferenzielle PR von Gesprächspartnern, die in erster Linie einem gewissen Narzissmus frönen.

Santanas Statement ging mir jahrzehntelang nicht aus dem Kopf. Es inspirierte mich im November 2014 schließlich dazu, mit der Arbeit an diesem Buch zu beginnen, zumal ich festgestellt hatte, dass es über das Thema ‚Inspiration & Co.' anscheinend noch nichts Umfassenderes gab – zumindest nicht in der Form, dass Repräsentanten einschlägiger Kreativ-Berufe selbst Stellung beziehen. Deshalb sollten bei meiner Anthologie ausschließlich zeitgenössische Kreative im Fokus stehen, die unter anderem im Detail offenbaren, was sie zu ihrem Schaffen exakt anregt. In diesen Kontext passt ein Zitat des Philosophen Ludwig Wittgenstein: „Ich denke tatsächlich mit der Feder, denn mein Kopf weiß oft nichts von dem, was meine Hand schreibt."

Auf der Suche nach dem Mysterium des kreativen Schaffens

Allzu oft äußern sich Künstler in der gängigen PR-Sprache und nur zu einem aktuell anzupreisenden Werk. Über die Wurzeln des eigentlichen Schaffensprozesses und jene bedeutenden kreativen Einfälle, welche die deutsche Neurologin Professor Dr. Hannah Monyer „kurze Momente der Ewigkeit" nennt, dringt buchstäblich nie etwas an die Öffentlichkeit: Wie aber erleben Kreative Intuition, die gemäß dem Untertitel eines Sachbuches des deutschen Psychologen und Gründers von „Simply Rational – Das Institut für Entscheidung", Professor Dr. Gerd Gigerenzer, „Die Intelligenz des Unbewussten" ist? Wie äußert sich individuell „BLiNK! Die Macht des Moments" (gleichnamiger Besteller des US-Wissenschaftsjournalisten Malcolm Gladwell)? Was löst bei Menschen Inspiration

aus, jene Kraft, welche die unerwarteten Impulse für Ideen liefert, die zum Ausgangspunkt ihrer Kreativität werden? Lassen sich diese Einfälle, die ihre Phantasie beflügeln, im Hier und Jetzt verorten; kann der Weg, den sie genommen haben, quasi kartographiert werden? Wie sieht anschließend die Umsetzung einer Vision in eine real existierende Schöpfung aus? Und wann ist eine Arbeit überhaupt wirklich „fertig" oder gibt es gar unendliche Entwicklungsmöglichkeiten? Letzteres zeigt anschaulich der unvergessliche Dokumentarfilm „Le mystère Picasso" (1956). Das Werk von Henri-Georges Clouzot „hält", laut dem französischen Regisseur („Lohn der Angst"), „den Moment und das Mysterium des kreativen Schaffens fest".
Den vielfältigen Erscheinungsformen des komplexen Phänomens unter den Oberbegriffen Inspiration und Kreativität soll auf den folgenden Seiten nachgespürt werden – anhand von Gesprächen mit Machern aus einer breiten Auswahl an Genres und Ländern. Die Vorgaben bei der Kandidatenauswahl lauteten: keine ‚Eintagsfliegen' oder selbstherrliche Schaumschläger, sondern Menschen mit langfristigem, vorzugsweise internationalem Erfolg beziehungsweise solche, die einflussreich sind, deren Schaffen wegweisend, vielleicht gar innovativ ist oder aus anderen Gründen etwas Besonderes darstellt. Ziel war ein buntes Konglomerat populärer und weniger bekannter Personen, auf welche die genannten Kriterien zutreffen – von Architekten über Cartoonisten/Comic-Zeichner, Designer, Erfinder, Fotografen, Köchen, Malern, Modemachern, Musikern bis hin zu Parfümeuren, Regisseuren, Street-Art-Künstlern, Werbern und Wissenschaftlern.

300 Top-Kreative weltweit kontaktiert

Schnell kam ein Wunschzettel mit den Namen weltbekannter Kreativer zustande, der anfangs 80 und am Ende gut 300 Eintragungen umfasste. Auffällig dabei: Ein vielseitiges Genie, wie es zu seiner Zeit der Maler, Bildhauer, Architekt, Anatom, Mechaniker, Ingenieur, Naturphilosoph Leonardo da Vinci gewesen war, ist heutzutage nicht mehr zu finden. Die erste, spontan erstellte Liste beinhaltete eine illustre Kandidatenschar, bestehend aus Paul McCartney, Karl Lagerfeld, Jean Paul Gaultier, Vivienne Westwood, Annie Leibovitz, David Bowie, Ennio Morricone, Banksy, Andrew Lloyd Webber, Madonna, Christo, Steven Spielberg („E.T."), Tim Burton („Alice im Wunderland"), den Wachowskis („Matrix"), David Lynch („Twin Peaks"), Terry Gilliam („Brazil"), George Lucas („Star Wars"), Peter Jackson („Der Herr der Ringe"), Matt Groening („The Simpsons"), Stephen Hillenburg („Spongebob Schwammkopf"), Christopher Waltz („Inglorious Basterds"), Armin Mueller-Stahl („Shine"), Gerhard Richter, Jeff Koons, Georg Baselitz und den Architektenstars Daniel Libeskind, Frank Gehry, Norman Foster. Nicht zu vergessen: John

Cleese. Der britische Komiker („Monty Python"), Drehbuchautor/Schauspieler („Ein Fisch namens Wanda") hielt 1991 einen ebenso amüsanten wie lehr- und geistreichen Vortrag zum Thema „How to be creative" (bei YouTube als Video verfügbar). Diesen begann er mit der Binsenweisheit: „Es ist einfach über Kreativität zu sprechen, aber viel schwieriger, kreativ zu sein."

Schriftsteller wie Joanne K. Rowling („Harry Potter"), Patrick Süskind („Das Parfüm"), George R. R. Martin („Das Lied von Eis und Feuer"/"Game of Thrones") oder Donna Leon („Commissario Brunetti") wurden bewusst nicht berücksichtigt beziehungsweise erst kurz vor Redaktionsschluss (erfolglos) kontaktiert, da die Vernetzung über deren Verlage hätte laufen müssen - und das Risiko, dass die Idee zu der vorliegenden Publikation oder seinem Inhalt „abgekupfert" würde, schien mir dann doch zu groß zu sein.

„Wer will schon aus dem Nähkästchen plaudern?"

Meiner Erwartung, eine inhaltlich eher ungewöhnliche Interviewanfrage würde auf positive Resonanz stoßen, folgte rasch Ernüchterung: Mehrheitlich reagierten die in mühsamer Recherche ermittelten Adressaten - egal, ob Management, Agent oder PR-Agentur - überhaupt nicht (aus Südafrika, Russland, Japan und China kam leider generell keinerlei Feedback!). Nicht zuletzt deshalb gestaltete sich die Akquise potentieller Kandidaten schwierig und langwierig, so dass das Projekt bald eher einer Herkulesaufgabe nach dem Try & Error-Prinzip ähnelte. Einen plausiblen Grund, warum für manchen die Nabelschau des eigenen Erfolgs und dessen Faktoren eine Herausforderung gewesen sein mochte, der er sich lieber nicht stellen wollte, nannte mir bei unserem Treffen Demis Volpi. Der Choreograph meinte: „Wer will schon das höchst persönliche, vertrauliche und geheime Instrumentarium seines individuellen Schaffens offenbaren, darüber aus dem Nähkästchen plaudern?" Dazu kommt, dass ich von allen Teilnehmern vorher nur zwei persönlich kannte, und ihre Mitwirkung aus freien Stücken sowie unentgeltlich erfolgte. Aber die Hoffnung stirbt zuletzt und so zahlten sich Beharrlichkeit sowie harte Arbeit schließlich aus: In kleinen Schritten trudelten Zusagen ein und summierten sich zu einem interessanten vielfältigen Stelldichein mit einer Reihe bekannter Kreativ-Größen.

Der „Aha-Effekt"

Nicht jede der hier vorgestellten Personen mag einer breiten Öffentlichkeit bekannt sein, trotzdem zählen sie durch das individuelle Schaffen zur ersten Liga ihrer jeweiligen Profession und bei den Lesern wird das eine oder andere Schlagwort rasch in einen „Aha,

der/die ist das!"-Effekt münden. Manch einer erwies sich gerade wegen seines Nicht-Promi-Status sogar als weitaus eindrucksvoller als dieser oder jener V.I.P.. Denn: Wer nicht Tag für Tag befragt wird, erliegt auch nicht der Versuchung, sich auf ebenso routinierte wie konventionelle Standardantworten zu beschränken! Positive Entdeckung nebenbei: Es gibt immer wieder ‚neue', außergewöhnliche Personen zu entdecken, in deren Tätigkeit Weiterentwicklung und unkonventionelle Betrachtungsweisen eine maßgebliche Rolle spielen!
Bedauerlich: Im Rahmen der 31 Kapitel herrscht, von zwei Ausnahmen abgesehen, Frauenmangel! Der Grund liegt nicht darin, dass die Damen weniger kreativ, innovativ, interessant wären, nein, er ist viel profaner: die allermeisten der kontaktierten weiblichen Kreativen antworteten trotz mehrfacher Versuche entweder nicht oder sagten aus Termingründen ab. Schlussendlich macht's aber die Mischung, und sie bildet dank der diversen Teilnehmer eine spannende Bandbreite von bodenständig bis intellektuell ab.

Erstaunt hat mich bei den Dialogen, die wahlweise im Vier-Augen-Gespräch, am Telefon oder via Mail geführt worden sind: Vereinzelt fiel es dem Gegenüber scheinbar schwer, auf Fragen jenseits des üblichen Interview-Musters etwas zu erwidern und Substanzielles in Worte zu fassen; ebenso, sich bei der Selbstanalyse des eigenen Schaffensweges auf das Wie und Was dahinter zu konzentrieren, anstatt in die PR-Floskeln zu verfallen. Dennoch: Alle Antworten, die, einem vielteiligen Mega-Puzzle gleich, jeweils zu einem schlüssig strukturierten Text zusammengefügt werden mussten, brachten eine Palette an mitunter kontroversen Aspekten hervor, und beleuchteten ein großes Feld aus verschiedensten Perspektiven. Die ausnahmslos sehr persönlichen Einblicke in das Denken von Kreativen sind originalgetreu beziehungsweise als indirekte Rede ohne inhaltliche Veränderungen wiedergegeben; Intention ist, informativ zu unterhalten, vielleicht sogar manchmal hilfreich zu sein, keinesfalls aber in Pseudo-(Populär)wissenschaft zu erstarren. Im besten Fall vermitteln die Äußerungen einen inspirierend-motivierenden Erkenntnisgewinn und können dabei dem vielleicht selber kreativen Leser so als lehrreicher Leitfaden oder Ratgeber dienen, dessen Inhalt zeitlos ist.
Wer noch tiefer in die Thematik eindringen will, dem sei Arthur Koestlers philosophisch-psychologisches Sachbuch „Der göttliche Funke. Der schöpferische Akt in Kunst und Wissenschaft" (englischer Titel: „The Art of Creation") aus den 1960er Jahren empfohlen.
Dass kreative Beschäftigung bisweilen einer emotionalen Berg- und Talfahrt ähnelt sowie diverse nervenaufreibende, verblüffende Facetten beinhalten kann, habe ich bei diesem Werk auf mannigfaltige Weise erlebt. Eine Erfahrung, die sich vom Beginn bis zum Schluss durchgezogen hat. Beispielhaft dafür ist jene Episode, als ich mein ‚Opus Magnum' einer

renommierten Literaturagentin anbot. Sie erklärte mir zu meinem großen Erstaunen: „Wer sollte wissen wollen, warum ein Kreativer etwas gemacht hat? Mich kümmert dergleichen jedenfalls nicht. Entweder gefällt mir zum Beispiel in einer Ausstellung, einem Museum ein Bild oder es tut das nicht. Welche Beweggründe den Maler zum Erschaffen seines Werkes angeregt haben, sind mir egal!" Von einer derartigen Einschätzung eines Profis aus der Buchbranche wollte ich mich jedoch nicht entmutigen lassen und beschloss, meine Herzensangelegenheit in Eigenregie zu finanzieren und zu veröffentlichen. Zwei Jahre waren seit meiner Inspiration vergangen, bis das Buch vorlag.
Zum Abschluss dieses Vorwortes noch ein Rat an die Leser, in dem alle namhaften Kreativforscher übereinstimmen: „Erst durchatmen, dann anfangen!"

Thomas Hammerl

P.S.: Einige der Persönlichkeiten, die ich angefragt hatte, ob sie sich ein wenig in die Karten schauen ließen, sind mittlerweile verstorben. Darunter Sound-Chamäleon David Bowie, Star-Architekt Frei Otto („Olympiastadion München"), Dirigenten-Legende Kurt Masur, Bigband-Leader James Last, Ausnahme-Architektin Zaha Hadid, Heavy-Metal-Ikone Lemmy Kilmister („Motörhead"), Filmset-Designer Ken Adam („James Bond"), Schriftsteller Henning Mankell. Sie alle haben die Geheimnisse ihrer individuellen Kreativität leider unwiederbringlich mit ins Grab genommen ...

Intuitive Idee für den Namen der Buchedition

Wie sehr ich mich auch bemühte: Nichts Geistreiches oder Originelles wollte mir als Name der Edition des Eigenverlages einfallen, in dem dieses Buch erscheint. Egal, wie angestrengt ich nachdachte, es kam zwar viel, aber nichts Zufriedenstellendes dabei heraus. Dann, plötzlich und unerwartet, erschien vor meinem geistigen Auge die lateinische Sentenz „Ars longa, vita brevis", übersetzt: „Die Kunst ist lang, das Leben kurz". Das brachte den Inhalt meiner Anthologie perfekt auf den Punkt, wenngleich ich bei dieser intuitiven Idee schmunzeln musste: Ausgerechnet mir, der im humanistischen Gymnasium einst wegen schlechten Latein-Noten eine Klasse wiederholen musste und auch danach in der „lingua latina" alles andere als glänzte, fiel Jahrzehnte nach dem Schulabgang ein lateinischer Aphorismus ein!

CHARLIE ADLARD

COMIC-ZEICHNER (GROSSBRITANNIEN)

„Tue, was Dir Spaß macht und glaube daran!“

Für „The Walking Dead“, die monatlich erscheinende amerikanische Comic-Serie, ist er seit 2004 (Ausgabe 7) federführend: Charles „Charlie“ Adlard. Der in der Nähe von Birmingham lebende Zeichner illustriert jene Fortsetzungsgeschichte des Autors Robert Kirkman, auf der die gleichnamige Fernsehserie basiert. In ihrem Mittelpunkt steht eine Gruppe von Menschen, die nach einer weltweiten Zombie-Apokalypse in den zerstörten USA ums Überleben kämpft. „The Walking Dead“ zählt nicht nur zu den höchstgelobten und erfolgreichsten US-Independent-Comicreihen, sondern wurde 2010 zudem mit dem renommierten Eisner-Preis als „Best Continuing Series“ ausgezeichnet, Charlie Adlard als „Best Artist“ nominiert. >>>

Der gebürtige Engländer (* 4. August 1966) fing bereits im Kindesalter an, Comics zu entwerfen. Weil ihm als Kunsthochschulabsolvent weder der erhoffte Einstieg in die Filmbranche gelang, noch eine Karriere als Rockschlagzeuger, besann er sich seines Zeichentalents. Zwei Jahre Arbeit an einem persönlichen Portfolio waren eine gute Investition: 1992 gelang ihm eine Veröffentlichung im britischen „Judge Dredd Megazine". Das war der Startschuss zu einer beeindruckenden Laufbahn im Comic-Metier. Seither wurde der Künstler für berühmte Comic-Reihen wie „Superman", „Batman", „X-Men", „Mars Attacks!" oder „X-Files" engagiert, realisierte aber auch das von Nobelpreisträgerin Doris Lessing verfasste „Playing The Game" als Graphic Novel.

Lieferte Charlie Adlard zu Beginn seines beruflichen Werdegangs noch handgemalte, mehrfarbige Zeichnungen ab, so bevorzugt er nun schon seit langem die Schwarz-Weiß-Variante. Sein Handwerkszeug ist für einen international bekannten Veteranen der Comic-Industrie ebenso minimalistisch wie überschaubar: ein Rotring-Stift für die Linien sowie ein Isograph 2.5 für kräftigeres Schwarz und die Texturen. Dazu kommen mitunter ein Pinsel von Pentel sowie Radiergummis. Weil er sich selbst als Technikfeind bezeichnet, wird der Apple-Computer nur für die Basics eingesetzt und um die Resultate am Ende für den Versand per E-Mail zu scannen.

Charlie Adlard ist verheiratet. Er lebt mit Ehefrau sowie zwei Kindern und Katze in seinem Geburtsort Shrewsbury.

Web: www.charlieadlard.com

„Ein fixer Abgabetermin gibt mir immer den extra Kick, produktiv zu werden. Er ist es, der die Kreativität forciert. Wenn ich zu entspannt bin, läuft arbeitsmäßig nichts. Mir ist es übrigens noch nie passiert, dass ich eine Deadline hatte, aber keine Intuition. Überhaupt halte ich mich für einen sehr intuitiven Menschen. Deshalb geht mir der ganze Kreativprozess, der für mich etwas Magisches hat und Spaß bereitet, auch locker von der Hand. Es passiert einfach. Sobald das leere Blatt Papier vor mir an meinem Arbeitplatz liegt, stellt sich eine Inspiration ein. Interessant dabei: Die besten Einfälle sind im Regelfall jene, die mir als erstes in den Sinn kommen. Wenn also alles von Anfang an locker läuft, weiß ich, dass ich auf einem guten Weg bin. Einfälle notiere ich mir übrigens nicht, sondern bringe jede Idee gleich zu Papier.

„In jeder Idee steckt Potential und die Hoffnung stirbt zuletzt!“

Für die ‚The Walking Dead'-Comics muss ich mir nicht lange den Kopf zerbrechen. Ich fange sofort an, zu zeichnen. Auf andere Projekte trifft das jedoch nicht zu. Sind keine strikten Abgabetermine vorgegeben, verschafft mir das Luft. Es führt aber bisweilen dazu, dass ich mit der Umsetzung so lange zögere, bis ich wirklich in das Thema eintauche. Dann erst ist alles gut. Im Übrigen bin ich der Ansicht, dass in jeder Idee Potential steckt und die Hoffnung bekanntlich zuletzt stirbt.

Für gewöhnlich bin ich morgens um 8 Uhr 30 in meinem Studio, das für mich praktisch ein Synonym für Kreativität ist. Wirklich zu arbeiten beginne ich allerdings erst eine Stunde später, lese zuvor noch, mache etwas am PC oder sortiere Unterlagen. Es ist wohl so, dass ich diese Zeit brauche, um das anzupacken, was jeweils an Arbeit vor mir liegt. Bin ich dann in einer kreativen Phase, ist das mit einer Art von Trance vergleichbar. Wenn es läuft, vergehen die Stunden wie im Flug. Disziplin ist bei mir der Schlüssel zur Kreativität. Herumzuliegen und auf irgendeine Inspiration zu warten, funktioniert für mich nicht.
Routine spielt für mich eine große Rolle. Sie ist, so vermute ich, wohl der Hauptgrund dafür, dass ich so schnell arbeite. Allerdings können Berufserfahrung und Professionalität nur sehr bedingt einen Mangel an Kreativität ausgleichen: Wenn es am zündenden Funken fehlt, was ist dann überhaupt vorhanden?
Ich teile zwar die Ansicht, dass man eine Tätigkeit in jeglichem kreativen Bereich erlernen kann, doch macht dieses besondere Etwas – nennen wir es einmal Talent – den Unterschied aus und die Arbeit letztlich leichter. Um das an einem Beispiel zu verdeutlichen: Mir fehlt die Gabe, ein professioneller Fußballer zu sein. Ich bin mir aber sicher, obgleich ich bedauerlicherweise ein ziemlich unkoordinierter Mensch bin, dass man mir beibringen könnte, wie ich mit einem Ball umzugehen habe. Mir würde es jedoch nie gelingen, ihn so zu beherrschen wie das ein Top-Spieler kann. Gleiches trifft auch auf das zu, was ich mache.

„Intuition und Inspiration sind wichtiger als rein handwerkliches Können.“

Fußball ist ein Mannschaftssport und in meinem Bereich der Comics arbeiten wir ebenfalls im Team. Allerdings sind die Aufgaben sehr unterschiedlich, sodass jeder sein eigenes Ding machen muss. Ich bin sehr glücklich damit, auf mich alleine gestellt in meinem Stu-

dio tätig zu sein. Intuition und Inspiration spielen dabei die Schlüsselrollen, sind sogar noch wichtiger als das rein handwerkliche Können, wenngleich dieses natürlich mit Kreativität Hand in Hand geht. Deshalb stufe ich meine Zeichnungen auch als Kunst ein, zumal ich sie nie mittels einer Schablone wiederhole.
An erster Stelle steht bei mir die Selbstverwirklichung, dann folgt (künstlerische) Anerkennung. Kommerzielle Gesichtspunkte rangieren bei mir weit hinten. Ich bin sogar überzeugt davon, dass, wenn man anfängt, diese als maßgebliche Faktoren zu betrachten, das nicht funktioniert, weil Erfolg nicht planbar ist. Viel besser ist es, seinen Instinkten zu vertrauen, das zu tun, was einem Spaß macht und daran zu glauben. Mit dieser Einstellung geht's nach oben. Sie wirkt sich positiv auf die Arbeit aus und wenn das Ergebnis dann den Nerv der breiten Masse trifft – perfekt!
Was ist im Schaffensprozess nun besser: Schnelligkeit, also die Magie des Moments einfangen oder Reifezeit/Langsamkeit in der Umsetzung und Ausarbeitung? Beides hat seine Vorteile. Allerdings finde ich, dass, geht man rasch zur Sache, dies ein größeres Vertrauen in das widerspiegelt, was man tut. Wenn ich zügig voranschreite, denke ich nicht so viel nach. Das wiederum kann mir gute Ideen rein zufällig bescheren. Es hat also durchaus Vorteile, sich über ein Projekt nicht völlig den Kopf zu zermartern. Weil meine Motivation darin liegt, eines Tages hoffentlich etwas wirklich Großartiges zu schaffen, spielt Perfektion natürlich immer eine Rolle. Gleichzeitig weiß man tief im Innersten aber auch, dass sie einem in ihrer absoluten Form nie gelingen wird, das ist ein Ding der Unmöglichkeit. Dennoch ist das Ringen darum, dieses Ziel zu erreichen, das eigentlich Aufregende in einem kreativen Prozess und macht somit auch das als nächstes Anstehende wieder zu etwas Spannendem. Verrückt, oder? Davon abgesehen bin ich mir auch im Klaren darüber, dass ich, sollte mir einmal das perfekte Werk gelingen, danach aufhören müsste, denn wohin soll es dann noch gehen?
In anderen Kreativ-Bereichen mag es der Fall sein, dass der Schaffensprozess wegen nahezu endloser Verbesserungsbemühungen zu einer schier unendlichen Geschichte ausartet; in meinem Genre verhält es sich jedoch anders: Da gibt es fixe Abgabetermine, die einzuhalten sind – und danach muss man die Dinge einfach ihren Lauf nehmen lassen. Da kommt es schon vor, dass man etwas Mittelmäßiges abgibt, das dann dennoch erfolgreich ist. Um ehrlich zu sein: Bei ‚The Walking Dead' gibt es seitenweise Durchschnittsware.

„Man sollte sich auf sein Bauchgefühl verlassen!“

Trotz aller Sachzwänge mag ich es, mir einerseits treu zu bleiben und mich andererseits immer wieder neu zu erfinden. Das gibt mir zusätzlichen Schub und liefert die Inspiration dazu, meine Arbeit konstant frisch zu halten. Dabei liegt meine Haupt-Antriebskraft darin, einen guten Job zu machen. Erfolg zu haben, ist natürlich super, war aber nie mein Ziel. Ich wollte vielmehr meinen Lebensunterhalt mit etwas bestreiten, das ich gerne tue.

Ein Erfolgsrezept als solches gibt es, meiner Meinung nach, nicht. Man kann nur innerhalb des vorgegebenen Zeitrahmens das für einen persönlich Optimale leisten. Danach muss man das Baby auf die Welt loslassen und auf das Beste hoffen. Stellt sich Erfolg ein, sollte man niemals versuchen, mit genau derselben Vorgehensweise nochmals erfolgreich zu sein. Erfolg hängt ohnehin von Zufällen ab. Es gibt so viele Super-Talente da draußen, denen kein Erfolg beschieden ist. Jene, die ihn haben, sind einfach zur richtigen Zeit am richtigen Platz gewesen. Wer nun glaubt, dass er die Wünsche und Bedürfnisse seines potentiellen Publikums vorhersagen könnte, um dadurch Erfolg zu haben, dem wird kein Glück beschieden sein. Stattdessen sollte man sich lieber auf sein Bauchgefühl verlassen!

„Schwierige Phasen erden einen!“

Trotz Erfolg offen für Kritik zu bleiben, ist kein leichtes Unterfangen, da es uns Menschen von Natur aus schwerfällt, diese zu akzeptieren. Aber ich versuche es zumindest und bin auch selber mein schärfster Kritiker.

Angst davor, dass auf Erfolg irgendwann ein Absturz folgt, habe ich nicht, denn alles hat ein Ende und jeder Reinfall sein Gutes. Auch in meiner Laufbahn gab es jede Menge Hochs und Tiefs. Dabei habe ich folgende Erfahrung gemacht: Schwierige Phasen erden und verhelfen einem zu einem besseren Gespür in Hinblick auf die zukünftige Karriere!

Wenn ich darüber nachdenke, ob man als junger Mensch besonders kreativ ist und ob eine ältere Person eher von ihrer Erfahrung profitiert, dann würde ich von mir sagen, dass sich in dieser Hinsicht nichts geändert hat. Ich bin heutzutage noch mit dem gleichen Feuer bei der Sache wie vor 25 Jahren! Dennoch beschäftigt mich die Vorstellung, älter zu werden und dann nicht mehr so gut wie früher zu sein. Vor jenem Tag, an dem ich ältere Zeichnungen von mir betrachte und feststellen muss, dass dies meine beste Arbeit gewesen ist, habe ich Angst. Deshalb liegt für mich der Trick darin, seinen Abgang nicht sang- und klanglos, sondern zum richtigen Zeitpunkt mit einem Knall zu wählen!“

Charlie Adlard

„Augenscheinlich ist mein populärstes Werk ‚The Walking Dead'. Daran wird sich wohl bis zu meinem Ableben auch nichts ändern. Weil ich ihm so viele Jahre an Arbeit gewidmet habe, muss es einfach als das Größte gelten – das, was mein Schaffen am besten repräsentiert.
Ich selber wähle jedoch, aus vielen sehr persönlichen Gründen, ‚White Death' als mein Schlüsselwerk aus. Dieses liegt mir sehr am Herzen. Nicht nur, weil es meine experimentellste Arbeit darstellt und zusammen mit ein paar Freunden völlig unabhängig produziert worden ist, sondern auch, weil das Buch mir die Augen dafür geöffnet hat, wie man als Kreativer selbst zum Verleger werden kann. Dieser Schritt wiederum führte zum Erfolg mit ‚The Walking Dead'. Insofern verdanke ich ‚White Death' sehr viel."

oben:
„White Death", Charlie Adlards „Schlüsselwerk".
rechts:
„The Walking Dead", populärste Arbeit des Briten.

HOMA ARKANI

MALERIN/FOTOGRAFIN (IRAN)

„Je weiter jemand von den Gedanken und Sichtweisen anderer Menschen entfernt ist, desto mehr kann diese Person sie selbst sein!"

Nach langer Isolation rückt Kunst aus dem Iran allmählich wieder in den Fokus der Weltöffentlichkeit: Das am 14. Juli 2015 unterzeichnete Atomabkommen mit der islamischen Republik war auch in diesem Zusammenhang der Startschuss für den Aufbruch in eine neue Ära. Ein Beispiel für die zaghafte Öffnung der Regionalmacht im Nahen Osten liefert etwa der Bereich moderner Kunst, hier: die PopArt von Homa Arkani, einer Graphikdesignerin aus Teheran. ›››

Die Motive ihrer Öl-Gemälde reflektieren vor allem die Probleme der Identitätsfindung junger Frauen ihres Landes. Diese leben häufig im Zwiespalt zwischen dem von traditionellen Werten einer streng patriarchalischen, religiösen Gesellschaft geprägten Rollenverständnis und jenem der durch Satelliten-TV verbreiteten westlichen Moderne mit primär US-amerikanischen Stars als Schönheitsidealen. So entstehen Werke, welche den Konflikt zwischen Alltagswirklichkeit und Fantasiewelt, das Aufeinanderprallen von jahrtausendealter Kultur und moderner kapitalistischer Konsumorientierung unmissverständlich versinnbildlichen.
Homa Arkani wurde am 1. März 1983 in der Hauptstadt des Iran geboren. Ihr Vorname stammt aus der persischen Mythologie und bedeutet ‚Glücksfee'. Sie studierte an der „Tehran Art and Architecture University" und schloss 2005 mit einem „Bachelor of Arts" in Grafikdesign ab.
Um ihre Bilder zu realisieren, schießt Homa Arkani bisweilen zuerst Fotos, auf denen meist Personen ihres Bekanntenkreises als Models posieren. Waren es anfangs ausschließlich Frauen aus der neuen Generation im Iran, die sie mit präzisem, scharfem Pinselstrich auf Leinwand bannte, spielen mittlerweile auch Männer in den das Aufeinanderprallen von Grenzen und Freiheitsdrang symbolisierenden Sujets eine Rolle. „Kritisch zu sein", sagte die Malerin in einem Interview, „ist für mich die Mission meiner Kunst." Ausgestellt wurde diese unter anderem bereits in Belgien, Deutschland, Frankreich, Griechenland, Großbritannien, Italien, Polen und den USA. Der Kaufpreis der Exponate liegt, abhängig von ihrer Größe (80x120 bis 100x200 cm), zwischen 2.000 und 4.000 Euro.
Homa Arkani lebt in Teheran.

Web: www.homa-arkani.com, www.instagram.com/homa_arkani

„Intuition entspringt der grenzenlosen, nicht-physischen Energie in mir. Wenn ich etwas Schönes betrachte, das bei mir Begeisterung auslöst, regt dies meinen Geist an; im umgekehrten Fall ist die Wirkung natürlich gegenteilig. Das mündet in eine kurzzeitige vollkommene Stille, die meine Kreativität zu jenem Punkt führt, an dem sie etwas zu erschaffen beginnt.
Gelassenheit und Ausgeglichenheit zu kultivieren, setzt inneren Einklang voraus. Wenn dieser in ausreichendem Masse entwickelt worden ist, sorgt die Intuition dafür, dass

Wahrheit unmittelbar erfasst werden kann. Man macht dann diese wunderbare Erfahrung, dass einem sprichwörtlich ein Licht aufgeht. Ich erlebe das, wenn ich ganz in mir ruhe. In solcher einer Situation ist die Intuition wie ein Funke, der jede Pore meines Körpers ausfüllt, und ich empfinde eine Art Hochgefühl.
Intuition ist etwas Unbewusstes. Magie pur. Eine plötzliche Flutwelle an Inspiration. Ein Einfall schießt einem in den Kopf. Das Bewusste aus dem Unbewussten. Manche nennen das Phantom oder Geist. Es sind Visionen, Vorahnungen... Bisweilen treten sie bei mir auf, während ich lese oder spazieren gehe. Mitunter kommen sie aus dem Nichts. Anschließend schreite ich sofort zur Tat, werde kreativ.
Einerseits zählt das Resultat und dass es in jeder Nuance eine Emotion vermittelt. Andererseits spielt es natürlich eine Rolle, wie ein Künstler sich beim Erschaffen des Werkes gefühlt hat. Dadurch kommt der Adressat ihm über das Werk nahe. Positive wie auch negative, in jedem Fall aber sehr starke Gefühle können einen zur Kreativität verleiten. Bei mir ist es der Druck, unter dem wir leben: Extreme Traurigkeit, Beschränkung, Zensur, aber auch Glück, Liebe...
Wenn ich etwas erschaffe, spüre ich eine tiefe Befriedigung dadurch, dass die Kreation Wirklichkeit wird. Ich werde zur Macherin dank einer glasklaren Intuition; während ich mich dem Akt des Erschaffens hingebe, erfüllt sich meine Bestimmung. Ich bin, wer ich bin, und mir selbst gegenüber ehrlich. Und ich nütze die Kraft, ein kreatives Wesen zu sein. Diese Wahrheit sorgt dafür, dass ich als Mensch in mir ruhe. Ausgeglichenheit tritt ein, wann immer meine kreative Energie freigesetzt wird und sich in die Erfahrung ableitet, die zu machen ich mir in diesem Moment wünsche. Bevor die Kreativität allerdings entsteht, spüre ich eine Schwere und ein Gefesseltsein.
Geräusche aus der Umgebung empfinde ich als angenehm, um kreativ zu werden. Ein gewisser Lärmpegel in moderater Lautstärke unterstützt meine Kreativität optimal. Völlige Ruhe indes schärft den Fokus, erschwert es jedoch, kreativ zu denken. Eine Rolle spielt auch die Temperatur. Wenn mir kalt ist, verbrauche ich einen wesentlichen Teil meiner Energie dafür, nicht zu sehr zu frieren. Das blockiert mich dabei, meine Kreation umzusetzen.
Während ich mich meinen kreativen Gedankenspielen widme, bevorzuge ich gedämpftes Licht. Fürs Arbeiten an den Details eines Gemäldes benötige ich hingegen eine gute Ausleuchtung, um jede Einzelheit erkennen zu können.
Weil meine Themen als Künstlerin politischer, kultureller und sozialer Natur sind, muss ich zugeben, dass ich mich inmitten einer dynamischen Gesellschaft gar nicht selten genötigt sehe, mich im Kontext meiner Arbeit auf Scharmützel einzulassen. Aber das liefert mir schließlich die Aufhänger für meine Malerei.

„Eine Idee ohne vorausgegangene Intuition ist vergleichbar mit einem Kind ohne Mutter."

In der Situation, einen Abgabetermin, aber keinen Einfall zu haben, war ich noch nie, denn – um die Antwort in ein Bild zu fassen – eine Idee ohne vorausgegangene Intuition ist vergleichbar mit einem Kind ohne Mutter!
Jeder Kreativprozess nimmt seinen Anfang in meiner Vorstellungskraft. Sie kann ich dafür nutzen, um mir den Himmel oder die Hölle auf Erden vorzustellen. Wir bestimmen schließlich selber, wie wir unsere Welt sehen. Mich im Speziellen inspiriert es am meisten, als Künstlerin Kritik zu üben. Ich liebe es, mich auf jedes noch so kleine Leck in unserer Kultur, unserer Gesellschaft zu fokussieren. Darin liegen die Hauptquellen meiner Inspiration.

Wissen, was das Publikum anspricht

Da ich mein Publikum kenne, weiß ich, was es anspricht. Habe ich eine Idee, versetze ich mich in dessen Rolle und betrachte das Ganze aus seiner Perspektive. Wenn dies effektiv genug war, überlege ich mir, wie ich das Thema subtil in einem Gemälde darstellen kann. Weiß ich wie, ist das eine Bestätigung dafür, dass die ursprüngliche Idee eine gute ist.
Damit eine Idee realisierbar ist, muss sie flexibel sein und über die nötige Substanz verfügen, um ausgebaut und angepasst werden zu können. Es besteht schließlich die Möglichkeit, dass der Künstler die Ausgangsidee während des Malens verändert. Daher muss die Idee als solche stark genug sein, diese Periode der Metamorphose zu ‚überleben'. Hat die Idee Strahlkraft, kann aus ihr sogar eine wirklich großartige werden. Allerdings hat nicht jede Idee das Potential dazu. Aber eine, die absolut solide fundiert und außergewöhnlich gut ist, kann auf magische Weise wachsen und unsterblich werden.

„Ideen werden nur deshalb archiviert, damit man sie nicht mehr in Gebrauch nehmen muss."

Meine Ideen notiere ich selbstverständlich. Es war in der Vergangenheit schon oft so, dass ich mitten in der Nacht einen Traum hatte und einen Gedanken daraus, nachdem ich kurz aufgewacht bin, aufgeschrieben habe. Manchmal komme ich aber erst am Morgen dazu. Einfälle archiviere ich, greife jedoch nie darauf zurück. Der Grund dafür ist simpel: Ich bin der Ansicht, dass alle zurückliegenden Ideen quasi tot sind, da sie nicht

auf die Leinwand gebracht wurden. Sie werden nur deshalb archiviert, damit man sie nicht mehr in Gebrauch nehmen muss.
Es hängt von der jeweiligen Idee ab, wie lange ich sie verfolge. Manche Einfälle sind von Beginn an ausgereift genug, sodass sie sich während des Malens gar nicht mehr verändern. Passiert das dennoch, zum Beispiel durch etwas, das mir dazu in den Kopf schießt, setze ich es unmittelbar um. Andere Ideen aber brauchen Zeit, von einer Woche bis zu einem Monat, damit sie sozusagen ‚kochfertig' werden.
Wie die Umsetzung von der Theorie in die Praxis erfolgt, hängt bei mir vom Thema ab, an dem ich beschlossen habe, zu arbeiten. Ist es ein gesellschaftliches oder kulturelles, steht vor dem Malen erst einmal das Fotografieren der Schlüsselfiguren. Dreht es sich indes um eher persönliche Belange, fertige ich Skizzen an. Dadurch finde ich am besten heraus, wie ich die Idee praktisch umsetzen kann. Den gesamten Schaffensprozess würde ich mit der Geburt eines Kindes vergleichen.

„Um die Kreativität zu wecken, muss man sich entspannen, den Kopf frei machen!"

Ich habe unterschiedliche Wege, wie ich meine Kreativität wecken kann. Zwanghaft klappt das bei mir nicht. Man muss sich entspannen, den Kopf freimachen. Unter Druck wird man nur müde. Der beste Weg zu einem großartigen Ergebnis ist, sich selber in einen Zustand zu versetzen, der Freiraum zur Entfaltung lässt!
Meine eigene Kreativität stimuliere ich dadurch, dass ich mir Tag für Tag viele Bilder ansehe. Zudem höre ich Musik, die mich inspiriert. Außerdem gehe ich gerne spazieren. Das Gros meiner Ideen habe ich beim Joggen. Und ich verfüge über die Gabe, jedes noch so kleine gesellschaftliche Thema in eine gemalte surreale Groteske zu transferieren.
Geht es darum, ob nun die Weisheit des Alters oder die Frische der Jugend für die Kreativität förderlich ist, plädiere ich für Letzteres. Außerdem bin ich folgender Ansicht: Je weiter jemand von den Gedanken und Sichtweisen anderer Menschen entfernt ist, desto mehr kann diese Person sie selbst sein! Je klarer sich das tatsächliche Selbst in der Kunst widerspiegelt, desto erfüllender, aber auch anstrengender ist das!"

ی هما ارکان (Homa Arkani)

"Seitdem die neue Generation der Iranerinnen eine Identitätskrise durchmacht, beschäftigt mich das nicht nur intellektuell, sondern wurde auch zum Hauptthema meiner Gemälde. Diese Generation ist in ihrem Alltag zwischen den Einschränkungen und Gesetzen auf der einen Seite, sowie ihren Fantasien von einem Leben in Freiheit und Spaß hin- und hergerissen; das Verschwimmen der Grenzen zwischen Schönheit und Obszönität hat nach und nach geradezu groteske Ausdrucksformen hervorgebracht. ‚Diese Personen befinden sich in einem Prozess, jemand anderes zu werden', sagte der britische Soziologe Stuart Hall zu einer derartigen Entwicklung. ‚Sie sehen sich als eine andere, niedrigere Version von Bürgern des Westens. Ihre Identität ist geprägt durch eine von den westlichen Medien propagierte Sichtweise. Doch im Kontrast dazu, wie ihr Erscheinungsbild wirkt, denken und handeln sie in vielfacher Hinsicht ganz traditionell. Dieses Gefühl der Minderwertigkeit ist auf ihre Besessenheit von hormonell bedingten Aktivitäten und sexueller Unterdrückung zurückzuführen.' Um das Verhalten dieser Frauen zu verstehen, wurde ich neugierig und wollte erfahren, welche Beziehungen sie führen, wollte wissen, wie sie handeln, wofür sie sich interessieren, was ihre Wünsche sind. Eitelkeit, Exzess, Etikettenschwindel und Extravaganz sind die ersten Worte, die mir einfallen, um sie und ihre Welt zu beschreiben. Seit die Überhöhung hin zu Extremen zum Charakteristikum dieser Generation geworden ist, spiegle ich all das in Form einer grotesken Atmosphäre wider."

„Share Me": Tradition trifft Smartphone.

„Mousetrap": Die Mausefalle als Metapher, dass eine Frau in der patriarchalischen Welt gefangen ist.
unten: „Harem at Hafttir St.": Die neue Generation der Iranerinnen setzt vor dem Hintergrund klassischer Geschlechterkonventionen auf moderne Rollenwechsel.

BLEK LE RAT
ALIAS XAVIER PROU
STREETART-PIONIER (FRANKREICH)

„Würde meine Arbeit allen gefallen, hätte ich wohl etwas falsch gemacht!“

Die Art von Schablonen-Graffiti, für die Banksy weltberühmt ist und derentwegen laut dem TIME-Magazin seit 2010 zu den „100 einflussreichsten Personen der Welt“ zählt, hat er vorweggenommen: Xavier Prou, besser bekannt unter seinem, an einen italienischen Comic angelehnten Pseudonym Blek le Rat. ›››

Der gebürtige Franzose (* 15. November 1951), der an der „École des Beaux Arts" in Paris erst Grafik und danach Design studiert hat, gilt als Urvater der Stencil-Kunst im öffentlichen Raum. Dabei werden, im Gegensatz zu freihändig angefertigten Graffiti, Schablonen aus Pappe, Kunststoff, laminiertem Papier, Metall oder Holz angefertigt. Das ermöglicht die häufige Reproduktion eines Motivs. Bei dessen Auftragen der Farbe kommen dann Sprühdosen, Pinsel, Ölkreiden oder Airbrush zum Einsatz. Im Oktober 1981 versuchte sich der Künstler mit einem Freund im konventionellen Sprayen. Das misslang. Prou erinnerte sich an ein Schablonen-Graffiti, das er als Kind während einer Italienreise mit seinen Eltern gesehen hatte, und arbeitete fortan nach dieser Technik. Größten Einfluss auf sein Schaffen übt, eigenen Worten zufolge, der Film „A Bigger Splash" von David Hockney aus. Der britische Maler, Graphiker, Bühnenbildner und Fotograf zählt zu den einflussreichsten Künstlern des 20. Jahrhunderts. Blek le Rats Werke sind außer in seiner Heimatstadt Paris in Berlin, Köln, Leipzig, Wiesbaden, London, New York, San Francisco, Florenz, Neapel, Lissabon, Buenos Aires sowie Marrakesch zu sehen. Schablonen-Graffiti von ihm, über dessen Schaffen die Monographie „Blek le Rat: Getting Through The Walls – Street Graphics/Street Art" (Thames & Hudson) einen repräsentativen Eindruck vermittelt, sollen Streetart-Weltstar Banksy maßgeblich inspiriert haben. Xavier Prou ist verheiratet, Vater eines Sohnes und lebt in Paris. **Web: www.blekmyvibe.free.fr**

"Es ist nicht schwierig, etwas zu erschaffen. Diffizil ist, sich selber in den Zustand des Machens zu versetzen." Diesem Ausspruch des rumänisch-französischen Bildhauers Constantin Brancusi kann ich voll zustimmen. Um kreativ zu sein, habe ich mich von Anfang an auf meine Intuition verlassen. Sie ist etwas Göttliches, das jeder von uns in sich trägt, doch weder durch Drogen, noch durch Alkohol aktivieren kann. Man sollte ein normales Leben leben – ohne Exzess.

„In der Arbeit liegt der Schlüssel zur Kreativität."

Für mich liegt ausschließlich in der Arbeit der Schlüssel zur Kreativität. An Spontaneität glaube ich nicht. Es ist vielmehr besagte Intuition, der ich oft vertraut habe und damit stets richtig lag. Wenn ich mich in meinem Studio beschäftige, vergesse ich völlig, ob ich glücklich oder traurig bin. Meine Konzentration gilt allein meiner Tätigkeit. Dafür brauche ich völlige Ruhe, muss entspannt sein. Einsamkeit spielt für mich eine große Rolle. Ich fühle mich nicht wohl, wenn viele Personen um mich sind. Deshalb stellt dieses Alleinsein, zumindest für mich, das beste Arbeitsumfeld dar. In jüngeren Jahren war das anders. Damals habe ich mit anderen Menschen im Studio herumgewerkelt. Das ist mir mittlerweile unmöglich. Ich muss für mich sein, ohne Interaktion mit jemandem. Der Ort spielt keine Rolle. Ich kann überall tätig sein.

„Etwas auf markante Art zu machen, ist essentiell."

Wenn ich einen fixen Abgabetermin habe, mir aber selber nichts einfällt, hilft der Besuch in einem Museum. Dort die wundervollen Gemälde aus der Vergangenheit zu betrachten, empfinde ich jedes Mal aufs Neue als eine Art Wiedergeburt. Neben jeglicher Form von Kunst, inspirieren mich Musik, Filme, Literatur, Tanz. Heutzutage kann in diesen Bereichen jedoch nichts mehr wirklich Neues erfunden werden. Alles dreht sich im Kreis. Ich füge ihm nur meine ganz persönliche Sichtweise hinzu. Etwas auf markante Art zu machen, ist essentiell. Dieses Markante aufzustöbern, ist allerdings extrem schwierig und zeitaufwendig. Weil dem so ist, wird ein Künstler, der das für ihn Typische als sein Ausdrucksmittel gefunden hat, auch kopiert – und zwar von denjenigen, die nicht die Energie haben, ihre Eigenart herauszuarbeiten. Ich finde es furchtbar, wenn Künstler ein Markenzeichen zu erlangen versuchen, indem sie das eines Anderen kopieren. Schließlich ist der jeweilige Stil die individuelle Sprache des Künstlers. Ich weiß nicht, wie ich mich anderweitig als solcher ausdrücken könnte!

„Oft liefert Sehnsucht die Energie und gibt den Anstoß, aktiv zu werden."

Es gibt von Philip Roth den berühmten Ausspruch ‚Amateure warten auf Inspiration, während sich Profis hinsetzen und arbeiten'. Das ist auf den Punkt gebracht. Ich tue ebenfalls lieber etwas, anstatt meine Zeit damit zu verschwenden, auf Inspiration zu warten. Oft ist es dabei aber so, dass Sehnsucht die Energie liefert und den Anstoß gibt, aktiv zu werden. Überhaupt dominieren bei mir zu rund 60 Prozent Emotionen, während die Ratio eine untergeordnete Rolle spielt. Der Kreativitätsprozess selbst hat dann, zumindest in meinen Augen, nichts mit Magie zu tun. Er ist vielmehr etwas ganz Natürliches. Generell bin ich der Ansicht, dass es reine Schöpfung nicht gibt! Denn etwas zu realisieren, von der Theorie bis zur Praxis, ist nur Arbeit! Insofern kann mehr Kreativität auch allein durch mehr Arbeit erreicht werden. Das bedeutet erneut Blut, Schweiß und Tränen.

„Ein gewisses Defizit an Fähigkeit mag ein Hindernis sein, aber Können kann Kreativität nicht ersetzen."

Um kreativ zu werden, muss ich persönlich frei von jeglichen Zwängen sein. Das ist die einzige Voraussetzung. Die Redewendung, etwas wie in Trance zu tun, trifft auf mich in diesem Fall nicht zu. Bei mir ist es schlicht Arbeit. Wichtige Kriterien sind Disziplin, eine strukturierte Zeiteinteilung und ein klarer Kopf. Lebenserfahrung und mit zunehmendem Alter eine gewisse Reife erreicht zu haben, fördern natürlich die Kreativität. Talent wiederum stellt sich während des Schaffens ein. Wer jeden Tag zwölf Stunden lang etwas macht, der wird ähnlich einem fleißig trainierenden Sportler, für seinen Einsatz belohnt, denn Routine ist die Basis. Insofern kommt (handwerklichem) Können eine maßgebliche Rolle zu. Allerdings ist es doch wiederum so, dass ein gewisses Defizit an Fähigkeit zwar ein Hindernis sein mag, andererseits kann Können nicht die Kreativität ersetzen. Seine Materie zu beherrschen, ist zwar Mittel zum Zweck, aber keine Garantie für Kreativität. Es gibt schließlich nicht umsonst das Sprichwort ‚Ausnahmen bestätigen die Regel'. Darum möchte ich hier auf den französischen Maler Henri Rousseau hinweisen. Als Autodidakt entwickelte er gerade wegen seines mangelnden Könnens einen unverkennbaren Stil und wurde als bedeutendster Vertreter der Naiven Malerei zum Wegbereiter des Surrealismus.
Um mir ein Archiv meiner Ideen anzulegen, dazu bin ich nicht gut genug organisiert. Bisweilen habe ich allerdings auf einen Einfall zurückgegriffen, von dem ich zuvor dachte, er sei wertlos. Das zeigt, dass etwas reifen muss, denn Kreativität braucht Zeit, um sich zu entwickeln.

„Sich nicht um Kritik kümmern! Sich selbst treu bleiben!"

Meine Motivation für jegliche Art kreativer Aktivität ist, dass ich meine Spuren in der Kunstszene hinterlassen möchte. Die primäre Erfüllung bei meiner Tätigkeit als Künstler ziehe ich daraus, dass ich mich selbst verwirkliche. Erst danach kommt die Anerkennung. Kommerzieller Erfolg steht bei mir an letzter Stelle. Gleichzeitig sollte man ambitioniert zu Werke gehen und den Willen besitzen, Erfolg zu haben, denn genau das macht diesen zu einem gewissen Maß planbar. Ob ein erfolgreicher Künstler der Gefahr erliegt, ein bewährtes Muster zu recyceln, dürfte von Person zu Person unterschiedlich sein. Ich ver-

mute, dass jemand mit großem Kreativpotential etwas eher weiterentwickelt anstatt das Bewährte immer und immer wieder neu aufzulegen.
Sich nicht um Kritik zu kümmern, lernt ein Macher im Laufe der Zeit. Wichtig ist: Sich selbst treu bleiben! Schließlich sind Aufrichtigkeit und Authentizität für das Schaffen wesentlich! Deswegen ist es ein Ding der Unmöglichkeit, von allen geliebt zu werden. Wäre das der Fall, würde ich mir ernsthafte Gedanken machen, was ich falsch gemacht habe!"

Blek le Rat

„Mein Markenzeichen ist die Ratte, daher auch der Name Blek le Rat. Die Ratte ist gleichzeitig das Anagramm des Wortes ‚ART' (französisch für Kunst). Ratten sind subversive Überlebenskünstler und omnipräsent in Paris."

DIETER BLUM

FOTOGRAF (DEUTSCHLAND)

„Die Magie des Moments ist entscheidend!“

Philip Morris' weltweite „Marlboro“-Werbekampagne mit Cowboys (lief von 1992 bis 2004) ist legendär und gilt als Klassiker der Werbung. Den Namen des Fotografen allerdings kennt kaum einer: Dieter Blum heißt der mit über 150 Preisen (inklusive „World Press Photo Award“) ausgezeichnete deutsche Lichtbildkünstler. ›››

Veröffentlichungen des, wie ihn ein Museumsdirektor einmal nannte, „berühmtesten unbekannten Fotografen" (* 6. Januar 1936, Esslingen) erschienen in TIME, Vanity Fair, Spiegel, Stern und zahlreichen weiteren Zeitschriften von internationalem Rang. Das Schaffen dieses Autodidakten war bei Ausstellungen in Tokyo („Kodak Gallery"), Sankt Petersburg („Staatliches Russisches Museum"), Moskau („Haus der Fotographie") sowie Venedig („Biennale") zu sehen. Er, der von Firmen wie IBM, Porsche, Shell beauftragt worden ist, hat mehr als 70 Bildbände veröffentlicht – unter anderem über die „Berliner Philharmoniker"/Herbert von Karajan oder Vladimir Malakhov, den „Jahrhundert-Tänzer" (New York Times). Dieter Blum ist Vater einer Tochter und lebt mit seiner zweiten Frau in Düsseldorf. **Web: www.dieter-blum.de**

„Intuitionen kommen einfach, ergeben sich und sind dann da", verrät Dieter Blum im Ausstellungsraum einer Galerie in Süddeutschland. „Bei mir passiert dies bisweilen während der Arbeit. Nachdem ich 15 Jahre lang Cowboys, die sogenannten harten Männer, fotografiert hatte, provozierte mich das geradezu, ein Gegenüber zu schaffen – Gesichter von Frauen beim Höhepunkt des Sex". Zur Veranschaulichung zeigt er auf die an weißen Wänden hängenden, großformatigen Fotoabzüge aus seinen Serien „Cowboys" und „Coming Soon".

„Die besten Ideen kommen mir im Schlaf!"

„Meistens kriege ich die besten Einfälle, wenn ich schlafe und träume", gesteht der in dunkles Sakko, Schal, Jeans, helles Hemd und Sportschuhe jungendlich-leger gekleidete Künstler wenig später. „Plötzlich bin ich hellwach und habe die Idee im Kopf. Ich mache mir dann stichwortartig Notizen – früher auf Zetteln, heutzutage im Smartphone." Exemplarisch dafür ist sein Akt-Foto „Michelangelo I". „Dies hatte ich genau so vor meinem geistigen Auge und es sofort gezeichnet." Vor der Umsetzung zeigte Blum die Skizze dem Model, einem erstklassigen Tänzer. Dieser meinte, das sei nicht einfach zu realisieren, versuchte es aber trotzdem. Er musste durchgestreckt springen und, weil bei der Landung ein Abrollen unmöglich war, sich mit der Brust auf den Estrich-Boden des Studios fallen lassen. Der Sprung dauerte 0.1 Sekunden. Die Hasselblad-Kamera, die Blum verwendete, brauchte 1.8 Sekunden zum Aufziehen. Das heißt: Es ist genau ein Foto möglich. „Das Model sprang drei Mal und alle drei Aufnahmen sind erstklassig. Kein

Mensch auf der Welt hat je solch ein Foto gemacht! Ich habe dem Tänzer und mir alles abverlangt. Dadurch habe ich das Resultat so gekriegt, wie ich es wollte. Die Magie des Moments ist entscheidend! Fehlt diese, dann kann etwas zwar technisch perfekt sein, ist aber auch seelenlos."

Das Ergebnis hat übrigens nichts mit Zufall zu tun, sondern „ist nur aufgrund völliger Aufmerksamkeit und totaler Professionalität machbar". Deshalb gehört bei seiner Tätigkeit neben Intuition, Inspiration, Kreativität auch handwerkliches Können dazu. Eine Bestätigung der Redewendung „Kunst kommt von Können"? „In der Fotografie ist das nicht an der Hochschule zu lernen", betont Blum. „Entweder Du bist ein Mensch, der richtig gut sieht und das umsetzen kann oder eben nicht. Lernen kannst Du Technik und vielleicht ein bisschen Gucken; mehr aber nicht." Dass er den ganz besonderen Blick hat, bescheinigte ihm der senegalische Dichter und Ex-Staatschef Léopold Sédar Senghor im Vorwort zu dem Bildband „Africa". Es ist eine Gabe, die Blum nicht in die Wiege gelegt war, „denn ich habe keine Ahnen mit solch einem Talent". Für ihn war bereits als Achtjähriger klar, dass er nicht den elterlichen Textilladen übernehmen, sondern Fotograf werden wollte.

„Ein Projekt muss für ein optimales Ergebnis bis ins letzte Detail auf den Punkt gebracht sein!"

„Eine Idee realisiere ich entweder sehr rasch oder sie ist völlig in meinem Gedächtnis verhaftet und wird beim nächsten Shooting verwirklicht", berichtet der Profi. Die Fotografie inspiriert ihn bis heute deswegen, weil er sie als sein Hobby betrachtet. „Einerseits ist der Schaffensprozess für mich etwas Lockeres. Ich arbeite zwar wie in Trance, aber die Begegnung zwischen Fotograf und Model findet auf Augenhöhe statt. Mal motiviere ich entsprechend oder zeichne gar vor, wie ich etwas gerne hätte. Jedoch lasse ich auch Freiraum, weil Akteure bisweilen super Ideen haben." Daraus entsteht etwas Gemeinsames. „Andererseits muss ich zugeben, durchaus ein Getriebener zu sein, denn gegenüber mir selber gebe ich nie nach. Wenn ich ein Projekt mache, muss es für ein optimales Resultat bis ins letzte Detail auf den Punkt gebracht sein. Vorher aufzugeben, gibt es für mich nicht!"

„Ich lasse mich durch Nichts beirren!"

Ist das Shooting im Kasten, schaut sich Dieter Blum umgehend die Ergebnisse an, trifft eine erste Auswahl. Bei freien Arbeiten für sich persönlich wirft er erst zwei Wochen

später einen erneuten Blick darauf, sortiert mehr als die Hälfte aus. „Weil ich dermaßen gnadenlos mir gegenüber bin, schmeiße ich all das weg, was mich nicht völlig zufrieden stellt." Dadurch reduziert sich der Rest radikal. Am Schluss bleiben jene Aufnahmen übrig, deren Ausdruck und Aussage so funktionieren, wie der Fotograf es will. „Ob etwas wirklich Herausragendes dabei ist, sehe ich sofort. Da lasse ich mich durch nichts beirren." Gegenüber seinen eigenen Werken ist er viel zu kritisch, um jemals etwas Mittelmäßiges abgegeben zu haben. „Und selbst fremde Kritik konnte ich schon immer annehmen." Seine Frau ist übrigens die schärfste Kritikerin. „Manchmal stehe ich allerdings drüber und sage, dass ich etwas besser finde, weil ich weiß, dass das Foto aus meiner Perspektive funktioniert".
Ein derart strikter Standpunkt, wie Blum ihn schon von Beginn an vertrat, macht es gerade einem Selbständigen normalerweise nicht leicht. Das zeigt sich exemplarisch an jenem Auftrag, der seinen Weltruhm begründen und seine Fotos zu Ikonen werden lassen sollte. Dabei hätte alles ganz anders kommen können, denn „ich bin zum fraglichen Zeitpunkt bereits sehr viel beschäftigt gewesen und mir war völlig egal, ob ich den Job bekomme oder nicht." 1992 wurde er zu einem Test-Shooting für die globale „Marlboro"-Kampagne eingeladen. Klaus-Erich Küster, Kreativ-Chef der weltweit tätigen Werbeagenturgruppe „Leo Burnett", teilte ihm mit, er solle ausschließlich eigene Vorstellungen umsetzen. Blum nahm das wörtlich: Von dem im Laternenlicht getauchten Foto eines neben parkenden Autos auf einem weißen Pferd sitzenden, eingenickten Cowboys war der Marketingabteilungsleiter begeistert und konzipierte gleich neun Anzeigen. „Nicht eine davon wurde genommen, denn die Auftraggeber waren über meine Bilder völlig entsetzt! Sie meinten, das sei eine Katastrophe, da nichts mehr von der „Marlboro"-Idee zu sehen wäre! Ich entgegnete: „Ich sehe das anders!" Blums unbeirrbare Beharrlichkeit sollte sich auszahlen. „Ein halbes Jahr später bekam ich den Anruf, dass sie meine Aufnahmen doch gut finden würden und erhielt als einziger Europäer den Auftrag, ihre weltweite Werbekampagne zu fotografieren!" Für die Mega-Produktion im US-Bundesstaat Utah standen dem Shooting Star plötzlich sogar ein Helikopter, mehr als ein Dutzend Cowboys, 25 Pferde, 40 Stück Vieh, Windmaschinen und Licht zur Verfügung, das in 20 LKWs transportiert wurde.

„Wenn einer auf ein Thema spezialisiert ist, dann funktioniert das oft besser, als wenn man wie ich in vielen Bereichen aktiv ist."

Warum es der Eine schafft und der Andere nicht, obwohl beide die gleichen Fähigkeiten besitzen – darauf weiß Blum keine Antwort. „Der Eine hat zufällig Glück, dass er wo

reinrutscht und jemanden findet, der ihn unterstützt und fördert, während Andere rumwirbeln und den Fuß nicht auf den Boden kriegen." Selbst bei ihm hat der Durchbruch länger gedauert als geplant. Der Grund dafür lag seiner Ansicht nach darin, dass die Leute ihn nicht einordnen konnten. „Wenn einer auf ein Thema spezialisiert ist, dann funktioniert das oft besser, als wenn man wie ich in vielen Bereichen aktiv ist. Meiner Zeit war ich garantiert oft voraus! 1976 habe ich den großen Bildband ‚Das Afrika Buch' gemacht, der Maßstäbe gesetzt hat und von dem binnen Jahresfrist 23.000 Stück zu einem Preis von 200 US-Dollar verkauft worden sind. Damit war ich in der Schublade ‚Afrika'." Dann aber widmete er sich Japan („Nippon"), Russland („UdSSR: Entdeckungsreise in ein reiches Land"), „Cowboys", den Berliner Philharmonikern („Das Orchester"), Tanz („Vladimir Malakhov"). „Die Leute kamen nicht mehr mit, wussten nicht, in welche Schublade sie mich stecken sollten. Das ist ein Problem – allerdings nicht für mich."
Fotografie ist spätestens seit der dOCUMENTA 6 im Jahr 1977 als Kunst anerkannt. Nach welchen Kriterien die Kategorisierung, was ist Kunst und was nicht, stattfindet, bleibt jedoch nicht nur Dieter Blum ein Rätsel. „Der amerikanische Maler und Fotograf Richard Prince hat Ausschnitte von Motiven der ‚Marlboro'-Anzeigenkampagne – unter anderem von mir – abgelichtet und diese bearbeiteten Reprofotos als Kunst verkauft. Darunter war ein ganz berühmtes Bild, für das 1.3 Millionen US-Dollar gezahlt wurden. Die Vorlage ‚Reiter vor blauem Himmel', welche von mir stammt, ist für mich aber nur zweite Wahl gewesen. Dass Prince' Variante wertvolle Kunst ist, liegt wohl daran, dass Erstere von einflussreichen Galerien gepuscht wird." Kurios war in diesem Zusammenhang ein Erlebnis auf der Schweizer Kunstmesse „Art Basel" 2011. Dort zeigte Blum einem Galeristen seine Arbeiten – darunter auch das erwähnte Foto. Daraufhin wurde ihm gesagt, dies sei zu nah an Richard Prince. Der deutsche Fotograf entgegnete: „Meine Arbeit ist aber das Original." Sein Gegenüber meinte dennoch nur: „Trotzdem!".

Dieter Blum

„Das ist meine Aussage: Ich sehe einfach sofort die Motive. Billy Walck, der Headcowboy, sagte einmal zu mir: ‚Wir lieben Dich, Dieter, weil Du in zehn bis fünfzehn Minuten Dein Sujet fertig hast. Die amerikanischen Kollegen brauchen dafür fast immer einen halben Tag. Das ist dann einfach zu lang, weil einem die Mimik entgleitet'!"

oben:
Der „Marlboro-Mann" wurde durch Philip Morris weltweite Anzeigen- und Plakatkampagne zum Sinnbild des klassischen „American Way of Life".

rechts:
„Park & Ride" mit US-amerikanischen Schlüsselsymbolen wie Pferdestärken und Flagge: Über Blums Foto waren die Auftraggeber „völlig entsetzt. Sie meinten, das sei eine Katastrophe, da nichts mehr von der ‚Marlboro'-Idee zu sehen wäre!"

oben:
„Coming Soon"-Serie: Gesichter von Frauen beim Orgasmus.

links:
„Michelangelo I": „Die Magie des Moments ist entscheidend", betont Blum.

CHARLIE LE MINDU

HAUTE COIFFEUR (FRANKREICH)

„Voraussetzung für Erfolg ist, seinen Stil gefunden zu haben!“

Lady Gagas Perücken im Video zum Hit „Bad Romance“ (2009) und vor allem die zwei riesigen, schwarzen Haar-Lippen auf ihrem Kopf im „Born This Way“-Clip (2011) machten ihn international bekannt. Die Kooperationen mit der amerikanischen Sängerin/Pianistin, der Charlie Le Mindu auch ein aufsehenerregendes Haar-Kleid aus Echthaar-Extensions entwarf, waren für den gebürtigen Franzosen kostenlose weltweite Werbung und Karrieresprung zugleich. ›››

Obgleich er sich bereits zuvor durch phantastische Haar-Kreationen einen Namen gemacht hatte, kam diese Präsenz doch einem Ritterschlag der besonderen Art gleich. Seine Auftraggeberin ist schließlich bekannt dafür, mit einigen der kreativsten Köpfe der Gegenwart zusammenzuarbeiten und ein Gespür für Talente jenseits des Mainstreams zu haben. Diese Publicity im Team eines globalen Superstars war deshalb ein weiterer Beweis für die herausragende Extravaganz und Kreativität von Charlie Le Mindus Schaffen. Der bizarre Mix aus Avantgarde und Surrealismus des „ON/OFF-Visionary-Award"-Preisträgers 2011 begeistert Stylisten sowie Fotografen der Modestrecken von Hochglanzmagazinen wie „Vogue" oder „Harper's Bazaar". Chanel, Tommy Hilfiger und Disneyland Paris engagierten ebenfalls jenen Mann, dessen Arbeit Inbegriff des Außergewöhnlichen, Spektakulären ist und nicht nur medial Aufsehen garantiert.
Sein beruflicher Werdegang war Charlie Pierrick, so der bürgerliche Name, beinahe schon in die Wiege gelegt. Der im Südwesten Frankreichs geborene Sohn (* 9. Juli 1986) eines rumänisch-französischen Ehepaares spielte als Kind mit Puppen, schnitt, färbte, richtete deren Haare und nannte bereits im Alter von sechs Jahren als Berufswunsch „Friseur". Dieser sollte sich schnell erfüllen: Gerade Teenager geworden, half er erst im Friseurgeschäft seiner Großmutter und wechselte 1999 in Bordeaux zu „Le Petit Salon", der sich auf Punk-Look spezialisiert hatte. Dies wie auch die Vorliebe für den Film „Cry Baby" von Trash-Regisseur John Waters erwies sich für ihn als stilprägend. Berlin-Kreuzberg hieß ab 2003 seine nächste Station. Geld in die Kasse kam nicht nur durch das Frisieren der Dragqueens eines französischen Clubs, wobei sich sein Faible für das Gestalten opulenter Perücken entwickelte; Einnahmen wurden auch durch seinen Frisurstyling-Service in Techno-Diskotheken oder mittels Live-Performances in Galerien generiert. 2007 folgte der Umzug nach London. Zwei Jahre später Eröffnung eines Salons unter eigenem Namen. Charlie Le Mindu ist alles andere als ein konventioneller Coiffeur, dennoch brauchen Kunden keine Angst haben, nach einem Termin bei ihm einem Außerirdischen wie Chewbacca aus den „Star Wars"-Filmen zu ähneln. Kunstvolle Haar-Inszenierungen und neue Perücken-Kollektionen präsentiert der experimentierfreudige Maestro ohnehin auf der „Fashion Week" in London und Paris sowie in einem 256 Seiten starken Bildband unter dem Begriff „Haute Coiffure".
Das Portfolio des ehemaligen Studenten der französischen Haar-Akademie „nha Paris" umfasst mittlerweile zudem die Modelinie „Cheveux-centric", die unter anderem Kleider, Strümpfe und Umhänge beinhaltet. Diese tragen Top-Models wie Kate Moss oder Naomi Campbell auf Modestrecken in Trend-Magazinen. Beim Kosmetik-

Weltmarkführer „L'Oréal" brachte der tätowierte Künstler, von dem ein Museum in Rotterdam/Niederlande eine seiner gigantischen Echthaar-Perücken-Installationen (3.600 bis 10.000 britische Pfund) erworben hat, eine Sonderedition des Haarsprays „Mademoiselle Infinium" heraus. Die Ernennung zum „Avantgarde-Direktor" im Schönheitssalon „Urban Retreat" von Londons weltberühmtem Nobel-Kaufhaus „Harrods" stellte eine weitere Facette seiner Ausnahmestellung dar.
Charlie Le Mindu, der „bei seinen Shows nicht schocken, sondern extreme Reaktionen provozieren möchte", lebt in Paris. **Web: charlielemindu.com**

„Wie vom Blitz getroffen. Dieses Gefühl überkommt mich, wenn ich eine Eingebung habe. Das Wirken der Intuition ist allerdings nur temporär. Mich beispielsweise mit einem Projekt fünf Monate lang herumzuschlagen, langweilt mich. Manchmal entwickeln sich großartige Ideen bei mir aus dem Herumblödeln heraus, bisweilen, wenn ich betrunken bin oder auch im Schlaf. Ich träume sehr viel, sodass ich meine ganze Vorstellungskraft bemühen muss, um mich daran zu erinnern. Wenn ich am nächsten Tag daran zurückdenke, was mir durch den Kopf gegangen ist, packe ich das an und mache es noch besser, als es in der Phantasie aussah. Ja, ich will ständig Neues ausprobieren und es ist frustrierend, dass ich nicht genug Zeit habe, um alles zu realisieren, was ich möchte. Dabei grüble ich übrigens schon lange nicht mehr darüber, was Leuten gefallen oder missfallen könnte. Erwartungen anderer Menschen zu erfüllen, interessiert mich nicht! Mir geht es einzig und allein darum, mir durch meine Tätigkeit die maximale Befriedigung zu verschaffen!
Wenn ich traurig bin, kann ich ebenso wenig arbeiten wie dann, wenn es mir optimal geht. Ich schaffe etwas am besten, wenn ich von der Außenwelt abgeschirmt bin. Das heißt: Wenn kein Telefon läutet oder keine Medienleute da sind, die etwas von mir wollen. Es klingt komisch, ist aber so: Ich mag einen eng getakteten Zeitplan. Pausieren gibt es bei mir nicht. Klinke ich mich im Jahr ein oder zwei Wochen aus, mache ich das wirklich zu einhundert Prozent. Ansonsten muss es bei mir absolut intensiv zugehen. Am liebsten arbeite ich natürlich in einer schönen Umgebung wie zum Beispiel einem Penthouse, in das viel Sonnenlicht fällt. Das erfüllt mich, bereitet mir zusätzlich Freude an meinem Job.

Intuition erreicht eher einzigartige Ergebnisse als die Inspiration!

Wenn ein Abgabetermin vorgegeben ist, mir aber nichts einfällt, ist meistens ein großes Budget vorhanden, womit sich etwas bewerkstelligen lässt. Aber bislang war es stets so, dass ich doch noch eine Intuition hatte. Sie ist immer vor der Inspiration da. Umgekehrt würde nichts Großartiges entstehen können, denn Intuition ist etwas ganz aus dem tiefsten Inneren der eigenen Person Kommendes. Inspiration hingegen zitiert gewissermaßen etwas, das wir vielleicht einmal gesehen oder anderweitig erlebt haben; insofern darf man sich nie auf die Inspiration allein verlassen, denn ihr Ergebnis kann niemals so einzigartig sein wie das aus der Intuition Entstandene.

Meine Einfälle notiere ich mir immer in meinem Smartphone und habe inzwischen zudem zwei Hard Discs, randvoll mit zukünftigen Vorhaben. Überhaupt bin ich bestrebt, Ideen schnellstmöglich umzusetzen. An einer arbeite ich für gewöhnlich zwei Tage hintereinander oder länger. Bisweilen stelle ich sie vorübergehend zur Seite und kümmere mich um eine andere. Am meistens Spaß macht es mir, wenn ganz viele Projekte parallel am Start sind.

„Ob ein Einfall das Potential für etwas wirklich Großartiges besitzt, liegt nicht in der Hand dessen, der es kreiert.“

Eine gute von einer schlechten Idee zu unterscheiden, fällt mir leicht. Ich strebe danach, den Menschen zu zeigen, was wir mit Haaren alles machen können und welch unterschiedliche Formen von ‚Schönheit' möglich sind, kurz gesagt: ich möchte Träume verkaufen! Das fällt mir gar nicht so leicht, denn es gibt nicht mehr allzu viel, das mich selbst zum Träumen bringt. Also verlege ich mich darauf, Gefühle in Kreationen umzusetzen, die wiederum den Betrachter emotional ansprechen.

Ob ein Einfall das Potential für etwas wirklich Großartiges besitzt, liegt nicht in der Hand dessen, der es kreiert. Wenngleich ich es auch manchmal spüre, ist das für mich dennoch nicht das Ziel. Wäre dem so, könnte man mich schlicht mit einem Pop-Künstler vergleichen, dem es einzig darum geht, Geld zu machen und möglichst viele Likes zu erhalten. Sicher ist es wichtig, ein Einkommen zu haben, doch bei mir steht die künstlerische Anerkennung an erster Stelle, sie gibt mir am meisten! Mag der kreative Prozess für manche Menschen auch ein schwieriger sein, ist er für mich etwas ganz Natürliches, das puren Spaß bedeutet. Manchmal muss die Kreativität allerdings forciert werden – vor allem dann, wenn es darum geht, eine Kollektion fertigzustellen. Es ist schließlich schwierig, Einzelstücke so zu kombinieren, dass sie zusammen gut aussehen.

„Handwerkskunst ist ausschlaggebend.“

Um meine Kreativität zu stimulieren, gehe ich oft zum Tanzen. Und ich lache auch viel. Das sind gute Stimulanzien für die Arbeit.
Die Frage, ob Talent die Basis für Kreativität ist, würde ich spontan mit ‚Ja‘ beantworten. Denke ich aber etwas länger darüber nach, fällt mir ein, dass es viele talentierte Leute gibt, denen wiederum die Kreativität fehlt. Am Ende ist es ohnehin die ‚Handwerkskunst‘, die ausschlaggebend ist.
Was nun besser ist, alleine oder im Team zu arbeiten, kann ich so pauschal nicht sagen. Beides hat Vor- und Nachteile. Bei mir verhält es sich folgendermaßen: Ich bin der Ideenlieferant, höre aber gerne auf das, was meine Freunde, mein Team meinen. Sie betrachten einen Vorschlag aus individuell unterschiedlichen Blickwinkeln, die auf ihren persönlichen Erfahrungen basieren. Sich mit anderen Sichtweisen auseinanderzusetzen, ist gut. Gleichzeitig möchte ich aber wiederum nicht allzuviel auf das hören, was andere sagen, um zu verhindern, dass Ideen, die nicht von mir stammen, am Schluss das Resultat dominieren.

„Routine spielt bei der Umsetzung eine herausragende Rolle.“

Routine spielt bei der Umsetzung eine herausragende Rolle. In dieser Verfassung zu sein, ist super. Am besten 24 Stunden lang, sieben Tage die Woche, ansonsten gar nichts anderes machen. Ich bin dermaßen bei der Sache, dass ich diesen Zustand fast schon als Trance bezeichnen würde. Die Schattenseite davon ist jedoch, dass ich buchstäblich kaum Urlaub nehmen kann, da es mir unmöglich ist, diesem kreativen Arbeitszustand Einhalt zu gebieten. Weil mir der Job dermaßen viel Spaß bereitet, bin ich mir selbst und meinem Stil immer treu. Inwiefern ich damit meiner Zeit voraus bin, darüber zerbreche ich mir nicht den Kopf. Es geht nur um mich und die persönliche Befriedigung, meine traumhafte Kunst-Performance zu erschaffen. Ist ein Einfall von mir zu futuristisch, merke ich das spätestens in dem Moment, wenn seine Umsetzung zum Ding der Unmöglichkeit wird.
Um Erfolg zu haben, dafür gibt es kein Rezept. Meiner Ansicht nach ist die allererste Voraussetzung ohnehin, seinen Stil gefunden zu haben! Das ist bei mir der Fall. Meinen Erfolg um seiner selbst Willen zu recyclen, das käme mir nie in den Sinn. Ich versuche vielmehr, ihn mit etwas zu übertrumpfen, das noch aufregender als das Bisherige ist!

„Kritik hilft, sich in seiner Arbeit weiterzuentwickeln!“

Warum nun der Eine erfolgreicher als der Andere ist, obgleich beide ähnlich talentiert sind, liegt wohl daran, dass es dem Vorreiter gelungen ist, seine Persönlichkeit öffentlichkeitswirksamer zu inszenieren. Und wer erfolgreich sein möchte, der sollte natürlich die Wünsche und Bedürfnisse seines potentiellen Publikums kennen. Ich denke nicht in diesen Kategorien. Auch ansonsten unterscheide ich mich von vielen Künstlern. Während die, gerade wenn sie Erfolg haben, nicht mehr offen sind für Kritik, finde ich diese gut. Kritik hilft, sich in seiner Arbeit weiterzuentwickeln! Insofern höre ich unter anderem auf das, was mir mein Manager sagt. Vielleicht liegt es unter anderem daran, dass ich noch nie etwas abgeliefert habe, das zwar mittelmäßig war, aber dennoch erfolgreich gewesen ist. Ungeachtet dessen, ist bei mir nicht alles eitel Sonnenschein. So muss ich mich Tag für Tag nicht nur mit dem Erfolg auseinandersetzen, sondern ebenso mit Fehlschlägen. Diese sind jedoch wichtig, da sie einen reflektieren lassen – auch darüber, wie man sich neu erfinden, weiterentwickeln kann, um Dinge zukünftig besser als vorher zu machen!“

Charlie Le Mindu

„Unter den Looks und Produkten, die ich entworfen habe, gibt es für mich keinen Favoriten. Es ist vielmehr mein Projekt ‚Charliewood‘, auf das ich am meisten stolz bin. Ich habe dabei so viel gelernt – von der Inszenierung einer Szene über Haargestaltung, Couture bis hin zum Tanz.“

JIM DAVIS

CARTOONIST (USA)

„Harte Arbeit zahlt sich aus!“

Der dicke, träge Kater Garfield mit seinem orangefarbenen, schwarz gestreiften Fell ist weltbekannt – der Name seines Schöpfers jedoch oft nur jenen geläufig, die auch die Signatur auf den Comicstrips lesen. Dort steht: Jim Davis. ›››

Er wuchs auf der Rinderfarm seiner Eltern in Fairmount/Indiana auf, die von 25 Katzen bevölkert wurde. Wegen seines Asthmas musste der Junior (* 28. Juli 1945) oft im Haus bleiben und entdeckte so das Zeichnen für sich. Auf den Universitätsabschluss und die Arbeit in einer Werbeagentur folgte die Assistenzzeit beim Comic-Zeichner Tom K. Ryan („Tumbleweeds"). Als Davis einen neuen Comic-Charakter geschaffen hatte, benannte er ihn nach seinem Großvater. Der allererste Strip, in dessen Mittelpunkt ein fetter, fauler und sarkastischer Stubentiger stand, ist 1977 veröffentlicht worden, ab dem 19. Juni 1978 dann in 41 US-Zeitungen. 1981 wurde „PAWS Inc." gegründet, welche die Rechte an Garfield und den über 3.500 Produkten unter seinem Namen kontrolliert. Im selben Jahr kürte die „National Cartoonists Society" (NCS) Jim Davis zum besten Comic-Humoristen des Jahres – die erste von vielen Auszeichnungen, unter denen dem Künstler die Ehrendoktorwürde jener Uni, an der er einst studiert hatte, die wichtigste ist. Für seine animierten Garfield-Werke erhielt der amerikanische Cartoonist viermal einen Emmy, den bedeutendsten Fernsehpreis der Vereinigten Staaten. Zwischen 1988 und 1994 liefen im dortigen Fernsehen insgesamt 121 jeweils 30-minütige Episoden der Zeichentrickserie „Garfield und seine Freunde". 2004 kam „Garfield – Der Film" in die Kinos, auf den vier weitere folgten. 2008 startete „The Garfield Show" im US-TV. Sie wird in 131 Länder (inklusive täglicher Ausstrahlung in China) lizensiert. Seit 1980 führte die Bestsellerliste der „New York Times" ganze 33 seiner Comic-Bücher auf, die in 27 Sprachen übersetzt worden sind und über 130 Millionen Käufer fanden. Die Arbeiten des Comic-Autoren, der sich vielfältig sozial engagiert und in seiner Freizeit Golf spielt oder angelt, werden nach wie vor in 2.570 Zeitungen abgedruckt und erreichen weltweit 263 Millionen Leser. Jim Davis ist in zweiter Ehe verheiratet, hat drei Kinder, eine Katze namens „Nermal" sowie den Hund „Pooky". Mit ihnen lebt er in Muncie/Indiana auf einem weitläufigen Gelände, das auch seine Firma beherbergt.

Web: www.garfield.com

„Meine Kinder und Enkel liefern mir Inspirationen zu den Cartoons. Indem ich die Welt durch ihre Augen betrachte, bekomme ich eine neue Perspektive. Außerdem ist es so, dass ich mir mit zunehmendem Alter der menschlichen Natur mehr und mehr bewusst werde. Das bietet natürlich auch Stoff für Themen.
Damit ich meinem Job gut nachgehen kann, sollte mir die Last des Alltagsgeschäftes von den Schultern genommen sein, Sonne in mein helles Arbeitszimmer scheinen und

guter Jazz auf der HiFi-Anlage laufen. Stehen dann noch ein paar Tassen Kaffee parat, ist alles perfekt. Ich setze mich an den Tisch, nehme Stift und Papier zur Hand und lege los.

Manchem mag es ein Rätsel sein, wie es mir möglich ist, dass sich nach all den Jahren anstatt Kreativität nicht Routine bei mir breitmacht, dass ich einen Charakter wie Garfield immer noch weiterentwickeln und mit Spaß bei der Arbeit sein kann. Die Erklärung dafür ist relativ simpel: Die Garfield-Witze drehen sich ums Essen und Schlafen. Ähnlichkeiten in den Gags sind deshalb unvermeidbar. Allerdings besitze ich ein ziemlich gutes Gedächtnis und bin mir daher sicher, dass ich noch keinen Witz Szene für Szene kopiert habe. Essen und Schlafen sind für jeden von uns etwas Alltägliches. Wir können es gar nicht leid werden. Zu essen und sich auszuruhen, das sind Dinge, die wir jeden Tag aufs Neue mit derselben Begeisterung tun.

„Negative Kritik ist nur die Meinung einer einzelnen Person!“

Gegenüber Kritik bekommt jemand, der wie ich schon so lange im Geschäft ist, ein ziemlich dickes Fell. Das legte ich mir schon Mitte der Siebziger Jahre zu, als ich mich darum bemühte, dass meine Cartoons im großen Stil vertrieben und publiziert werden würden. Ich erhielt Absage auf Absage. Mir war zum Glück damals schon klar, dass Geschmack individuell unterschiedlich ist und verschiedene Sichtweisen eben das Salz in der Suppe des Lebens sind. Genau das macht es aus. Deshalb habe ich auch nie zugelassen, dass mich eine negative Kritik heruntergezogen hat. Sie ist nur die Meinung einer einzelnen Person und somit deren gutes Recht. Im Grunde kommt es darauf an, dass einem selbst gefällt, was man macht. Garfield bringt mich bis heute zum Lachen. Und weil er das bei mir tut, ist die Wahrscheinlichkeit groß, dass er bei anderen Personen dasselbe auslöst. Die Garfield-Cartoons können als Beispiel für Breitenwirksamkeit und Langlebigkeit dienen. Der Ursprung ihres Erfolges zeigt, dass an der Redewendung ‚Gutes Timing ist das A und O' durchaus etwas dran ist. Ich brachte sie zu einem Zeitpunkt auf den Markt, als Katzen sich wieder zunehmender Popularität erfreuten. Das renommierte TIME-Magazin machte damals gar einen, wie sie es nannten ‚neuen Katzen-Chic' aus. Plötzlich schienen Stubentiger überall zu sein: in Büchern, Filmen, Anzeigen und selbst in der Mode. All das war dem Bekanntheitsgrad von Garfield zuträglich. Ich glaube zwar, dass Zufall und Glück in unser aller Leben zu bestimmten Zeiten eine Rolle spielen, doch noch fester bin ich der Überzeugung, dass sich harte Arbeit auszahlt.

Garfield ist seit vielen Jahrzehnten in zahlreichen Zeitungen präsent. Da ich Optimist bin, halte ich es für unwahrscheinlich, dass er sang- und klanglos verschwindet. Wobei mir gerade einfällt, dass in Garfields Anfangstagen die ‚Chicago Sun-Times' den Comicstrip abbestellte, nachdem sie ihn ungefähr ein Jahr lang gedruckt hatte. Ich dachte damals, das wär's dann für Garfield. Aber die Zeitung bekam rund 1.300 Anrufe und Beschwerden von Lesern, welche die Rückkehr von Garfield forderten. Die Verleger beugten sich dem Druck. Diese Tatsache war ganz entscheidend für die Verkäufer der Agentur, welche sich um die Veröffentlichungen in den Medien kümmern. Deshalb entpuppte sich der anfängliche Ärger am Ende als Segen. Weil das Lizenzierungsgeschäft zyklisch abläuft, muss man auf der Welle der Popularität surfen. Die Vermarktung von Rechten hat viel damit zu tun, was angesagt und der letzte Schrei ist. Solche Kriterien kann man natürlich nicht konstant erfüllen. Also bleibt einem nichts anderes übrig, als den Markt konstant zu bedienen, sich dabei selbst treu zu bleiben, Neues auszuprobieren, technische Entwicklungen anzunehmen und auf diesem Weg neues Publikum für sich zu gewinnen."

Jim Davis

„Zu meiner Berufswahl passt, was auch der verstorbene amerikanische Comiczeichner und -autor Al Capp einst über sich sagte: ‚Als Baby fiel ich auf den Kopf und wollte danach nichts anderes mehr machen, als Cartoons zeichnen.' Schon als Kind und später als Teenager kritzelte ich rum ohne Ende. Deshalb lag es auf der Hand, Cartoonist zu werden. Ich hatte dann das enorme Glück, dass mich der Cartoonist T. K. Ryan als seinen Assistenten engagierte. Er lehrte mich die große Genauigkeit, die nötig ist, um als Cartoonist zu bestehen, dessen Arbeiten landesweit verkauft werden. Als ich dieses Wissen verinnerlicht hatte, begann ich, meinen eigenen Comicstrip zu entwickeln. Jahrelang habe ich mein Glück mit einem Comic über einen Käfer beziehungsweise eine Mücke namens ‚Gnorm Gnat' versucht. Dafür habe ich so viele Absagen bekommen, dass ich die Wände damit hätte tapezieren können. Eines Tages aber hatte ein für Comicstrips zuständiger Redakteur Mitleid und erläuterte mir seine Ablehnung, anstatt mir einfach nur ein standarisiertes Schreiben zu schicken. Er sagte: ‚Die Zeichnungen sind gut, die Witze amüsant, aber Käfer? Wer kann mit denen etwas anfangen?` Eingedenk dessen schaute ich mir die Comic-Seiten ganz genau an. Dort spielten Hunde wie Snoopy eine große Rolle. Katzen aber waren nirgends zu sehen. Also habe ich mich mit meinem Skizzenblock hingesetzt und angefangen, Katzen zu zeichnen. Über die wusste ich jede Menge, da ich auf einer Farm aufgewachsen war, wo es viele dieser Stubentiger gab. Insofern sind in Garfield all jene Vierpföter eingeflossen, an die ich mich erinnerte. Jeder von ihnen hatte eine ganz eigene Persönlichkeit, aber eine Gemeinsamkeit gab es – sie waren gewieft, unabhängig und unnahbar. Ich habe meinen Comic-Charakter dann nach meinem Opa benannt. James Garfield Davis war ein großer, mürrischer Mann, mit dem man sich nicht anlegen wollte, aber im Grunde genommen hatte er ein goldenes Herz."

Gelateria Dondoli
Gelateria di Piazza
Gelato World Champion 2006/2007 - 2008/2009
CHANGE

SERGIO DONDOLI

SPEISEEIS-WELTMEISTER (ITALIEN)

„Man sollte nur das tun, was man fühlt. Alles andere hat keinen Sinn."

„Weltmeister im Eismachen" 2006/2007 und 2008/2009. Diese Titel hat Sergio Dondoli als Mitglied der italienischen Nationalmannschaft der Eishersteller zweimal gewonnen. Außerdem ist er der Einzige, der ein Amedei-Schokoladeneis herstellt, das von 2005 bis 2009 als das beste der Welt ausgezeichnet wurde. Als einer der internationalen Top-Eismänner erfindet er zudem ständig neue Geschmacksrichtungen und -kombinationen wie etwa „Rosa Pampelmuse und Spumante", „Himbeere und Rosmarin", „Brombeere und Lavendel", „Ricotta-Quark und Blaubeeren" oder „Gorgonzola und Walnüsse". Sie sowie viele weitere Sorten sind erhältlich in Signore Dondolis eigener Eisdiele „Gelateria Di Piazza", die am Marktplatz des mittelalterlichen Bergdorfes San Gimignano in der Toskana zu finden ist. >>>

War es Neid oder Eifersucht? Sergio Dondoli (* 12. September 1953) kann gar nicht mehr so genau sagen, warum er Eismann geworden ist. Tatsache ist: Sein Schwager stammt aus dem am südöstlichen Rand der Dolomiten gelegenen „Tal der Eismacher" namens „Val di Zoldo" und besaß 1971 in dritter Generation eine Eisdiele in Kiel. Sergio Dondoli, der in eben diesem Jahr nur zum Erlernen der Sprache nach Deutschland gekommen war, ist nach einem erfolgreichen Berufsstart als Maître d'hôtel ab 1977 Eigentümer eines kleinen Restaurants in Lutjenburg an der Ostsee. Während der Bruder seiner Frau in den deutschen Wintermonaten Ferien machen konnte, musste er arbeiten. Davon hatte Signore Dondoli irgendwann die Nase voll und beschloss, die Herstellung von Speiseeis zu erlernen. Diese Herausforderung wurde voller Engagement, Neugierde und geballter Zielstrebigkeit angenommen. Zahlreiche Rückschläge wegzustecken, zahlte sich für ihn aus: Ab 1984 hatte er eine eigene Eisdiele bei Lübeck, kehrte aber 1988 in die Heimat zurück, um 1992 seine „Gelateria Di Piazza" in San Gimignano zu eröffnen. Der sympathisch-quirlige Italiener, der sich zweifacher „Gelato World Champion" nennen darf, lehrt mittlerweile als Dozent an der nahe Bologna gelegenen „Carpigiani Gelato University". Dort gibt er Kurse in der hohen Kunst der Speiseeisherstellung.
Sergio Dondoli ist verheiratet, Vater dreier erwachsener Kinder und lebt in San Gimignano.

Web: www.gelateriadipiazza.com

„Unter Termindruck kann zumindest ich am besten arbeiten. Um etwas zu kreieren, brauche ich in meinem heimischen Arbeitszimmer ein völliges Chaos. Das klingt komisch, ist aber so. Solch eine Umgebung stellt jedenfalls für mich die beste Schaffensatmosphäre dar. Dass ich etwas schon mal zu einem bestimmten Termin fertig bekommen musste, mir aber nichts eingefallen ist, diese Erfahrung habe ich noch nicht gemacht. Dazu muss ich allerdings folgendes sagen: Ich habe nie etwas kreieren müssen, sondern schon immer etwas kreieren wollen!

„Ob eine Idee gut ist, zeigt sich im Allgemeinen bereits während ihrer Realisierung".

Mich inspirieren ganz unterschiedliche Dinge: Mal sind es geschmackliche Erinnerungen an meine Jugend, mal ganz simple Gerüche, die ich in Eis umwandeln möchte. Eine feste

Regel dafür gibt es nicht. Wenn ich eine Idee habe, geht das ruckzuck. Weil ich ein sehr neugieriger Mensch bin, kann ich es kaum abwarten, das, was ich im Kopf habe, in die Praxis umzusetzen. Insofern plädiere ich auch ganz klar für Schnelligkeit im Entwicklungsprozess. Das Schöne dabei ist: Ich komme – sozusagen als Visionär – rasch zum Erfolg. Ob meine Idee gut war, zeigt sich im Allgemeinen bereits während ihrer Realisierung. Sie sollte übrigens nicht unter einem wie auch immer gearteten Druck erfolgen. Ich möchte das anhand eines Beispiels verdeutlichen: Wenn ich sehr hungrig einen Lebensmittelladen betrete, geht es mir darum, zügig das zu kaufen, womit ich möglichst schnell meinen Appetit stillen kann. Knurrt mein Magen jedoch nicht, wähle ich in aller Ruhe aus, was ich haben will!

Um, wie in meinem Beruf, Eis zu machen und besondere Geschmacksrichtungen zu entwickeln, sind technische Kenntnisse eine unverzichtbare Voraussetzung. Hat eine Person dieses Knowhow schon in jungen Jahren, ist das natürlich von Vorteil. In jedem Fall trifft aber auf unseren Job die Redewendung ‚Kunst kommt von Können' zu. Routine ist bei dieser Arbeit mehr als nur nützlich. Erfahrung und Professionalität können allerdings mangelnde Kreativität nicht wettmachen.

Ich arbeite gerne im Team. Es ist immer eine große Bereichung, wenn die Mitarbeiter ihre Ideen mit einbringen.

„So etwas wie Perfektion existiert nicht!"

Jeder schöpferisch Tätige will seine Sache so gut wie irgend möglich machen, dennoch existiert so etwas wie Perfektion nicht. Man leistet sein Bestes genau im Moment des Kreierens, aber sobald das angestrebte Ziel erreicht worden ist, hat sich das Ganze schon wieder erübrigt. Weil es keine Perfektion gibt, ist auch das ‚ultimative Werk' ein Ding der Unmöglichkeit!

Seiner Zeit voraus zu sein, ist riskant, weil es die Gefahr beinhaltet, nicht verstanden zu werden. Deshalb sollte man nur das tun, was man fühlt. Alles andere hat keinen Sinn. Und da von einem Künstler ohnehin immer Verbesserungen an seinem Werk verlangt werden, muss man dieses einfach irgendwann abschließen und freigeben.

Wenn sich etwas als erfolgreich erwiesen hat, ist der Lockruf des Recyclings, also sich zu wiederholen oder in einem Erfolgsmuster festzustecken und sich deshalb nicht mehr weiterzuentwickeln, mächtig; vor allem dergestalt, dass man das bloße Recycling von Bewährtem mit der Entwicklung eines eigenen Stils verwechselt!

„Erfolg ist ein langfristiger Prozess. Deshalb ist es wichtig, durchzuhalten!“

Kritik hat auch bei Erfolg ihre Berechtigung, da sie dem Betroffenen hilft, mit den Füssen auf dem Boden zu bleiben. Erfolg ist übrigens etwas, das sich im Normalfall nicht plötzlich einstellt; meist handelt es sich dabei um einen langfristigen Prozess. Deshalb ist es wichtig, durchzuhalten! Dass einer nun Erfolg hat, während er einem anderen, ebenso Begabten nicht vergönnt ist, liegt unter anderem wohl daran, dass immer auch der Zeitpunkt stimmen muss. Es heißt ja nicht umsonst: ‚Zur richtigen Zeit, am richtigen Ort.' Generell gilt jedoch: Ohne Begabung läuft nichts!“

Sergio Dondoli

‚Crema di Santa Fina', das erste Safran-Creme-Eis, ist eine Dondoli-Erfindung .

„Für mich persönlich war es ein Riesenerfolg, als ich das erste Safran-Creme-Eis erfunden habe. Ich nannte es ‚Crema di Santa Fina' und habe diese Bezeichnung auch als Markenname registrieren lassen. Safran war, zusammen mit der Wallfahrt, für meine Stadt schon vor tausend Jahren die wichtigste wirtschaftliche Einnahmequelle. Für mich ist es von großer Bedeutung, eine direkte Beziehung zu meinem Land zu haben, mich mit ihm zu identifizieren und dies auch in meiner Arbeit widerzuspiegeln. Deshalb enthalten viele meiner Kreationen landwirtschaftliche Produkte aus der Region.“

rechts:
Frische Erdbeeren aus der Region sind fester Bestandteil der Speiseeis-Kreationen, die Sergio Dondoli zubereitet.

unten:
„Classico Italiano": In den „guten, alten Zeiten" fing auch der spätere „Gelato-Weltmeister" einmal klein an – mit einem Eiswagen.

DAVID A. EDWARDS

WISSENSCHAFTLER (USA)

„Unsere Gesellschaft braucht Leute, die schon heute an das Übermorgen denken!“

In essbarer Verpackung verfügbare Lebensmittel oder Getränke. Geschmackvolle Cocktails, deren Alkoholgehalt vor dem Konsum verdampft und die durch einen Strohhalm aus dem Design-Gefäß gesogen werden. Individuelle Textnachrichten mit Aroma, per Smartphone verschickt, deren Duft der Empfänger über eine iPad-App mittels eines separaten Gerätes rekonstruieren kann. Drei Beispiele, die nicht der Science Fiction entstammen, sondern schon Realität sind. Verwirklicht wurden diese revolutionären Kreationen von David A. Edwards und seinem Team. Er ist vielfach preisgekrönter Bioingenieur, Wissenschaftler, Mathematiker, Chemiker, Künstler, Schriftsteller und seit 2002 Harvard-Professor. >>>

Der Amerikaner (*6. April 1961, Ann Arbor/Michigan) hat eine steile Karriere absolviert. Anfang der Achtziger Jahre studierte er Chemieingenieurwesen an der „Michigan Technological University", machte 1987 seinen Doktor. Nach Lehraufträgen, unter anderem in Israel, forschte Edwards im medizinischen Bereich und verkaufte 1999 sein Patent für ein Asthma-Spray. Anstatt sich mit den 114 Millionen US-Dollar zur Ruhe zu setzen, nutzt das jüngste Mitglied der „National Academy Of Engineering" das Geld, um unabhängig und selbständig tätig zu sein. Engagiert verfolgt er das Anliegen, Wissenschaft, Kunst, Humanismus und Design mit kommerzieller Verwertbarkeit und gleichzeitig echtem Nutzen für die Menschheit zu kombinieren. Besonders am Herzen liegt ihm, der sich auch in gemeinnützigen Organisationen engagiert, die Nahrung der Zukunft zu erfinden sowie Kunststoffverpackungen durch – im Idealfall – konsumierbare Hüllen aus ökologischen, vitaminreichen Stoffen zu ersetzen. Um seine Visionen Wirklichkeit werden zu lassen, gründete Edwards „Art-Science Labs". Die Mischung aus Labor, Ideenschmiede, Hörsaal und – in Paris – Museum beziehungsweise Restaurant (im Bostoner Vorort Cambridge) stellt sein Buch „The Lab: Creativity and Culture" anschaulich vor.
In der US-Niederlassung hat der meist leger gekleidete Akademiker zusammen mit dem Chemiker John Lamppa zum Start der Firma „WikiFoods Inc." 2010 die neuartigen „WikiPearls" präsentiert: mit Suppe, Eis oder Kompott gefüllte Kugeln in Golfballgröße, umhüllt von einer hermetisch schließenden essbaren Schale. Dieses erste Produkt aus der „WikiCell"-Serie nahmen einige US-Supermärkte spontan in ihr Sortiment auf.
Bei „AeroLife" wiederum handelt es sich um diverse Nahrungsergänzungsmittel: Über ein Gerät in Lippenstiftform und -größe wird das kalorien- und zuckerfreie, in unterschiedlichen Geschmacksrichtungen verfügbare Pulver durch den Mund eingeatmet; je nach Zusammensetzung liefert es entweder Energie, wirkt immunverstärkend, fördert sportliche Leistung oder lässt Konsumenten Kaffee beziehungsweise Schokolade genießen.
Die neuesten Innovationen zu testen, dafür bietet Edwards Bar/Restaurant „Café ArtScience" (benannt nach dem von ihm ausgerichteten jährlichen Innovationspreis) die optimale Gelegenheit. Dort steht unter anderem seine futuristische Karaffe „Le Whaf". Sie verwandelt mittels Mikrowellen Getränke in Rauch. Der Geschmack eines Cocktails bleibt voll erhalten, der Alkoholgehalt indes ist minimal.
Neben der Lokalität befindet sich das Labor „Memory", ein Thinktank für seine 16 Harvard-Studenten, die er pro Jahr aufnimmt. Hier wird Kreativität ebenfalls auf möglichst vielen Ebenen gefördert. David A. Edwards, der das Manifest „Artscience:

Creativity in the Post-Google Generation" geschrieben hat, weiß: „Kreative Leute tragen zugleich Künstlerisches und Wissenschaftliches in sich. Wissenschaft ist intuitiv, einfallsreich. Sie zeigt zwar künstlerische Aspekte, ist jedoch gleichzeitig extrem ethisch, methodisch, logisch. Als Disziplin lässt sie sich gut kombinieren, um Lösungen für Probleme zu finden".

Der zweite interdisziplinäre Forschungsstandort Edwards', dem für seine Veröffentlichungen der Orden „Chevalier des Arts et des Lettres" durch das französische Kulturministerium verliehen wurde, ist im Herzen von Paris angesiedelt: „Le Laboratoire". Das Epizentrum für Kunst, Design und wissenschaftliche Experimente, dessen Konzept in seiner Novelle „Niche" eingebunden ist, bringt Forscher und Kreative jeglicher Couleur – von Musik über Bildende Kunst bis Gastronomie – zusammen. Sie sollen durch Interaktion Innovatives erschaffen. Exemplarisch für diese Kooperationen über Grenzen hinweg: „WikiWater". Das von einer dehnbaren, ökologischen, luftdichten Hülle umgebene Behältnis namens „The Pumpkin" kann 15 Liter aufnehmen, erleichtert den Flüssigkeitstransport und vermeidet Plastikmüll – eine Erfindung, in erster Linie gedacht für den Einsatz in Entwicklungsländern.

Angesichts der Bandbreite seines Schaffens ist es kaum verwunderlich, dass manche Journalisten David A. Edwards mit Willy Wonka, dem genialen Firmenbesitzer in Roald Dahls Kinderbuchklassiker „Charlie und die Schokoladenfabrik", verglichen haben. Er lebt mit Frau und drei Söhnen in Paris beziehungsweise Boston. In seiner Freizeit ist der schöpferische Abenteurer und Freidenker oft auf seiner Nordhavn-Trawler-Yacht im Hafen der Hauptstadt des US-Bundesstaates Massachusetts anzutreffen.

Web: www.davidideas.com, www.thelaboratory.harvard.edu, www.artsciencelabs.org, www.cafeartscience.com, www.aerolife.com www.lelaboratoirecambridge.com, www.lelaboratolre.org, www.wikiwater.fr

"Intuition basiert weitgehend auf Erfahrung. Es ist wohl so, dass tiefer liegende Quellen in uns existieren, die in Bezug stehen zum genetischen Code und den Erinnerungen auf sensorischer Ebene wie zum Beispiel Gerüchen. Größtenteils fußt Intuition auf vielem, was wir im Leben sehen, fühlen und anderweitig empfinden. Das Gros davon analysieren wir nie auf Verstandesebene. Vielleicht werden wir uns dieser Summe an Sinneseindrücken nur zu einem kleinen Teil überhaupt bewusst. Unser Gehirn wiederum pickt sich diese unterbewussten Wahrnehmungen heraus und entscheidet mit Hilfe eines integrierten Kontrollmechanismus, was wichtig ist und uns am Leben erhält. Intuition ist etwas sehr Spontanes. Allerdings tun wir als intelligente, meistens schöpferisch aktive Lebewesen vieles dafür, damit unser Geist auf Intuition ausgerichtet bleibt. Wir begeben uns beispielsweise gezielt in Situationen, in denen Überraschungen auf uns warten – also solche, die uns mit derart zahlreichen interessanten Informationen konfrontieren, dass wir auf gar keinen Fall annehmen dürfen, alles zu verstehen. Einige unserer besten Erkenntnisse erlangen wir jedoch genau unter derartigen Umständen.

„Wenn ich nicht inspiriert bin, wende ich mich vom Thema ab und blicke auch nicht mehr darauf zurück!"

Ist man nun mit einer Deadline konfrontiert und es will sich partout keine Inspiration einstellen, sollte man sich deshalb nicht grämen. Ich habe mittlerweile den Punkt erreicht, dass ich es gar nicht mehr soweit kommen lasse. Wenn ich nicht inspiriert bin, wende ich mich vom Thema ab und blicke auch nicht mehr darauf zurück!
Die Redewendung ‚Amateure warten auf Eingebung, während Profis zu Arbeiten anfangen' halte ich für zutreffend. Ausschlaggebend dafür ist, dass die Inspiration bei einem wirklich kreativen Profi etwas Instinktives ist, eine einzigartige Gabe. Deshalb läuft der kreative Prozess auch auf der Instinkt-Ebene ab, ergibt sich quasi ganz natürlich. Ein ‚Amateur' dagegen muss sich sehr anstrengen, bis sich bei ihm jene Intuition einstellt, die wiederum Teil des kreativen Prozesses ist. Zudem bin ich der Ansicht, dass vieles, was gerne als ‚kreatives Leben' bezeichnet wird, in Wirklichkeit aus der Wiederholung von bereits Dagewesenem besteht.

„Gute Ideen haben etwas (Be)zwingendes."

Gute Ideen haben etwas derart (Be)zwingendes, dass sie meine ganze Aufmerksamkeit auf sich ziehen. Für gewöhnlich geschieht das bei mir in einem Maße, dass ich schier kein Auge mehr zumachen kann, bis sich die Einfälle so weit entwickelt haben, dass sie schriftlich fixiert werden können.
Wie die Spreu vom Weizen zu trennen ist? Nun, ich treffe nicht sofort eine Wahl, sondern ziehe erst einmal alles in Betracht. Dann male ich mir so gut wie möglich aus, wie sich die jeweiligen Ideen umsetzen ließen. Die chancenlosen fallen ganz schnell hinten runter, während sich die guten Einfälle weiterentwickeln und einem nach und nach ganz von selbst alles diesbezüglich Wissenswerte klar wird.

Ob eine Idee über das Potential verfügt, zu etwas wirklich Großartigem zu werden, spüre ich sehr genau. Und nur solche Einfälle interessieren mich heutzutage überhaupt noch. Früher war das anders: Da reichte mir auch eine ‚gewöhnliche' Idee und ich begnügte mich damit, sofern sie anderen ebenso viel bedeutete wie mir.

„Wer sich Schritt für Schritt vorantastet, wird der Verwirklichung seines Traumes näherkommen."

Am Beginn eines Kreativprozesses steht für mich ein Traum, gefolgt von Leidenschaft. Und ja, kreatives Schaffen hat etwas Magisches, es macht Spaß, aber manchmal quält es einen eben auch; beide Seiten gehören dazu. Menschen, die kreativ tätig sind und sich auch gar nicht vorstellen können, auf andere Art zu leben, haben kaum eine andere Wahl; für sie ist diese spezielle Welt der Kreativität, in der sie leben, die bestmögliche. Von außen betrachtet kann eine solche Existenzform mal nach furchtbarer Tortur, mal nach einer einzigen großen Party aussehen.
Als Kreativer kommt man dem Ziel nur durch Probieren und Studieren näher. Erst einmal ist man ratlos, weiß nichts. Dann beginnt man zu glauben, eine vage Ahnung zu haben – und wird doch prompt auf den Ausgangspunkt zurückgeworfen. Wer sich allerdings Schritt für Schritt vorantastet, wird der Verwirklichung seines Traumes näherkommen.
Ein der Kreativität zuträgliches Milieu findet sich im persönlichen sozialen Umfeld, also unter Freunden, in der Familie oder im Job et cetera – vorausgesetzt, es ist soweit intakt. Schließlich wünschen wir uns doch alle, dass unsere Ideen von anderen aufgegriffen und in Erwägung gezogen werden. Insgesamt sollte es eine Umgebung sein, in der die Einfälle hin- und herfliegen. Einige von ihnen erreichen dann die nächste Entwicklungsstufe – das Stadium, in dem es um ihre Verwirklichung geht.

„Intuition und Spontaneität sind im Kreativprozess von großer Relevanz."

Wenn wir den gesamten Prozess von der ersten Idee über ihre Entwicklung bis hin zur realen Umsetzung als in die drei Phasen ‚Ideenfindung' – ‚Übertragung' – ‚Realisierung' untergliedert betrachten, dann sind sowohl handwerkliches Können als auch eine gewisse Form der Unbekümmertheit von Bedeutung. Während dieser Übergänge vom Einen zum Anderen, sprich vom ‚Nichts' zum Kreativprozess, sind Intuition und Spontaneität von großer Relevanz. Handwerkliches Können wiederum ist entscheidend dafür, aus einer Hypothese schließlich ein greifbares Ergebnis zu entwickeln.

„Immer einen Schritt weiter zu sein als die Anderen, tut bisweilen weh.“

Seiner Zeit voraus zu sein, hat in der Tat sein Für und Wider. Seien wir ehrlich: Immer einen Schritt weiter zu sein als die Anderen, tut bisweilen weh. Ich finde allerdings es lohnt sich, wenn ich viele Ideen haben kann, von denen einige zeitgemäß, andere futuristisch sind und ich es so oder so aushalte, zu warten, bis die Welt zu meinen weitreichendsten Einfällen aufschließt. Das verschafft mir große Genugtuung – vor allem, wenn international möglichst viele davon profitieren. Unsere Gesellschaft braucht schließlich eine gewisse Anzahl Menschen, die schon heute an das Übermorgen denken!
Ein rundum gelungener künstlerischer Ausdruck artikuliert die ansonsten nicht vermittelbare menschliche Befindlichkeit in ihrer gesamten Komplexität. Er ist absolut aufrichtig, hat aber auch etwas zutiefst Geheimnisvolles und Revolutionäres an sich.

„Manchmal zwingt einen ausgerechnet der Zuspruch praktisch dazu, ein bewährtes Erfolgsrezept zu recyclen.“

Ein bewährtes Erfolgsrezept zu recyclen, hat nicht nur etwas Verlockendes, manchmal ist es ausgerechnet der Zuspruch, der einen praktisch dazu zwingt. Es liegt wohl in der Natur der Medien und des Zeitgeistes, dass man quasi auf jedem Feld nahezu permanent dazu genötigt wird, weiterhin auf bereits ausgetretenen Wegen zu wandeln. Es sind oft nur Ausnahmen, die diese Regel bestätigen: jene schöpferisch tätigen Menschen, die sattsam bekannte Pfade verlassen, neue Wege einschlagen und diese weiterverfolgen, um sich schließlich selbst neu zu erfinden. Es sind Leute, die für gewöhnlich viel nachdenken und zudem ausreichend Zeit hatten, ihren kreativen Weg zu entwickeln, noch ehe sich Erfolg und Ruhm bei ihnen eingestellt haben.
Hat ein kreativer Prozess seinen Abschluss gefunden, so ist dieser Moment großartig und schrecklich zugleich. Man ist als Schöpfer dann nämlich einerseits wieder frei, hat Luft, ist aber auch verletzlich wie ein Kind, ebenso neugierig und gleichzeitig voller Angst. All diese Gefühle stellen sich ein, weil an diesem Punkt noch gänzlich ungewiss ist, wie das, was man kreiert hat, ankommen wird."

David A. Edwards

„Die Entwicklung von ‚Digital Scent', wobei Düfte via einer iPad-App namens ‚oNotes' übertragen und per Zusatzgerät (‚oPhoneDuo') beim Empfänger rekonstruiert werden, repräsentiert mein Schaffen am besten. Der Vorläufer dazu war eine Geschäftsidee, wie Injektionen durch das Inhalieren von Insulin ersetzt werden könnten. Anschließend hatte ich einen Einfall, den ich gemeinnützig zur Verfügung stellte: Impfstoffe gegen Tuberkulose, die durch Einatmen aufgenommen werden. Als nächstes gab es die Überlegung, wie Nahrungsmittel und Luft miteinander kombiniert werden können. Daraus entstand eine weitere Firma. Nun bin ich erst einmal am Ende meiner diesbezüglichen Ideen angelangt. Luft an und für sich spielt für unsere Gesundheit und Wohlbefinden eine eminent wichtige Rolle. Darüber sind wir uns natürlich schon lange im Klaren, doch wir beginnen erst zu verstehen, welches Potential in vielerlei Hinsicht für unser Leben darin steckt – gerade jetzt, im Zeitalter der digitalen Personalisierung und damit einhergehender Steuerungsmöglichkeiten. Meines Erachtens ist ‚Digital Scent' von großer Bedeutung für unsere Gesundheit, Unterhaltung und für Erfahrungen im sensorischen Bereich ganz allgemein. Auf die Idee dazu kam ich, wie es bei mir oft der Fall ist, während einer Ausstellung. Der erste Einfall hat viele überraschende Wege genommen, von denen ich völlig fasziniert bin. Deshalb steht diese Entwicklung par excellence für das, worum es mir mit den ‚Labs' beziehungsweise ‚Le Laboratoire' geht!"

THE BRONX BIG BUSINESS BURIED INSIDE
HIGH ON FIRE
GROG SHOP CLEVELAND OHIO

EMEK

KONZERTPOSTERDESIGNER (ISRAEL/USA)

„Die Intention für künstlerische Kreativität sollte ein inneres Bedürfnis sein statt finanzielle Interessen!“

"Die 25 besten Rockkonzertplakate aller Zeiten". Auf dieser Liste von „Billboard", dem bedeutendsten Fach- und Branchenmagazin für Musik und Entertainment in den USA, ist Emek als einziger Künstler mit drei Arbeiten vertreten! >>>

Im Laufe seiner Karriere hat er für die Gastspiele vieler weltberühmter Musik-Acts Poster entworfen – von B.B. King über Pearl Jam oder Radiohead bis Paul Simon. Sein Plakat des „Coachella Music & Arts Festival 2007" wählte das US-Konzertveranstaltermagazin „Pollstar" zum „Year's Best Rockposter". Das von ihm designte Cover der CD „New Amerykah" der Singer/Songwriterin Eryka Baduh zählt zu den „Top 20 Album Covers Of All Time". Die markant-einzigartigen, stets in Handarbeit gefertigten Werke aus seinem Studio werden international von Galerien und in diversen „Hard-Rock-Cafes" ausgestellt, sind bei Sammlern heiß begehrt. Emek schlägt in dem ihm eigenen, detailverliebten, vielschichtig-bedeutungsvollen Stil vor allem eine Brücke vom russischen Konstruktivismus zur asiatischen Holzschnittkunst und integriert oftmals Stellungnahmen zu gesellschaftlichen oder politischen Themen. Deshalb bekam er den Beinamen „The Thinking Man's Poster Artist". Dieser sozial sehr engagierte Kreative gilt global als einer der Besten und Bekanntesten seiner Branche, wird vom „Rock'n'Roll Hall of Fame and Museum"/Cleveland als „international anerkannter Posterkünstler" bezeichnet.
Emek Golan (* 27. März 1970) wurde in ein stark künstlerisch geprägtes Elternhaus geboren: Der Vater ein Wandmaler/Bildhauer, die Mutter Malerin. Vom Kibbuz in Israel zog die kleine Familie nach Los Angeles um. Dort kamen zwei Geschwister zur Welt, die heutzutage ebenfalls im Kreativbereich erfolgreich sind. Emek selbst studierte Kunst an der „California State University" in Northridge. 1992 wurde ihm ein erster Auftrag zuteil: das Design eines Plakates für eine Demonstration mit Konzert am „Martin-Luther-King-Jr.-Day", unmittelbar nach den Rodney-King-Aufständen in Los Angeles. Sich solcher Themen anzunehmen, liegt Emek, spielte doch daheim das Engagement für Frieden, Umweltschutz und soziale Gerechtigkeit stets eine große Rolle.
Nachhaltigen künstlerischen Einfluss auf ihn hatten, eigenen Worten zufolge, Rick Griffin, in den 60er Jahren ein renommierter Designer psychedelischer Poster, und der Cartoonist/Illustrator Robert Crumb („Fritz, the Cat"); als prägende Inspiration wird die opulente „Genre-Bibel" (San Francisco Chronicle) „The Art of Rock Posters from Presley to Punk – A Spectacular Visual and Oral History" (Abbeville Press) genannt. Der Name Emek ist allerdings längst Inbegriff für einen eigenen Stil. Seine frühen Werke wie zum Beispiel ein Pearl-Jam-Konzertplakat, das einst zum Preis von 12 Dollar 50 kein Verkaufsschlager war, werden bei ebay ab 1.500 US-Dollar gehandelt. Obwohl derart gefragt und mit Aufträgen überhäuft: Wenn es darum geht, Gutes zu tun, dann nimmt sich der Vielbeschäftigte Zeit – sei es für ein Poster anlässlich des „Tsunami Benefit Gig" in Kalifornien, eine limitierte Siebdruck-Auflage

für die Opfer des Erdbebens in Haiti oder für die Wohltätigkeitsveranstaltung „Third Annual Rock and Roll Carnival", die mit Stipendien und Kulturaustausch Kinder fördert. Politik liegt ihm ebenso am Herzen. So unterstützte er Barack Obamas Wahlkampfkampagne 2008 mit dem Plakat „Obama Bomaye". Grundlage dafür bildete der Sportfoto-Klassiker vom Boxkampf Cassius Clay gegen Sonny Liston im Jahr 1964. Auf seiner Straßenpostervariante, einer Bildmontage, hat der farbige Demokrat den republikanischen Widersacher John McCain zu Boden geschlagen.
Einen repräsentativen und informativen Querschnitt des Schaffens dieses vielfach ausgezeichneten Ausnahmekünstlers beinhaltet „Emek – The Thinking Man's Poster Artist: Collected Works of Aaarght!" (Gingko Press). Über den 272 Seiten starken Bildband stand in „LA Weekly" zu lesen: „Emek sorgt dafür, dass Konzertplakate wieder populär sind. Er erinnert uns in Zeiten von iTunes und des bevorstehenden Verschwindens der Schallplattenhülle an ihre kulturelle Bedeutung."
Emek lebt mit seiner Ehefrau, einer Kunstlehrerin/Bildhauerin, und zwei gemeinsamen Kindern in Portland/Oregon. **Web: ww.emek.net, www.emekstudios.com**

„Intuition halte ich für etwas Spontanes, sie liefert sozusagen die Initialzündung. Hingegen ist, zumindest in meinem Fall, etwas Kreatives in die Tat umzusetzen, eine eher rigide Angelegenheit: Eine gezeichnete Linie folgt auf die andere – solange, bis das Werk fertiggestellt ist. Danach überkommt mich ein Gefühl der Erleichterung, aber auch der Leere. Die größte Freude ziehe ich aus dem Wissen, dass der nächste Abgabetermin noch in ferner Zukunft liegt. Allerdings sind es kurioserweise eng gesetzte Fristen, die meine Kreativität stimulieren. Im Rahmen dieser Deadlines finde ich wiederum zur Ruhe.
Am wohlsten fühle ich mich zwar in meinem privaten Umfeld, habe aber stets, egal, wo ich bin, einen Zeichenblock zur Hand – nur für den Fall, dass mir in einer Pause etwas einfällt. Auf einen speziellen Ort fixiert bin ich nicht, ich kann überall arbeiten. Für den abschließenden Feinschliff muss ich mich aber in den eigenen vier Wänden aufhalten. Ausschließlich dort kann ich entspannen. Ansonsten laufe ich nur ruhelos hin und her, bin damit beschäftigt, mir eine Umgebung zu schaffen, an der ich mich erfreue.

„Man muss innerhalb der zur Verfügung stehenden Zeit mit dem arbeiten, was man hat."

Dass ein Stichtag unmittelbar bevorstand, mir aber nichts eingefallen ist – in dieser Situation habe ich mich in all den Jahren, in denen ich professionell Plakate gestalte, noch nie befunden! Selbstverständlich entstanden im Laufe dieser Zeit Bilder, zu denen ich einen stärkeren Bezug habe und auf die ich stolzer bin, als auf andere. Einige meiner Poster entsprangen, so finde ich, nicht gerade meinen besten intuitiven Eingebungen. Hätte ich mehr Zeit für die Ausarbeitung und Entwicklung der Idee gehabt, wäre das Resultat aussagekräftiger geworden. Aber das bringt der Berufsalltag nun mal mit sich: Man muss innerhalb der zur Verfügung stehenden Zeit mit dem arbeiten, was man hat.
Meine Inspirationen ziehe ich aus dem Besuch von Galerien oder Kunstausstellungen, indem ich mir anschaue, was andere kreative Menschen so machen. Träume liefern mir ebenfalls jede Menge Ideen. Die kann ich im Schlaf selbstredend nicht sofort skizzieren. Deshalb hinterlege ich buchstäblich eine Notiz in meinem Geist und rufe diese später, wenn ich wach bin, aus meiner Erinnerung wieder ab.
Das Ende vom Lied ist in jedem Fall das Gleiche: Wenn ich eine Eingebung habe, muss ich sie bis zum Schluss durchziehen. Die konzeptionelle Idee ist es, die mich inspiriert und zum Zeichnen animiert. Begeisterung steht also am Anfang. Natürlich muss ich das Fantasiegebilde handwerklich auch adäquat umsetzen können. Erweist sich die Vorstellung jedoch als nicht so gut, macht mir das Ganze keinen Spaß und ich möchte aufhören. Es ist bei mir auch nie eine Frage des Honorars, sondern dreht sich stets darum, dass ich für etwas brennen, es erschaffen möchte. Das Malen ist Seelennahrung für mich! Mich mit etwas zu beschäftigen, das diese Qualifikation nicht erfüllt, bewirkt indes genau das Gegenteil. In solch einer Situation fühle ich mich, als wäre das ein Ausverkauf meiner selbst.
Ob eine Idee das Potential besitzt, zu etwas Großartigem zu werden, merke ich nicht immer. Ich spüre jedoch, ob sie interessant ist. Das genügt mir bereits.

„Kreativ zu sein, bedeutet Segen und Fluch zugleich."

Für gewöhnlich habe ich aufgrund enger Abgabetermine nicht viel Zeit, über einem Einfall zu brüten. Diesem Umstand ist es geschuldet, dass alles stets frisch bleibt, da sich dann die Spontanität einstellt. Die Geistesblitze kommen impulsiv, spontan. Sie zu verwirklichen, erfordert indes jede Menge Exaktheit und Kontrolle. Kreativ zu sein, bedeutet somit Segen und Fluch zugleich.

Den Kreativprozess meiner Arbeit möchte ich anhand des folgenden Beispiels veranschaulichen. Da ich primär für Bands oder Solo-Interpreten tätig bin, höre ich mir entweder beim Einschlafen oder während des Tagträumens – sei es im Verkehrsstau, in der Badewanne oder in meiner Hängematte – die Musik an. Dann wache ich auf und habe für gewöhnlich bereits eine Eingebung, wie ich das Thema visuell umsetzen könnte. Manchmal schrecke ich mitten in der Nacht kurz hoch, zeichne die Idee schnell hin und schlafe anschließend weiter; bisweilen stellt sich der Geistesblitz gleich in der Früh ein. Solche Skizzen sind in aller Regel reine Rohentwürfe. Ich mag es nicht, viel Zeit damit zu verschwenden, sie für den Kunden groß auszuarbeiten. Also schicke ich ihm besagten Entwurf samt Anmerkungen. Darin erkläre ich meine Idee näher, damit der Klient die Intention dahinter versteht. Liegt das Okay vor, was normalerweise der Fall ist, investiere ich mehr kreative Energie in das Thema, feile es aus und überlege mir, in welchem Stil ich es umsetzen will. Wie ich mir das Ganze im Geiste vorgestellt habe, ist quasi die Theorie. Diese muss für die praktische Realisierung selbstverständlich überarbeitet werden. Ich probiere viel herum, bis sich das, was ich per Hand kreiere, mit dem deckt, was ich vor meinem geistigen Auge gesehen habe. Es ist jedoch immer die ursprüngliche Idee, die mich am meisten reizt!

„Wenn Du nicht 110 Prozent geben kannst, lass es bleiben!"

Wenn ich kreativ tätig bin, läuft das wie in Trance ab. Das ist der beste Teil des Schaffensprozess. Es hat etwas sehr Meditatives, da die reale Welt völlig in den Hintergrund tritt. Für mich ist diese Phase höchst aufregend – auf einer leeren Seite anzufangen und zu sehen, wie etwas entsteht und wie zufrieden mich das macht, was ich tue.
Der Entwicklungsprozess eines kreativen Werkes ist nie abgeschlossen! Der Macher muss jedoch in der Lage sein, seine Arbeit freizugeben, sie loszulassen. Natürlich ist da immer der Wunsch, noch etwas mehr Zeit zu haben – einen Tag, eine Stunde, eine Minute mehr. Aber wer nicht voranschreitet, der entwickelt sich nicht. Man möchte unter den gegebenen Umständen der Beste sein – hier und jetzt. Deshalb mein Rat: Wenn du nicht 110 Prozent geben kannst, ist der Job nicht der richtige für dich!
Würde ich ein Kreisdiagramm erstellen, welchem Faktor welcher Anteil an meinem Kreativprozess zukommt, nähme das Denken dort den größten Teil ein. Emotionen spielen nur unmittelbar zu Beginn des Schaffensprozesses und dann wieder an dessen Ende eine Rolle. Ich möchte dies folgendermaßen begründen: Als meine Eltern mit mir in die USA emigrierten, war mein Vater ein Maler, der herumkrebste. Deshalb suchte er unentwegt nach Möglichkeiten, wie er mit seiner Kunst etwas verdienen könnte. Das reine

Geldmachen motivierte ihn dabei nie. Er riet uns deshalb: ‚Wenn du Kohle machen möchtest, dann arbeite nicht als Künstler oder unterfüttere deine künstlerische Tätigkeit durch einen normalen Job.' Insofern steht bei mir über allem der Wunsch, mich kreativ zu betätigen. Natürlich ist es schön, damit Geld zu verdienen, aber ich habe schon viele lukrative Aufträge abgelehnt und tue das nach wie vor, wenn ich spüre, dass sie mit Kreativität nichts zu tun haben.

„Talent und Kreativität sind kein Garanten für Erfolg."

Anerkennung als Künstler hat bei mir Priorität. Selbstverwirklichung spielt ebenfalls eine große Rolle. Kommerziellen Erfolg indes halte ich für knifflig. Ich habe viele Freunde, die sehr talentiert sind, aber keinen Zuspruch erfahren. Dass das eine nicht automatisch das andere nach sich zieht, konnte ich schon früh feststellen. Im Atelier meiner Eltern gingen viele begabte Künstler, die zu ihrem Freundeskreis zählten, ein und aus. Es waren vor allem Hungerleider. Ich sah mit eigenen Augen, dass Talent und Kreativität keine Garanten für Erfolg sind. Es gab aber auch Leute, deren Schaffen eher zweitklassig war, deren Werke in keinster Weise eine neue Sicht auf Kultur, Gesellschaft oder Ästhetik boten – und dennoch erhielten sie Anerkennung. Der Grund lag darin, dass es ihnen gelungen war, den kleinsten gemeinsamen Nenner anzusprechen. Wir indes litten zwar Hunger, waren jedoch überzeugt davon, Talent und Kreativität zu besitzen. Nur am Zuspruch mangelte es eben. Meine Eltern lehrten mich daher, dass man Kunst nicht aus kommerziellen Gründen macht, sondern weil sie ein seelisches, ein inneres Bedürfnis ist! Mit dieser Einstellung sind die Früchte der eigenen Arbeit viel höher einzuschätzen, als wenn die Beweggründe rein finanzieller Natur sind! Dazu kommt bei mir als Sohn einer Einwandererfamilie: Für mich stand an erster Stelle, dass man mich und meine Arbeit versteht. Mein Vater war als Künstler seiner Zeit voraus und wurde missverstanden. Dieser Umstand machte es für uns so schwer. Seine kompromisslose Vision und Hingabe an seine Kunst bedeutete für uns in finanzieller Hinsicht ein hartes Leben. Gleichzeitig aber injizierte mir seine Konsequenz die Wertschätzung für all jene, die anders und tapfer sind!

„Hab' Spaß an dem, was du tust, denn welche Rolle spielt Erfolg, was bringt Geld? Ist es nicht viel wichtiger, etwas zu finden, das eine echte Aufgabe darstellt, Befriedigung verschafft?"

Ich selbst startete ebenfalls nicht von Anfang an durch. Während der ersten zehn Jahre meiner beruflichen Laufbahn war ich der einzige, der an mich geglaubt hat. Ein hilfreicher

Tipp war dabei ein Ratschlag, den mir einst der von mir bewunderte amerikanische Maler und Cartoonist Robert Steven Williams gab. Er sagte: ‚Kopiere deine Vorbilder so lange, bis du einen eigenen Stil hast. Nimm' alles, was dir an ihren Arbeiten gefällt und vermische das mit deiner eigenen Erfahrung, bleib aber am Ball. Einige Kollegen werden ausscheiden, andere werden aufgeben. Wenn aber genau du nicht kapitulierst, wird das möglicherweise einigen Leuten auffallen. Hab' Spaß an dem, was du tust, denn welche Rolle spielt Erfolg? Was ist Misserfolg? Was bringt Geld, was Anerkennung? Oder ist es nicht viel wichtiger, dass du etwas gefunden hast, das für dich eine echte Aufgabe darstellt, dir Befriedigung verschafft? All das ist etwas, was nämlich nicht so ohne weiteres zu einem kommt.'

„Perfektion in der Kreativität gibt es nicht, da diese immer subjektiv ist."

Als ich jünger war, versuchte ich mit der Hand stets die perfekte Linie, den perfekten Kreis zu zeichnen. Heutzutage, im digitalen Zeitalter, gibt es viele Hilfsmittel, die einem dies ermöglichen. Mir ist es allerdings wichtig, dass meinen Arbeiten anzusehen ist, dass sie handgemacht, organisch und nicht perfekt sind, kurz: dass dabei buchstäblich die Handarbeit des Künstlers eine maßgebliche Rolle spielt. Seitdem ich etwas Arthritis habe, sind für meinen Stil statt langer, geschmeidiger Linien die kurzen, ungehaltenen typisch. Im Übrigen gibt es so etwas wie Perfektion gar nicht – zumindest nicht in der Kreativität, da diese immer subjektiv ist. Wenn Leute keine Ahnung haben, was sie von dem halten sollen, was sie gerade anschauen, wird von ihnen oft die Floskel ‚Das ist aber kreativ' benutzt. Diese Äußerung ist nicht immer als Kompliment gedacht. Überhaupt: Alles, was zu perfekt ist, verärgert die Götter!

Ein Mangel an Kreativität ist zweifelsohne durch Erfahrung und Professionalität auszugleichen. Mitunter hat man das Gefühl, dass die einem Kunden oder der Öffentlichkeit entgegengebrachte Kreativität verschwendet ist, weil diese gar nicht angemessen gewürdigt wird.

Es wird nicht jeder begeistert sein, von dem, was man macht. Ich erlebe das selbst immer wieder. Da blättern Kunden binnen 30 Sekunden mein Portfolio durch, das einen Querschnitt aus Jahrzehnten an Arbeiten enthält und fragen in einem Atemzug: ‚Was hast Du sonst noch?'. Dergleichen ist sehr demütigend und bisweilen gar entmutigend. Es hilft aber, dass ich Freunde habe, die mich kennen, bevor ich ‚jemand' wurde und die meine Erfolge oder mein Scheitern in der Kunstwelt überhaupt nicht interessiert. Sie sorgen dafür, dass ich bodenständig bleibe und ein guter Mensch bin – egal, ob meine Kunst nun gut oder schlecht ist.

Gefahrenquelle Internet: „Was man persönlich Inspiration nennen mag, bezeichnen andere vielleicht als Inbesitznahme fremden geistigen Eigentums."

Alle meine Zeichnungen, die ich angefertigt habe, seit ich etwa drei Jahre alt war, haben meine Eltern aufgehoben. Blättere ich diese Sammelalben durch, sehe ich viel Kreativität, Talent und Freiheit in der Ausführung, die über die Jahre fokussierter und raffinierter wird. Die Betrachtung meiner Frühwerke bestätigt mich in dem, was ich an der Kunst toll finde: Sie ist zeit- und alterslos! In diesem Metier verhält es sich nicht so wie mit anderen kreativen Beschäftigungen, bei denen die Macher daran gemessen werden, was sie zum Beispiel für die populäre Kultur geschaffen haben. Seit sich das Internet derart etabliert hat, leben wir allerdings in einem Zeitalter, in dem die verschiedenen Kulturen auf dem Globus aufeinander abfärben und auch wir selber leichter Einfluss ausüben können. Deshalb muss mit Bedacht vorgegangen werden, denn was man persönlich Inspiration nennen mag, bezeichnen andere vielleicht als Inbesitznahme fremden geistigen Eigentums.

„Ich habe eine Idee, die im ‚Äther' umherschwebt und jemand hat den gleichen Einfall. Dann muss ich mich sputen, dass ich meinen realisiere, bevor der andere das mit seinem tut!"

Obwohl ich Wert darauf lege, in meiner Arbeit immer frische Ideen umzusetzen, archiviere ich Einfälle dennoch, falls sie gerade nicht zu einem aktuellen Projekt passen. Wenn ich sie mir später anschaue, wird mir allerdings oft klar, dass ich sie aus gutem Grund nicht verwendet habe. Denn obgleich ich zu jenem Zeitpunkt, als sie mir in den Sinn gekommen sind, davon begeistert gewesen bin, erweisen sie sich, aus einem gewissen zeitlichen Abstand betrachtet, als nichts derart Besonderes, wie ich ursprünglich gedacht habe. Manchmal ist es aber auch so, dass ich zum gleichen Thema mehrere Einfälle parallel habe und mir einige als Alternativen aufhebe. Aus den beschriebenen Gründen greife ich selten auf alte Einfälle zurück, sondern schaue mir vielmehr an, was zu welchem Kunden passen könnte. Bisweilen verhält es sich aber auch folgendermaßen: Ich habe eine Idee, die im ‚Äther' umherschwebt und jemand hat den gleichen Einfall. Dann muss ich mich sputen, dass ich meinen realisiere, bevor der andere das mit seinem tut. Künstlerische Betätigung hat, meiner Ansicht nach, etwas sehr Eigenbrötlerisches. Ich bin ohnehin kein Teamplayer – wenngleich ich im Laufe der Jahre mehrfach mit meinem Bruder kooperiert habe und stets das Gefühl hatte, dass dies meine absolut beste Arbeit war. Etwas Input und Orientierungshilfe seitens der Auftraggeber begrüße ich durchaus, jedoch nur bis zu einem gewissen Maß und vorzugsweise am Ausgangspunkt. Ich habe schließlich genau diesen Beruf gewählt, um mein eigener Artdirector zu sein!

„Man muss seinem Bauchgefühl folgen!"

Aufgeschlossen zu sein und Vorschlägen nicht ablehnend gegenüber zu stehen, ist gut. Schlussendlich kann ein Rat aber nur eine Empfehlung sein. Man muss seinem ganz persönlichen Bauchgefühl folgen! Überhaupt bin ich selbst mein größter Kritiker.

Mit anderen Menschen zusammen konstruktiv zu arbeiten, ist eine Balance zwischen der damit verbundenen Notwendigkeit, die eigene Komfortzone zu verlassen und dem Wissen um die persönlichen Schwächen. Dies setzt allerdings voraus, vertrauenswürdige Personen gefunden zu haben, die einem helfen können, wo es nötig ist. Sich seiner Defizite bewusst zu sein, finde ich positiv. Dann kann man nämlich innerhalb dieser Grenzen arbeiten und versuchen, sie zu verschieben. Dadurch ist die Arbeit für einen selber eine Herausforderung und bleibt interessant.

Es liegt nur ein schmaler Grat zwischen dem Umstand, einerseits einen eigenen Stil zu haben und andererseits in die ewig gleiche alte Leier zu verfallen. Ich bin aber kein Künstler, der raffiniert genug wäre, hier die richtige Antwort zu liefern, weil ich in einem Genre arbeite, das ohnehin voller Stereotypen und dem Streben nach einer wiedererkennbaren Bildsprache/Symbolik ist.

In meinem Metier wäre es schön, wenn sich Intuition, Inspiration und handwerkliches Können im Gleichgewicht befänden, denn alle drei sind schließlich wichtig. Allerdings habe ich früh festgestellt, dass, wenn etwas in hohem Maße auf handwerklichem Können basiert, viele nicht beurteilen können, ob die hinter dem Werk steckende Idee originell und neu ist. Da sich unter Termindruck Inspiration nicht immer einstellt, muss man einen Auftrag so abwickeln, dass das Ergebnis ansprechend ist, auch wenn es nichts wirklich Neues beinhaltet. Ohnehin ist die Beurteilung einer Arbeit immer eine Frage des individuellen Geschmacks; sie obliegt schlicht und ergreifend dem Auge des Betrachters. Es gibt zahllose unterschiedliche Möglichkeiten, etwas zu zeichnen. Egal, was und wie ich etwas mache, es wird immer Menschen geben, denen das miss- oder eben gefällt.

Ich kann durchaus zugeben, dass ich schon Arbeiten abgeliefert habe, die mittelmäßig, aber dennoch erfolgreich gewesen sind. Beispielsweise hatte ich im Jahr 2015 einen Auftrag nach dem anderen. Mein Gefühl sagte mir, dass alle meine Ideen stark wären, aber mitunter blieb nicht genügend Zeit, um sie in der Art auszuführen wie ich es am liebsten gemacht hätte. Deshalb nahm ich bei der Umsetzung ein paar Mal den kurzen Weg. Am

Ende musste ich mir jedoch wieder in Erinnerung rufen, dass ich mehr bin als nur Illustrator, nämlich Künstler und Designer! Nur weil ich eine Idee nicht in jenem Stil wiedergegeben habe, der mir ursprünglich vorschwebte, bedeutet das ja nicht zwangsläufig, dass es den Betrachter nicht anspricht. Einige meiner Projekte, die ich eher als durchschnittlich oder gar völlig daneben beurteile, waren am Ende meine populärsten und gefeiertsten. Ob es ein Erfolgsrezept gibt, weiß ich nicht. Ich habe es bis jetzt jedenfalls noch nicht gefunden.
Anerkennung und Auszeichnungen für die bislang besten eigenen Arbeiten sind ganz nett, stellen jedoch nicht viel mehr dar, als ein kurzes Innehalten in der Karriere, im Leben. Solche Momente gilt es zu genießen, denn diese Etappenstopps sind vergleichbar mit dem Halt an einer Tankstelle. Nach dem Auffüllen an der Zapfsäule geht die Reise weiter. Sie endet erst damit, dass man aufhört oder stirbt.
Die Angst, dass mein Erfolg enden und der Absturz folgen würde, hat während meiner Karriere mehrfach dazu geführt, dass ich eine Therapie gemacht habe. Jetzt messe ich meinen Erfolg immer nur im Rückblick auf das jeweils vergangene Jahr. Die Frage, die ich mir dann stelle, lautet: Stehe ich heute besser da als zuvor? Eine Konstante ist indes meine innere Antriebskraft, künstlerisch kreativ zu sein.

„Nie zu erfolgreich sein, damit die Fallhöhe nicht zu groß ist!“

Ich bin übrigens bestrebt, nie zu erfolgreich zu sein, damit – sollte der Tag denn kommen – die Fallhöhe auch nicht zu groß ist. Wobei 2015 in einem Wettbewerb zwei Poster von mir in unterschiedlichen Kategorien jeweils den ersten Platz eines Wettbewerbs belegt haben. Das nennt man dann wohl Schicksal ...
Würde ich gerne das ultimative Werk erschaffen wollen? Nein, möchte ich nicht! Zur Erklärung verweise ich auf eine Science-Fiction-Story, die der Vater eines Freundes verfasst hat. Sie dreht sich um einen Künstler, der das perfekte Werk kreiert. Es ist das Nonplusultra und verändert jeden, der es betrachtet, für immer. Was aber anfangs voller Entzücken aufgenommen wurde, hatte bald zur Folge, dass die Menschen anderen Stimuli gegenüber gefühllos wurden. Deshalb wurde der Künstler darum gebeten, ein Werk quasi als ‚Gegenmittel‘ zu erschaffen, in dem die Welt in ihrer ursprünglich unperfekten Weise dargestellt ist. Weil ihm das aber nicht gelang, stürzte er sich von einer Leiter in seine Gemälde. Erst durch seinen Tod erschuf er das, was die Menschen sich erhofft hatten.“

Emek

„Dieses Plakat zeichnete ich anlässlich eines Konzertes von Pearl Jam in Alberta/Kanada. Es war zu jener Zeit, als die Ölraffinerie ‚Alberta Tar Sands' durch den Abbau von Teersand die Umwelt dort verschmutzte, vergiftete, Krebsleiden auslöste, die Ureinwohner vertrieb. Das Poster symbolisiert, wie indigene Völker (oder generell, die Menschheit im Sinne von unterdrückten und geschundenen Massen) inmitten solcher Schwierigkeiten überleben. Dieser ältere Roboter ist zusammengestückelt aus Ersatzteilen und Schrott, sein Kopfschmuck besteht aus Sonnenkollektoren. Er ist immer noch stolz und zuversichtlich trotz der trostlosen Umgebung (für deren Gestaltung ich absichtlich gedämpfte Farbtöne verwendet habe). Die Aussage ist: ‚Gib im Kampf um Gerechtigkeit nie auf!'
Die Band Pearl Jam engagiert sich sozial sehr stark. Davor habe ich große Achtung und bin stolz, ein Teil davon zu sein."

KEVIN GODLEY

MUSIKVIDEOREGISSEUR/MUSIKER (GROSSBRITANNIEN)

„Etwas auf dieser Welt verändern und bewirken, kein Mitläufer sein, experimentieren und den Mut dazu haben!“

„I'm Not In Love“, der als „Best Popsong“ und „International Hit of the Year“ 1975 ausgezeichnete Klassiker von 10cc. Godley & Cremes „Cry“ – Komposition und wegweisendes Video, das laut ‚TIME Magazine‘ zu den „30 All-Time Best Music Videos“ zählt. Clips von U2 („Numb“, „Sweetest Thing“), Phil Collins („Dance Into The Light“), Herbie Hancock („Rockit“), Peter Gabriel & Kate Bush („Don't Give Up“), Sting („Fields Of Gold“) bis hin zum Grammy-nominierten Police-„Synchronicity Concert“. Bindeglied all dieser unterschiedlichen Projekte ist der britische Multi-Instrumentalist (Schlagzeug, Gesang, Keyboards, Cello) und Musik-/Werbefilm-Regisseur Kevin Godley, der als dessen Pionier das Clip-Genre zur Kunstform stilisierte. Der kreative Kopf hat bei seinen künstlerischen Tätigkeiten auf unterschiedlichen Gebieten konsequent auf Innovation gesetzt und auf vielfache Weise Unkonventionelles geschaffen, indem er sich selbst immer wieder neu erfindet. >>>

Kevin Michael Godley wurde am 7. Oktober 1945 in dem unweit von Manchester gelegenen Prestwich geboren. Der Sohn einer Familie mit jüdischen Vorfahren war bereits während seiner Zeit an der „North Cestrian Grammar School" Mitglied einer Band, studierte an der „Staffordshire University" Graphikdesign, machte dort seinen ‚Master of Arts' und wollte ursprünglich Comic-Zeichner werden. Auftritt Lol Creme. Den Kunststudenten/Multi-Instrumentalisten kannte Kevin Godley schon von kleinauf und zusammen hatten sie als Illustratoren für die Bücher „The Charge of the Light Brigade", „Cromwell" sowie „The Railway Children" kooperiert. Mit Eric Stewart und Graham Gouldman gründeten die Zwei 1970 die „Hotlegs" (Hit: „Neanderthal Man"). 1972 entstanden daraus „10cc". Bereits ihre Debüt-Single „Donna" landete auf Platz 2 der UK-Charts. Der Nachfolger „Rubber Bullets" erklomm gar die Spitzenposition. Grund für den Erfolg: „10cc" hörten sich an wie kein anderer Act zu jener Zeit, vereinten sie doch in sich gleichermaßen kommerzielle Ausrichtung und den Anspruch, Avantgarde zu sein. „Sheet Music", ihr zweites Album, bot noch mehr clever gemachte, niveauvoll-eingängige Klang-Kunststücke mit geistreichen Texten. Ausschlaggebend dafür war die personelle Konstellation: Auf der einen Seite die experimentier- und risikofreudigen Godley/Creme (sie erfanden 1973 „Gizmo(tron)", ein Effektgerät für Gitarre/Bass), auf der anderen die Mainstreampop-orientierten Stewart/Gouldman. Eine auf den ersten Blick widersprüchliche Mixtur, die allerdings erfolgreich Außergewöhnliches garantierte. Welch positive Dynamik solche internen Gegensätze bewirken können, dafür ist ihr Song „I'm Not In Love" exemplarisch. Im Original von Stewart/Gouldman als Bossa Nova konzipiert, wurde es auf Kevin Godleys Vorschlag in zeitintensiver Detailarbeit völlig umgekrempelt: Das Quartett spielte auf 256 Tonspuren einen virtuellen Chor ein und der Hit (den seitdem über 120 Interpreten ‚gecovert' haben!) sowie gleichzeitig ein Meilenstein der Musik-Produktion waren geboren. 1976 spaltete sich eine Hälfte von den ‚Fab Four of the 70s' („The Guardian") ab, kehrte aber bereits ein Jahr später als „Godley & Creme" zurück. Ihr Erstlingswerk: das drei Platten umfassende Konzept-Album „Consequences" über das Ende der Welt. Dieses Reunion-Duo war nicht nur musikalisch aktiv, es etablierte sich auch schnell als höchst einfallsreiches und einflussreiches Film-Team in der damals neuen Musikvideo-Branche; von ihnen stammen mehr als 50 Clips. Eines der vielen Highlights im Portfolio der beiden: das glamouröse, rasant geschnittene „Girls On Film" (Duran Duran), welches 1981, weil zu erotisch, einen Skandal auslöste. Fünf „MTV Music Video Awards" erhielten sie 1983 für „Rockit" (Herbie Hancock) – unter anderem als „Best Concept Video" und für die „Best Special Effects". Bahnbrechend ihre Clip-Kreation in eigener Song-Sache: In „Cry" kam 1985 der analoge

Vorläufer der Morphing-Technik zum Einsatz, bei der zum Beispiel ein Gesicht deckungsgleich in ein anderes überblendet wird (1991 während Michael Jacksons „Black or White" wieder zu sehen). 1988 trennten sich Godley und Creme, die als ehemalige Kunststudenten 1981 die bitterbös-brillante, reich illustrierte Satire „The Fun Stars Here – Out-Takes From A Rock-Memoir" veröffentlicht hatten, nach insgesamt sieben Studio-Werken. Ersterer machte unter eigenem Namen weiter – als Produzent von TV-Werbejingles für Duracell („World Cup '98"), Pepsi Cola, Texaco oder Toshiba; als Künstler beispielsweise mit einem sehr ambitionierten Wohltätigkeitsprojekt, das weltweite Umweltzerstörung und globale Armut in den Fokus nahm: Die CD samt Dokumentarfilm "One World, One Voice" (1990) war der erste weltmusikalische 'Kettenbrief'. Es wirkten mit: David Gilmour/Ex-Pink Floyd, Peter Gabriel/Ex-Genesis, Bob Geldof, Eddy Grant (Guyana), Ryūichi Sakamoto (Japan), Johnny Clegg (Südafrika), Milton Nascimento (Brasilien), Nusrat Fateh Ali Khan (Pakistan) und viele andere. Die grenzüberschreitende Idee von einst griff Kevin Godley, der seit damals Vegetarier ist, fast zwei Jahrzehnte später in neuer Hinsicht wieder auf. Seine für das iPad (und eine App für iPhone) entwickelte revolutionäre Musikplattform namens „WholeWorldBand" kombiniert Audio und Video in Form eines weltweit zugänglichen virtuellen Tonstudios. Dort können Amateure mit Profis wie Ronnie Wood (The Rolling Stones), The Edge (U2), Dave Stewart (Ex-Eurythmics), Taylor Hawkins (Foo Fighters), Stewart Copeland (Ex-The Police) oder Michael Bublé kooperieren. Godley, der seit 2006 mit dem ehemaligen 10cc-Partner Gouldman als „GG/06" sporadisch wieder Lieder aufnimmt, hat zudem seine Memoiren bei iTunes als interaktives E-Book unter dem Titel: „Spacecake" veröffentlicht. 2016 wirkte er an der Vertonung von Richard La Plantes Buch-Bestseller „Hog Fever" als Hörspiel mit, das unter dem griffigen Marketing-Zusatz ‚Ear Movie' angepriesen wird. Der bärtige Brite lebt mit seiner Frau Sue, einer Künstlerin, und Hunden in dem 42 Kilometer südlich von Dublin gelegenen irischen Küstenort Wicklow.

Web: www.wholeworldband.com, www.gg06.co.uk

„Intuition stellt sich spontan ein: Entweder in Form eines Bauchgefühls oder als Geistesblitz. Alles erscheint dann in einem etwas klareren Licht. Es ist ein unbeschreibliches Gefühl, wenn sich etwas zusammenbraut...

„Phantasie ist das Rückgrat jeglicher Kreativität!“

Damit es überhaupt zur Intuition kommt, ist Phantasie eine Grundvoraussetzung. Sie ist das Rückgrat all dessen, wovon hier die Rede sein wird. Vorstellungskraft steht uns im Überfluss zur Verfügung, solange wir Kinder sind und die Welt zu begreifen versuchen. Allerdings kann sie verkümmern, wenn wir keinen Gebrauch mehr von ihr machen, denn sie ist mit einem Muskel vergleichbar, der wie alle anderen auch trainiert werden muss. Meiner Meinung nach ist Kreativität so etwas wie die ‚erwachsene' Form der Imagination – nun ja, um ehrlich zu sein, bin ich eigentlich froh, dass sie dann doch nicht allzu erwachsen ist. Den Umgang mit Kreativität verstehe ich als Spiel, nicht als Arbeit! Dabei darf man Intuition keinesfalls mit Inspiration verwechseln. Beide sind unglaubliche starke Kräfte, wobei die Intuition eine schnellere Momentaufnahmen zur Bewertung von Menschen, allen möglichen Situationen oder verschiedener Optionen liefert: Was sollte man annehmen, was ablehnen, was ist gut, was schlecht? Intuition ist von Natur aus eine spontane Form des Sich-Verhaltens. Diese Spontaneität läuft in Form intuitiven Reagierens ohne Nachdenken ab. Das wiederum wirft ein Schlaglicht darauf, dass ein Gedanke nicht immer zwingend Bestandteil des Kreativprozesses sein muss. Intuition und Inspiration müssen möglichst ‚bewusst' ineinandergreifen – egal, ob man nun in Musik, Film, Architektur, Design oder wo auch immer tätig ist. Intuition, Emotion und Spontanität sind die Antriebskräfte. Apropos Gefühle: Sie dürfen nicht außer Acht gelassen werden. Selten nämlich entspringen kreative Impulse irgendwelchen Fakten oder der Realität. Intuition, Emotion und Spontanität bilden den maßgeblichen Kraftstoff, der unseren Geist unentwegt arbeiten und nach Lösungen Ausschau halten lässt. Darüber sind wir uns aber nicht immer im Klaren.

Für eine kreative Betätigung muß ich nicht fit sein, zumal ich es gewohnt bin, viel zu sitzen und in dieser Position zu arbeiten. Ich habe die Erfahrung gemacht, dass große Traurigkeit, Euphorie oder andere starke Gefühle das unmittelbare kreative Momentum hemmen können. Wenn ich verzweifelt bin, besitze ich keine Energie für Kreativität; fühle ich mich ekstatisch, möchte ich mich in diesem Augenblick ‚suhlen'. Insofern steht mir jegliche starke Emotion im Weg, sobald ich versuche, mich ihr hinzugeben. Diese Zustände können mir jedoch mehr oder weniger subtil mitteilen, wie ich mich nach der Arbeit fühlen werde. Anders ausgedrückt: Bei meiner Person füllen Emotionen die glei-

chen Bereiche aus, wie es Kreativität tut. Ergo helfen mir ein gewisser Abstand und die nötige Objektivität, um weiterzumachen und sie zu meinem Vorteil arbeiten zu lassen. Ruhe und Entspannung können Stimuli für die Kreativität sein. Bei mir ist das Gros der Jobs mit einem vorgegebenen Termin verknüpft; deshalb ist mein Verstand darauf geschult, zügig zu arbeiten.
Für die optimale Schaffensatmosphäre benötige ich
a) meinen Arbeitsplatz, an dem und um den herum sich Artefakte, Bücher, Zeitschriften, Schallplatten, Notebooks, Computer, Drucker plus Bilder befinden.
Und b) meinen Kopf, der auf seine Art mit meinem Arbeitsplatz zu vergleichen ist.

Drogen bremsen den Kreativitätsprozess!

Um meine Kreativität anzuregen, habe ich früher Haschisch geraucht, was immer ein ziemlich umfangreiches Ritual war. Letztlich aber hat es den Kreativprozess vor allem verzögert. Die Vorbereitung war damals alles und gipfelte schlussendlich in der Frage: ‚Bin ich nun startklar, um kreativ zu werden?' Nach einiger Zeit ist mir jedenfalls ein Licht aufgegangen, dass diese taktischen Überlegungen nicht halfen, dorthin zu gelangen, wo ich eigentlich hinwollte. Zudem raubte es mir jeglichen Sinn für Objektivität, der essentiell ist, wenn meine Ideen das breite Publikum ansprechen sollen. Heutzutage mache ich meinen Kopf frei und vertraue voll auf mich und meine Fähigkeiten.
Bisweilen wirkt sich Zwang positiv auf die Kreativität aus; von Zeit zu Zeit sind Ehrgeiz und Effizienz aber auch kontraproduktiv. Motiviere ich mich selbst, ist das gut. Andere anzutreiben, kann alles andere als hilfreich sein. Es ist also eher eine Frage, wie engagiert ich selbst bin. Wenn mich das, was ich tue, erfüllt, kann ich völlig vergessen, was das Ziel ist, meilenweit darüber hinausschießen und nicht mehr hören, was andere sagen. Ich tendiere in solch einem Fall dazu, den Bezug zur Wirklichkeit zu verlieren, da alles, was ich sehe, nur noch ‚DIE IDEE!' ist. Einen derartigen Zustand möchte ich als Stadium beinahe schon unangenehmer tranceähnlicher Besessenheit beschreiben. Keine Ahnung, ob das ‚gesund' ist; nützlich ist es allemal.

Lässt einen die Idee nicht los, ist man an etwas dran!

Wenn mich eine Idee nicht loslässt, weiß ich, dass ich an etwas dran bin. Andererseits stellen sich Ideen auch dann ein, wenn man völlig gelöst ist. Keine Ahnung, warum dem so ist. Mitunter fühlt es sich an, als hätte ich einfach ein paar Bruchstücke eines Konzepts in meine mentale Werkzeugkiste gepackt und diese lugten nun auf einmal etwas halbherzig heraus, unsicher, ob sie sich nun zu einer Idee zusammenfügen sollen, über die ich eigentlich gar nicht wirklich nachdenke.

„Ideen existieren bereits in einem; man muss sie nur finden und freilegen!"

Kreativität, das bedeutet, ohne Suchgeräte nach (versteckten inneren) Schätzen zu tauchen (und wir Menschen bestehen bekanntlich zu 90 Prozent aus Wasser). Ich bin auch ein brennender Anhänger jener Theorie, dass die jeweiligen Ideen bereits irgendwo in mir exisitieren. Es geht es also nur darum, den sie bedeckenden Schlamm beiseite zu räumen, die Pretiosen zu finden und freizulegen.
Meine Ideen archiviere ich. Ich habe mehr davon auf Halde als Möglichkeiten, sie in die Tat umzusetzen. Deshalb kommen alle auf den Stapel. Bisweilen greife ich darauf zurück, da sie hilfreich sein können, um etwas Neues anzuschieben.
Zu Beginn arbeite ich am liebsten für mich alleine. Wird meine Idee dann Teil eines gemeinschaftlichen Unternehmens, versuche ich, sie loszulassen. Das fällt mir schwer, weil ich dabei leicht abdriften und mich verlieren kann. Außerdem können talentierte Personen in der konkreten Entwicklung oder Realisierung einer Idee zwar wertvolle Ansätze beisteuern, umgekehrt die Idee aber auch voll gegen die Wand fahren. Man muss also eine sorgsam austarierte Balance anstreben, die sich zwischen Offenheit für fremde Beiträge einerseits und Abschirmung der eigenen Idee andererseits bewegt. Deshalb ist die intuitive Reaktion die verlässlichste! Federführend im Kreativprozess bleiben allerdings stets Spontanität, Inspiration und Intuition.

„Allgegenwärtige Selbstzweifel in Motivation ummünzen!"

Ehrlichkeit, Authentizität und Selbstzweifel haben während des Kreativitätsprozesses in einem bestimmten Maße ihre Berechtigung. Es ist doch so: Ich muß an die Idee glauben! Ist sie fasch oder aufgesetzt, braucht man sie nicht ernst zu nehmen! Dabei sind Selbstzweifel natürlich allgegenwärtig. Ich versuche jedoch, diese dahingehend umzumünzen, dass sie mich motivieren. Wäre alles ein Kinderspiel, gäbe es keine echten Herausforderungen zu bewältigen!

„Kreativ tätig zu sein, ist vergleichbar mit dem Kitzel der Jagd!“

Kreativ tätig zu sein, ist vergleichbar mit dem Kitzel der Jagd. Für gewöhnlich steht am Beginn der ‚Horror vacui' an, also die Angst, die empfunden wird, wenn man auf das weiße Blatt beziehungsweise den leeren Bildschirm starrt oder das unbespielte Band des Aufnahmegerätes vor sich hat. Steigt dann eine Idee hoch, schnappe ich sie mir, ringe sie nieder und betrachte sie, nehme sie von allen Seiten gründlich unter die Lupe. Gefällt mir, was ich sehe, wird's ernst und die Arbeit beginnt. Dem zunächst Unsichtbaren eine Form zu geben, ist allerdings ein strapaziöser Job.
Welche Rolle die Perfektion im Zusammenhang mit der Kreativität spielt, hängt davon ab, wie man diesen Begriff definiert. Hat etwas eine Punk-Ästhetik, wird es kaum als im herkömmlichen Sinne perfekt zu bezeichnen sein. Im Allgemeinen assoziert man mit Perfektion, dass etwas glatt, glänzend, schön und poliert ist. Aber sie kann ebensogut in einer ganz eigenen, dilletantischen Form liegen, die nur vermeintlich makellos ist. Anders ausgedrückt: Was Perfektion ausmacht, hängt immer davon ab, wo und wie sie passen soll. Je nach Definition kann Perfektion also gewissermaßen gerade in der Imperfektion liegen.

Sechs Tipps, wenn Inspiration/Intuition fehlen

Wenn nun ein Abgabetermin ansteht, ich aber keine Intuition/Inspiration habe, gibt es folgende Möglichkeiten:

1. Ich checke die archivierten Ideen, die ich in Reserve habe,
2. ... gehe mit den Hunden spaziere und mache den Kopf frei,
3. ... schaue einen tollen Film an oder höre Musik, die mich zum Staunen bringt. Das setzt sozusagen einen Referenzpunkt und verdeutlicht mir, wie großartig Kunst sein kann.
4. Danach zurück an den Arbeitsplatz. Immer noch keinen guten Einfall? Weiter geht's, aber ganz anders:
5. Ich sehe mir wieder einen Film an, diesmal einen richtig schlechten. Ich höre mir eine weitere Platte an, etwas wirklich Übles. Danach weiß ich, dass jeder so etwas besser machen kann – mich eingeschlossen!
6. Anschließend zurück zum Arbeitsplatz und einen neuen Versuch starten!

Inspirationen liefert mir vieles: Ein Klang, etwas, das ich sehe, eine Erinnerung. Kurzum: Alles, was auch nur den Funken einer Antwort in sich trägt.
Ideen gleich zu notieren, ist mir nicht immer möglich – beispielsweise, wenn ich im Auto unterwegs oder in einem Meeting bin. Darum vertraue ich darauf, dass ich sie, wenn es eine WIRKLICH gute Idee ist, so lange im Kopf behalte, bis ich sie schließlich skizzieren kann.

Intuitives „Monitoring" als unterschätztes, aber maßgebliches Entscheidungskriterium

Zwischen guten und schlechten Ideen zu unterscheiden, fällt mir leicht. Das maßgebliche Kriterium ist mein persönlicher Geschmack, sprich die Frage, was mich anregt. Es liegt in der Natur der Sache, dass über das, was ich herausragend finde, jemand anderer vielleicht eine ganz andere Meinung hat. Ich bin kein Mann der schönen Künste, sondern ein kommerzieller Künstler. Nichtsdestotrotz denke ich wie jemand aus dem Bereich der Bildenden Kunst; insofern gibt es hier eine Schnittmenge.
Muss ich etwas für ein wie auch immer geartetes Publikum entwickeln, dann hilft es, möglichst früh ein Feedback zu bekommen. Betreibe ich indes ein Projekt nur für mich alleine, halte ich mich meistens an meinen eigenen Rat.
Es ist kurios, aber auch Zeit und Zeitpunkt können eine wichtige Rolle spielen. Eine Idee, die sich gestern Abend noch absolut großartig angefühlt hat, ist es am Morgen möglicherweise schon nicht mehr. Andersrum kommt das natürlich ebenso vor. Deshalb achte ich immer genau auf das, was ich ‚intuitives Kontroll-System' nenne. Darauf ist viel mehr Verlass als man denkt! Wenn es darum geht, Ideen weiter zu entwickeln, vermittelt es einem zumindest eine Ahnung davon, wie sie vollendet werden könnten. Es ist ein Maßstab dafür, ob die Idee mehr oder weniger ausdrucksstark ist, einen mitreißt oder kalt lässt.
Inwiefern eine Idee es wert ist, weiter verfolgt zu werden oder nicht – dafür gibt es bei mir nur ein Kriterium: Sie muss mich begeistern! Ich muss daran glauben, dass die Welt ein etwas interessanterer Platz sein wird, wenn ich diese Idee Realität werden lasse.
Mitunter spüre ich es, dass eine Idee das Zeug zu etwas Großartigem hat. Allerdings kann die außergewöhnliche Größe der Idee auch durch äußere Kräfte, die man selber nicht unter Kontrolle hat, beeinträchtigt werden. Denn je komplexer die Idee, desto mehr Externe sind involviert. Dieser Umstand lässt sich nicht leugnen und kann einen ziemlich in Beschlag nehmen. Man braucht nur daran zu denken, was es an zunächst noch nicht Bedachtem gibt, welche Probleme auftreten könnten oder wie zahlreich all die Fragen

sind, denen man sich stellen muss. Das sorgt für einen ziemlichen Adrenalinschub! Manchmal kann die Idee gar nicht warten, bis ich die Eckpunkte in irgendeiner Form fixiert habe. Von Zeit zu Zeit ist es aber auch so, dass ich es nicht aushalten kann, bis die Idee startklar ist. Jedenfalls befindet sie sich nie in einem Modus, in dem ich sie nicht verfolgen würde – sei es am Anfang, mittendrin oder am Ende.

„Wenn es von der Theorie an die Praxis geht: Erst einmal den Kopf freimachen!“

Der Weg von der Theorie in die Praxis sieht bei mir folgendermaßen aus: Zuerst mache ich meinen Kopf frei, denn konzentriertes Denken hat für gewöhnlich wenig mit dem großen Ganzen zu tun. Anschließend tauche ich in die Visualisierung, Klänge und generellen Erfordernisse des Projektes ein. Ich stelle mir Fragen wie ‚Was ist dafür erforderlich?', ‚Wie sollte sich die Sache anfühlen?', ‚Wie sollte sie klingen, wie aussehen?' ‚Ist es komplex oder simpel, voller Seele oder eher nüchtern?' Das sind ziemlich direkte Fragen, die mein Verstand normalerweise nicht stellt. Er tastet sie buchstäblich ab und verarbeitet sie zu etwas, das langsam eine einstweilen noch vage Gestalt annimmt. Funktioniert dieses quasi unterbewusste Denken einwandfrei, liefert es genau dann ein Ergebnis, wenn ich es am wenigsten erwarte. Fühlt sich dieses gut an, ist es, als wäre es schon die ganze Zeit da gewesen; zudem ergibt es einen geradezu perfekten Sinn, obwohl es sich noch im nicht zielgerichteten Entwicklungsstadium eingestellt hat. Während ihrer gesamten Entwicklung von der rein konzeptuellen Form bis hin zu ihrer kreativen Umsetzung ändert sich die Form einer Idee für gewöhnlich vielfach, allein schon durch das stete Bemühen, ihr eine attraktive äußere Erscheinung zu geben. Ihr Herzstück bleibt aber intakt, wenn das Konzept dahinter solide ist. Der schwierigste Aspekt daran, Ideen in die Tat umzusetzen, liegt in der Beteiligung Außenstehender. Sobald es sich um etwas anderes dreht als um Malerei, Bildhauerei oder Fotografie, muss zwangsläufig eine Menge anderer begabter Personen hinzugezogen werden. Denen wiederum muss ich dann vermitteln, wie sie meine ursprüngliche Vision entsprechend rüberbringen. Das kann Spaß machen oder aber das pure Grauen sein, weil äußere Einflüsse genau das verbessern oder zerstören können, was ich eigentlich im Sinn hatte. Gott sei Danke habe ich eine zuverlässige Gruppe von Leuten um mich geschart, die ähnlich denken wie ich, sodass sich deren Beiträge positiv auf die Arbeit auswirken.
Steht das Projekt schließlich in realer Form da, entspricht es hoffentlich dem, was ich vor meinem inneren Auge beziehungsweise Ohr gesehen oder gehört habe. Bei diesem abschließenden Urteil trübt nichts meine Wahrnehmung. Manchmal ist das Resultat sogar

besser als anfangs gedacht, manchmal aber eben auch schlechter. Nicht zu vergessen: Als Gegenpol zum Höhepunkt, es geschafft zu haben, folgt auf dem Fuße die Ernüchterung durch Fragen wie ‚Ist das Ergebnis so gut wie möglich?' oder ‚Warum habe ich dieses gemacht und jenes nicht?'.

„Routine, Erfahrung und Professionalität können einen Mangel an Kreativität nur temporär kaschieren."

Routine, Erfahrung und Professionalität können einen Mangel an Kreativität nur temporär kaschieren. Es ist möglich, das zu tun, wovon man weiß, dass es funktioniert und die Muster der früheren Erfolge einfach fortzuführen. Aber wer etwas Durchschnittliches deswegen abliefert, weil er seine ‚Magie' verloren hat, wird das früher oder später selber feststellen. Und in neun von zehn Fällen merkt es das Publikum oder es fällt den Auftraggebern auf, bevor man es selbst wahrnimmt.
Die Frage, ob die Weisheit des Alters oder die Frische der Jugend für Kreativität von Vorteil ist, kann ich aufgrund eigener Erfahrung beantworten: Ich fühle mich heutzutage kreativer denn je und besitze zudem mehr Selbstbewusstsein. Vielleicht liegt das daran, weil ich gelernt habe, dem Prozess der konstanten Weiterentwicklung zu trauen. Zudem habe ich bei weitem mehr Knowhow, aus dem ich schöpfen kann.
Es mag überheblich klingen, aber ich hoffe doch sehr, dass ich meinen Stil immer weiterentwickle. Zumindest war und ist das stets mein Ziel. Vor Ideen, die rein kosmetischer Natur sind oder gerade so eben zu passen scheinen, scheue ich zurück. Ich kann mir nur wünschen, dass das Bestreben, in meiner Arbeit innovativ zu sein, nicht den Eindruck vermittelt, als sei es gekünstelt oder als würde ich mich krampfhaft um Innovation bemühen!

Plädoyer für Innovation

Es ist ein super Gefühl, zu wissen, dass man die erste Person ist, die etwas auf völlig neue Art und Weise gemacht hat. Doch einem sollte auch klar sein, was es bedeutet, dass vor einem selber noch niemand diese Innovation ausprobiert hat: Es gibt keine Referenzpunkte, keinen Vorläufer, auch keinen Eintrag bei Wikipedia, keine Literatur dazu, rein gar nichts. Alles, was man hat, ist die eigene Intuition und der Glaube an sich selbst. Nicht zuletzt deshalb ist Innovation, zumindest meiner Ansicht nach, etwas für Stress-Junkies. Obwohl ich Stress hasse, zähle ich mich zu besagter Spezies. Die Einsätze dort sind immer höher als sonst wo, aber ich will auf dieser verdammten Welt etwas ändern,

etwas bewirken und nicht nur ein Mitläufer sein!
Ein Auftrag muss beendet werden, wenn jemand – für gewöhnlich ist das der Produzent, der ein Auge auf Budgets und Deadlines hat – zu mir kommt und darauf pocht, dass ich meinen Job abschließe. Das bedeutet aber keinesfalls, dass ich nicht darauf bestehen würde, dass dieses oder jenes das Ganze noch um so vieles besser machen würde...
Ich habe auch schon versucht, eine erfolgreiche Arbeit zu recyclen, doch hat das bei mir nicht geklappt. Es ist einfach nicht mein Ding.
Sollte man die Wünsche und Bedürfnisse seines potentiellen Publikums erahnen und sich danach richten (Katie Melua, zu deren Song „Nine Million Bycycles" Kevin Godley das Video produziert hat, sagte in einem Interview, dass sie auf ihre Musik aus Sicht des Hörers und der Fans, nicht aus Sicht des Künstlers blickt. Deshalb fragt sich die georgische Singer/Songwriterin, was der Fan wohl gern hören, und nicht, was sie gern singen möchte. – Anmerkung des Buchautors)? Hoffentlich tut man das nicht! Wenn ich wüsste, was erforderlich wäre, damit aus jeder meiner Ideen ein Hit werden würde, bräuchte ich nie zu experimentieren oder den Mut dazu aufzubringen. Doch genau darum dreht sich alles!
Damit das erreicht werden kann, was einem beim letzten Mal nicht gelungen ist, muss man ein Getriebener sein. Je ausgeprägter diese Veranlagung, desto größer die Chance, dass es dann auch klappt und man sein Ziel erreicht!
Hätte ich das Nonplusultra-Werk vorgelegt, wäre dies begeistert aufgenommen und mit Preisen ausgezeichnet worden, würde mich das natürlich sehr glücklich machen. Aber Erfolg hängt nicht nur von einem selber ab. Maßgeblich sind dafür auch Marketing, das persönliche Profil, Verkaufstalent, ob das Werk im Trend liegt et cetera – der ganze Rummel samt seiner Fallen, den die sogenannten Spezialisten kontrollieren. Ich habe schon häufig erlebt, dass hochgepriesene Arbeiten von mir gescheitert sind und viele, die von der Kritik geradezu zerrissen wurden, Erfolge feierten. Also hätte ich nichts dagegen, wenn es eine Synchronisation von Lob und Erfolg geben würde. Aber es ist ja noch nicht aller Tage Abend...
Ist es überhaupt erstrebenswert, ein ultimatives Werk zu kreieren zu wollen? Nun, es darf nur insoweit perfekt sein, als dass es einen ansport, damit das nachfolgende noch besser wird!"

Kevin Godley

„Mein Schaffen repräsentiert am besten ein musikalischer Dokumentarfilm, den ich 1990 für die BBC gedreht habe. Er trägt den Titel ‚One World, One Voice'. Die Inspiration dazu war eine Idee, die aus einem seitens der BBC geäußersten Gedanken resultierte: Ursprünglich sollte ich Regie führen bei einem dem ‚Live Aid'-Spektakel ähnlichen Event. Dieses Konzept überzeugte mich nicht, war es doch auch alles andere als brillant. Genau das ist aber für mich wiederum der Ansporn gewesen, einen neuen Weg zu finden, wie der Einklang von und die Kooperationen zwischen den in verschiedenen Ländern und Kulturen lebenden Musikern hörbar gemacht sowie veranschaulicht werden könnten. Die Idee von einst führte 18 Jahre später dazu, dass das ‚WholeWorldBand'-Projekt entstand inklusive dazugehöriger App."

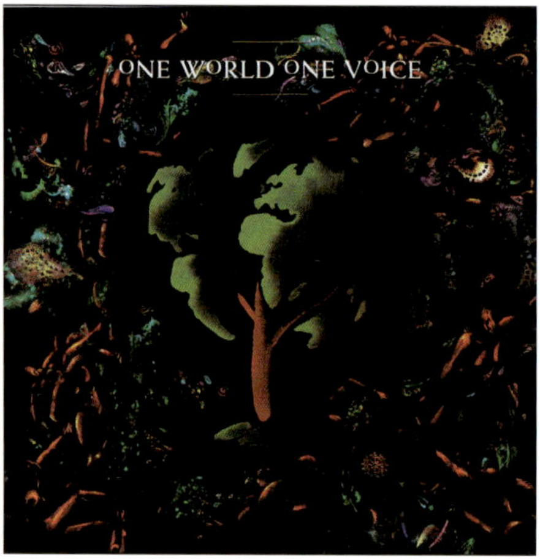

DAVID HELFGOTT

KLASSIK-PIANIST (AUSTRALIEN)

„Im kreativen Prozess gibt nicht so sehr handwerkliches Können, sondern spontane Inspiration den Ausschlag.“

Konträr sind die Meinungen über David Helfgott: Bewunderer preisen ihn als einen der weltbesten Klassik-Pianisten, gewissermaßen die 90er-Jahre-Version von Vladimir Horowitz oder Arthur Rubinstein; gestrenge E-Musik-Kritiker bemängeln allerdings Ungenauigkeiten in den kompositorischen Interpretationen bei jenem Mann, dessen Leidensgeschichte für das Oscar-prämierte Dokudrama „Shine – Der Weg ins Licht“ (1996) medial erfolgreich ausgeschlachtet worden ist und ihm für kurze Zeit Weltruhm beschert hat. ›››

Unstrittig hingegen ist die tragische Biographie des gebürtigen Australiers: David Helfgott wurde am 19. Mai 1947 in Melbourne als das zweite von fünf Kindern polnisch-jüdischer Eltern geboren. Schon in der Vorschulzeit bekam er von seinem strengen Vater, der sich selber an Piano und Violine geschult hatte, Klavierunterricht. Als der kleine Junge einen Wettbewerb nicht gewann, empfand sein Lehrer dies als persönliche Verletzung. Im Alter von 14 Jahren lag dem inzwischen mehrfach ausgezeichneten Wunderkind das Angebot vor, in den USA zu studieren. Die Offerte anzunehmen, untersagte ihm der Erziehungsberechtigte jedoch. 1966 gewann David Helfgott ein Stipendium für das „Royal College Of Music" in London. Cyril Smith bezeichnete ihn als den brillantesten Studenten seiner 25-jährigen Lehrtätigkeit und verglich ihn hinsichtlich Technik und Temperament mit Vladimir Horowitz. Diese Einschätzung wurde dadurch bestätigt, dass Helfgott an der Uni unter anderem den „Dannreuther Prize" für die beste Aufführung erhielt. 1970 gastierte er in der „Royal Albert Hall", feierte mit Sergej Rachmaninovs technisch kompliziertem 3. Klavierkonzert einen ersten öffentlichen Triumph. Während seiner Zeit in der britischen Metropole traten bei dem Musikstudenten erstmals Symptome einer schizoaffektiven Störung auf. In ihr vereinen sich Schizophrenie und manische Depression. Dazu kam ein Nervenzusammenbruch. David Helfgott kehrte nach Perth zurück, heiratete 1971 Clara Papp, verdingte sich als Probenpianist für die „Western Australian Opera Company". Nachdem die Ehe 1974 geschieden worden war, wurde er 1976 in eine offene psychiatrische Klinik eingewiesen und sechs Jahre lang behandelt. Das Klavierspielen war ihm in dieser Zeit untersagt. Erst Anfang der Achtziger Jahre konnte der begeisterte Teetrinker wieder in die Tasten greifen, unterhielt mit seinen Künsten samstags die Gäste eines örtlichen Weinlokals. In „Riccardo's Wine Bar" lernte der gebrochene Instrumentalist 1984 die Astrologin Gillian Murray kennen und schloss mit ihr noch im selben Jahr den Bund der Ehe. Seit 1986 geht David Helfgott wieder auf Tournee. International Furore machte sein Schicksal 1996 durch den Film und gleichnamigen Soundtrack-Bestseller „Shine". Weltweit ausverkaufte Gastspiele waren die Folge. Danach flachte das Interesse der breiten Öffentlichkeit an ihm ab. Ungeachtet dessen veröffentlicht(e) er CDs wie „Brilliantissimo", „Brave New World" oder „In Viva" und ist noch immer live unterwegs, oft jedoch in kleinerem Rahmen als früher. Auf dem Programm steht primär romantische Klaviermusik, insbesondere Werke von Mussorgski, Rachmaninov, Chopin, Liszt, Schumann sowie Rimski-Korsakov. Seinen Vortrag (ohne Notenblätter!) begleitet er mit seinem unüberhörbaren Brummen, Murmeln und Mitsummen. Mehrere Bücher wurden über den Ehrendoktor für Musik an der „Edith Cowan University" in Perth veröffentlicht: Seine Frau Gillian schrieb

„Love you to bits and pieces: Life with David Helfgott" (1997), seine Schwester Margaret konterte mit „Out Of Tune: David Helfgott and the Myth of Shine" (1998) und die Nachbarin Rosanna Every verfasste „David to a tea: a hell of a lot Helfgott" (2010).
Auf der Kinoleinwand tauchte diese emotionale, impulsive Künstlerpersönlichkeit ebenfalls erneut auf: Im Januar 2016 startete der Dokumentarfilm „Hello, I am David! Eine Reise mit David Helfgott", den die deutsche Regisseurin Cosima Lange gedreht hat.
Der Katzenfreund, der in seiner Freizeit Enzyklopädien liest, Schach spielt, schwimmt oder mit Vorliebe Beiträge des TV-Sender CNN anschaut, lebt im australischen Bundesstaat New South Wales. Im Council Park des dortigen Bellington steht zu seinen Ehren eine fast drei Meter hohe Skulptur. Das Kunstwerk ist sinnbildliche Anerkennung für Helfgotts Leistungen im musikalischen und gesellschaftlichen Bereich sowie für den Mut, mit dem er sein Leben gemeistert hat und dadurch für viele Menschen mit ähnlich schwerem Schicksal zum Vorbild und zur Kraftquelle wurde.

Web: www.davidhelfgott.com, www.HelloIamDavid.de

„Intuition kann, ähnlich wie der Begriff ‚Liebe', nicht so einfach definiert werden. Meiner Ansicht nach ist sie ein Wegweiser zur Kreativität. Eine entsprechende Umgebung und die richtigen Leuten beflügeln sie. Sie ist etwas Spontanes, aber man kann sie durch Meditation beleben.
Entspannt und gelassen zu sein, sind für mich maßgebliche Voraussetzungen, um kreativ zu werden. Da ich auf dem Land lebe, bilden die Schönheit der Natur und die dortige Ruhe ideale Voraussetzungen, um ein Konzertprogramm zu erarbeiten. Für mich als Pianist spielt zudem die körperliche Verfassung eine wichtige Rolle. Mein englischer Kollege Clifford Curzon hat erforscht, wie viel Kraft es erfordert, um bei Rachmaninovs 3. Klavierkonzert für jede Note die entsprechende Klaviertaste anzuschlagen. Den Faktor hat er mit der Anzahl der zu spielenden Noten multipliziert. Das Resultat war, dass die Aufführung dieses Concertos dem Schaufeln von zehn Tonnen Kohle entspricht!
Wenn ich mich auf ein Konzert vorbereite, hilft es für meine Arbeit, einen fixen Termin vor Augen zu haben. Das unterstützt die Disziplin. Allerdings muss ein entsprechender

zeitlicher Vorlauf vorhanden sein, um an einen solchen Punkt zu kommen.
Die zu spielenden Werke wähle ich danach aus, was ich für sie empfinde. Stellt sich keine besondere Beziehung ein, gelingt es mir nur sehr selten, die Stücke auf einem für mich hohen Niveau zu interpretieren. Spüre ich die Musik jedoch, gebe ich mich ihr hin und es klappt. Das hat dann etwas Magisches, wenngleich der Weg dorthin schon ein mühsamer ist.
Notizen mache ich mir ständig, sodass meine diesbezüglichen Gedanken nicht verloren gehen. Besitzt einer davon die Substanz, außergewöhnlich gut zu sein, merke ich das. Im Übrigen feile ich nie lange an ihm herum, sondern entscheide mich stets spontan. Meine Aufzeichnungen archiviere ich und schaue sie mir immer wieder an. Sie bewirken, dass ich mein Interesse an dem jeweiligen Stück erneuere und daraus als Gewinn die Idee für eine neue Interpretation resultiert.

„Kreativität muss sich entfalten. Unter Druck ein Ergebnis erlangen zu wollen, ist verkehrt!“

Die mit einem Nobelpreis ausgezeichnete Autorin Nelly Sachs hat gesagt, dass am Anfang von allem die Sehnsucht steht. Dem kann ich nur beipflichten. Ist diese Emotion nicht da, berührt einen etwas nicht tief genug!
Soll eine Idee in die Praxis umgesetzt werden, dann geht es darum, die Essenz des Ganzen aufzuspüren. Die erforderliche Kreativität muss sich entfalten und es gilt, daran zu arbeiten. Unter Druck ein Ergebnis erlangen zu wollen, ist aber der falsche Weg.
Musik ist meine Muse, um kreativ zu werden. Damit dabei etwas entsteht, heißt es, konzentriert bei der Sache zu sein. Müßiggang führt nicht zum Ziel, denn durch Faulheit kann nichts erreicht werden!
Kunst kommt von Können! Ohne Talent geht gar nichts! Und je älter jemand ist, desto ausgereifter die Person! Diese Tatsachen tragen im Zusammenspiel mit der gesammelten Lebenserfahrung in hohem Maße dazu bei, wie ein Musiker eine Komposition interpretiert.
Anstatt alleine zu arbeiten, bevorzuge ich die Kooperation mit Anderen. Mir hilft zum Beispiel ein Schweizer Musiker, meine Musik weiterzuentwickeln. Er inspiriert mich zu neuen Höchstleistungen. Besteht ein harmonisches Verhältnis zu der Person, mit der man arbeitet, ist das unbezahlbar.
In einem kreativen Prozess gibt nicht das handwerkliche Können, sondern die spontane Inspiration den Ausschlag, zumal, wenn es darum geht, die Magie des Moments zu erfassen. Offenheit und Authentizität sind dabei höchst nützliche Orientierungshilfen.

Meine persönliche Befriedigung ziehe ich übrigens nicht aus möglichem kommerziellem Erfolg oder der Anerkennung als Künstler, sondern ganz einfach aus Selbstverwirklichung und individueller Erfüllung!

„Ein Werk, das aus Kreativität entsteht, ist niemals abgeschlossen!"

Wenn man etwas erschafft, sollte Perfektion natürlich das Ziel sein, doch dieses ist nur höchst selten zu erlangen. Das Streben danach bleibt indes bestehen, denn die Intention muss natürlich das Nonplusultra sein. Deshalb ist ein Werk, das aus Kreativität entsteht, niemals abgeschlossen!

„Wenn man mit etwas nicht auf Anhieb Erfolg hat, muss man es immer und immer wieder versuchen!"

Etwas, das ankommt, immer und immer wieder leicht verändert neu aufzulegen, stellt für mich keine Herausforderung dar, zumal es doch stets noch besser gemacht werden kann. Ich versuche auch nicht, mich permanent neu zu erfinden, sondern bleibe meinem kreativen Ich treu. Ein pauschales Erfolgsrezept gibt es ohnehin nicht. Van Gogh hat zu Lebzeiten nur ein einziges Gemälde verkauft – an seinen Bruder. Heutzutage gehen seine Werke jedoch für viele Millionen über den Tisch.

Für Erfolg spielen richtiges Timing und die Bereitschaft, Gelegenheiten beim Schopf zu packen, eine Rolle. Die Wünsche seines potentiellen Publikums zu erahnen und dementsprechend zu agieren, ist für mich ohne Relevanz. Meine wunderbaren Zuhörer wissen es zu schätzen, dass ich ihnen während der Auftritte voller Hingabe mein Innerstes offenbare und mit ihnen die Freude an der Musik teilen möchte.

Kritiken lese ich nicht. Ich weiß selber, ob ich gut oder schlecht war. So verhält es sich auch mit einer Zugabe, die ich stets spiele. Sie löst zwar stehende Ovationen aus, doch mitunter spüre ich, dass ich nicht die bestmögliche Interpretation abgeliefert habe.

Eine Karriere besteht, wie das Leben, aus Höhen und Tiefen. Deshalb sollte man immer positiv eingestellt sein. Aus diesem Grund denke ich über einen möglichen Absturz auch gar nicht nach, denn Musik ist mein Leben, meine Leidenschaft. Abschließend noch folgender Rat: Wenn man mit etwas nicht auf Anhieb Erfolg hat, muss man es immer und immer wieder versuchen!"

David Helfgott

„Das 3.Klavierkonzert von Rachmaninov ist nicht nur mein größter Erfolg, sondern auch mein Lieblingsstück. Mittlerweile führe ich es im Duett mit dem Pianisten Rhodri Clarke auf. Es ist eine Offenbarung, was für eine Schönheit der Klang zweier Flügel ohne Orchesterbegleitung ausstrahlt – ein wahrhaft magisches Erlebnis!"

RALF HEUEL

CREATIVE DIRECTOR (DEUTSCHLAND)

„Es ist gut, seiner Zeit voraus zu sein und vorweg zu laufen. Aber möglichst so, dass alle anderen einen noch sehen können."

„Einer der vier besten Kreativdirektoren der Welt" - laut „The Big Won" zählt zu diesen Ralf Heuel. Das internationale Kreativranking steht mit seiner Bewertung nicht allein. Die „LeadAcademy für Mediendesign und -marketing" wählte den Deutschen zum „Creative Leader des Jahres 2015", die Fachzeitschrift HORIZONT kürte ihn zusammen mit seinen Partnern zu den "Männern und Frauen des Jahres 2015". Ralf Heuel ist ‚Geschäftsführer Kreation' sowie Kompagnon bei „Grabarz & Partner" in Hamburg. Die Agentur gehört nach Einschätzung der britischen Wirtschaftspublikation „Campaign" zu den „World Leading Agencies". ›››

„w&v“, das Wochenmagazin für die Kommunikations- und Medienbranche, ernannte das Unternehmen zu seiner „Agentur des Jahres 2015“. Die Hamburger Werbeschmiede war die meistprämierte deutsche Agentur beim „Cannes Lions International Festival of Creativity“ 2015, hatte im selben Jahr unter anderem bei den „London International Awards“ (‚LIA‘) sieben Gold Awards, einen Silver Award sowie einen Grand LIA erhalten. Weiterer Höhepunkt: Meistausgezeichnete Agentur beim Wettbewerb des deutschen „Art Directors Club“ (‚ADC‘). Ausschlaggebend für diesen Triumphzug war der weltweit viel beachtete Erfolg ihrer in Kooperation mit „GGH Mullen Lowe“ entstandenen subversiven Kampagne „Rechts gegen Rechts“ für EXIT-Deutschland, ein Neonazis-Aussteigerprogramm. Der „unfreiwilligste Spendenlauf Deutschlands“ (www.rechts-gegen-rechts.de) ist die am häufigsten mit Auszeichnungen bedachte Werbe-Arbeit made in Germany bislang!
Ralf Heuel wurde am 23. April 1967 in Lüdenscheid geboren. Nach der Höheren Handelsschule absolvierte der Sohn eines Diplom-Ingenieurs/Erfinders die Ausbildung zum Werbekaufmann, besuchte die „Akademie für Marketing-Kommunikation“ in Düsseldorf. Im Anschluss arbeitete er als Juniortexter bei „Brindfors“ und lernte dort Andreas Grabarz kennen. Als die Agentur, die in Deutschland unter anderem den IKEA-Etat betreute, verkauft wurde, suchte sich das schwedische Möbelhaus einen neuen, exklusiven Werbe-Repräsentanten. Grabarz war für die Schweden erste Wahl. Deshalb gründeten Grabarz und Heuel 1993 zusammen mit sechs weiteren Kreativen die Firma „Grabarz & Partner“. Heuel war anfangs Juniortexter, wurde schnell Miteigentümer und 2002 im Alter von 35 Jahren ‚Geschäftsführer Kreation‘. Inzwischen betreuen über 250 Mitarbeiter Kunden wie Volkswagen, Volkswagen Nutzfahrzeuge, Burger King, IKEA, Thalia Buchhandlungen, DEVK Versicherungen oder Melitta. „Grabarz & Partner“ ist Mitglied von www.thenetworkone.com, eines weltweiten Netzwerks unabhängiger Agenturen.
Ralf Heuel, dessen Werbekreationen unter anderen mit dem US-amerikanischen Medienpreis „Clio“, bei den „Cresta International Advertising Awards“ sowie dem „Eurobest – Festival of European Creativity“ prämiert wurden, gibt in Workshops und Seminaren regelmäßig seine Erfahrung an den Kreativ-Nachwuchs weiter. Er hat eine Tochter, lebt in Hamburg und nennt als Hobbies Oldtimer, Musik, Filme, Kochen und Reisen.

Web: www.grabarzundpartner.de

Der rumänisch-französische Bildhauer Constantin Brancusi sagte über Schaffensprozesse: ‚Things are not difficult to make. What is difficult is, putting yourself in the state of mind to make them' ('Es ist nicht schwer, etwas zu erschaffen. Schwierig ist, sich selber in den Zustand des Machens zu versetzen.'). Vor der Kreativität steht die Intuition. Woher kommt sie/was ist der Auslöser, wie äußert sie sich – nur als vage Idee oder sehr konkret (zum Beispiel in Bildern)?

Ralf Heuel: Bemerkenswert, dass rumänische Bildhauer das gleiche Verständnis wie britische Werbelegenden haben. Der große John Hegarty (weltweiter Kreativchef und Gründer der Londoner Kreativagentur ‚Bartle Bogle Hegarty'/BBH – Anmerkung des Buchautors), hat mal gesagt: ‚Du kommst nicht auf eine gute Idee. Sie kommt auf Dich. Und alles, was Du tun kannst, ist dafür zu sorgen, dass sie gerne zu Dir kommt.' Würde ich wissen, woher meine Intuition kommt, könnte ich meine Arbeitszeit vermutlich halbieren. Aber ich weiss es nicht genau. Das Gehirn (zumindest meines) arbeitet nicht nach dem Input-Output-Prinzip, linear oder in Kausalzusammenhängen. Dementsprechend kann eine vielversprechende Idee in den unterschiedlichsten Aggregatzuständen auftauchen – und dummerweise zu den unpassendsten Gelegenheiten. Mal ist es ein Bild, mal ein Satz oder ein Wort, mal eine Filmszene oder ein Zitat, mal auch nur ein Gefühl. Manchmal hat man nach wenigen Minuten bereits die ganze Kampagne vor Augen (passiert leider viel zu selten), manchmal sieht man nur ein ganz kleines Mosaiksteinchen, vergleichbar dem Zipfel einer Bettdecke, an dem man sehr lang ziehen muss und die dann mühsam immer größer wird (passiert leider andauernd).

Intuition stellt sich urplötzlich ein – als vages ‚Bauchgefühl' oder als konkreter ‚Geistesblitz'. Welche Erfahrungen haben Sie damit gemacht?
Zwei der wichtigsten Aufgaben von Kreativen sind. Erstens zu verstehen, dass nicht das Aufschreiben der Idee die eigentliche Arbeit ist, sondern das Suchen und Finden dieser Idee, also der Prozess selbst. Und zweitens herauszufinden, wie man selber tickt und unter welchen Bedingungen man am besten kreativ sein kann. Ich habe in fast dreißig Jahren Werbung gelernt, dass das bei jedem unterschiedlich ist. Bei mir helfen am Anfang Gespräche mit guten Leuten. Ich verstehe Kreation als Mannschaftssport. Wenn man offen und ehrlich mit talentierten Leuten über die Aufgabe und Lösungsmöglichkeiten spricht und sich die Bälle und Gedanken zuspielt, entstehen bei mir häufig interessante Ideen. Dann habe ich festgestellt, dass das Gehirn wie ein Muskel ist, der auch mal entspannen muss. Häufig fallen mir zum Beispiel während einer dreißigminütigen Autofahrt Sachen ein, auf die ich beim stundenlangen intensiven Nachdenken in der Agentur nicht

gekommen bin. Ich habe mal mit einem Neurologen darüber gesprochen. Der hat mir erklärt: Die eine Gehirnhälfte konzentriert sich auf den Verkehr, dadurch hat die andere praktisch sturmfreie Bude und traut sich mehr. Disco. Seitdem fahre ich mehr Auto ... .

„Das Perfide an Kreation ist, dass es immer NOCH besser gehen könnte. Es gibt kein Ende, kein Optimum. Mit mehr Zeit ließe sich praktisch alles noch verbessern.“

Entsteht in Ruhe/Entspannung das Beste oder ist Termindruck eine Stimulans?
Ich brauche beides. Ich benötige Ruhe, Zeit und Entspannung, um mich mit Sorgfalt der Aufgabe zu nähern und eine Chemie zu ihr aufzubauen. Da müssen wirklich Nähe und Vertrautheit entstehen. Ich muss das Gefühl haben, dass das jetzt MEIN Ding, MEINE Aufgabe, MEIN Problem wird. Andererseits brauche ich definitiv einen fixen Endtermin – allein schon deswegen, um nicht komplett durchzudrehen. Denn das Perfide an Kreation ist ja, dass es immer NOCH besser gehen könnte. Es gibt kein Ende, kein Optimum. Mit mehr Zeit ließe sich praktisch alles noch verbessern. Das gilt übrigens nicht nur in der Werbung. Michael Mann hat den Film ‚LA Takedown' mit relativ wenig Zeit und kleinem Budget gedreht. Das Ergebnis war okay und kaum jemand kennt es. Jahre später hat er praktisch den gleichen Film nochmals gedreht. Aber mit viel mehr Zeit und Budget, mit DeNiro und Pacino in dem Hauptrollen. Das Ergebnis hieß ‚Heat' und ist einer der besten Filme aller Zeiten. Wie wichtig ein Endtermin ist, zeigt ebenfalls ein Film: ‚Apocalypse now', an dem Francis Ford Coppola so lange arbeiten konnte, wie er wollte. Es wurden Jahre. Zu dem Dreh gibt es eine sehr sehenswerte Dokumentation. Sie heißt 'Hearts of Darkness'. Ganz am Anfang der Doku sagt Coppola in einem Interview: 'We had access to too much money, too much equipment, and little by little we went insane.' ("Wir hatten Zugriff auf ein zu großes Budget, zuviel Equipment und so wurden wir schrittweise verrückt.'). Schöner kann man das kaum sagen.

„Wenn ein Abgabetermin vorgegeben, aber keine Intuition/Inspiration vorhanden ist: Nicht verkrampfen, sondern durchatmen und die Unsicherheit möglichst souverän weglächeln.“

Was tun, wenn ein Abgabetermin vorgegeben ist, aber keine Einfälle da sind?
Nicht verkrampfen, sondern durchatmen und die Unsicherheit möglichst souverän weglächeln. Und immer dran denken: Die meisten Menschen auf der Erde haben viel schwerere Jobs und größere Probleme als wir in der Kreation.

Liefert vor der Intuition nicht oft eine Inspiration den eigentlichen Auslöser? Wenn ja, was inspiriert Sie?
Ich bin niemand, der sich gezielt inspiriert. Ich funktioniere nicht nach dem Motto: 'Ich gehe jetzt mal zwei Stunden ins Naturkundemuseum oder auf ein Trash Metal-Konzert, denn ich muss morgen eine Kampagne machen'. Ich weiss ehrlich gesagt gar nicht, was mich inspiriert. Vermutlich alles, was ich sehe, erlebe, erfahre. Ich habe das große Glück, dass ich sehr leicht für jeden Mist zu begeistern bin. Ich interessiere mich also für alles und ziehe meine Inspiration aus dieser Melange.

„Man muss sein Wissen dauernd erneuern, weil ‚Erfahrung' manchmal der Feind von ‚Frische' ist."

Wie wird die Spreu vom Weizen getrennt, also welche Idee ist es wert, sie zu verfolgen und welche nicht oder vielleicht ihrer Zeit voraus, sprich visionär?
Die Hauptaufgabe als ‚Creative Director' oder ‚Geschäftsführer Kreation' ist das Erkennen, Bewerten und Verbessern von Ideen, die sich andere Leute ausgedacht haben. So einfach. Und so schwierig. Denn das ist eine Menge Verantwortung. Insofern sollte man seine Hausaufgaben gemacht haben. Wichtig sind dabei zwei Aspekte: Erfahrung und Aktualität. Mit der Zeit bekommt man ein bestimmtes Gefühl, wenn man eine fantastische Idee sieht: Man kann sie in den Kontext setzen, ihr auf seiner eigenen Hitlist eine Punktzahl zwischen 1 und 10 geben; man erkennt, ob eine Idee Atem hat, ob sie so groß ist, dass man sie über eine lange Zeit in möglichst vielen Medien und Formaten erzählen kann. Das ist Erfahrung. Mit Aktualität meine ich, dass man sein Wissen dauernd erneuern muss, weil ‚Erfahrung' manchmal der Feind von ‚Frische' ist. Man muss also wissen, was auf der Welt passiert, welche Technologien gerade neu sind, welche Ideen es gerade gibt, und ob es die vorliegende Idee vielleicht schon mal irgendwo so oder ähnlich gegeben hat. Und eine Idee ist ihrer Zeit voraus, wenn sie der Kunde nicht gekauft hat. Jedenfalls sage ich mir das dann immer beim Rausgehen aus dem Meeting.

Halten Sie Ideen schriftlich fest, um sie nicht zu vergessen?
Ich bin ein großer Fan davon, wirklich alles immer aufzuschreiben. Nichts, wirklich nichts ist frustrierender als das Gefühl, einen Geistesblitz gehabt zu haben, an den man sich nicht mehr erinnern kann. Egal, was einem danach einfällt, es fühlt sich subjektiv immer nach ‚zweiter Sieger' an. Hinzu kommt, dass ich meinen Kopf nicht abstellen kann, wenn ich aus der Agentur gehe. Wenn ich mich in irgendeine Aufgabe verbissen habe, beschäftigt sie mich rund um die Uhr. Ich kann da nichts gegen machen – vermutlich will

ich das auch gar nicht. Nur eines: Immer ein Notizbuch dabei zu haben. Und zur Sicherheit noch eins neben meinem Bett, der Badewanne und eines im Auto zu deponieren.

„Wenn man eine Idee hat und einem spontan so viele Umsetzungen dazu einfallen, dass man sie gar nicht schnell genug aufzuschreiben kann, dann ist die Idee meist gut.“

Wie lange gehen Sie mit einer Idee schwanger, bevor die Kreativität beginnt?
Wenn ich unter ‚Idee' den großen Gedanken verstehe und unter ‚Kreativität' das Ausarbeiten und Umsetzen dieses Gedankens, dann hängt dies schlicht davon ab, wann ich den großen Gedanken habe und ihn für gut genug halte. Folgendes ist übrigens ein ziemlich guter Lackmus-Test für Ideen: Wenn man eine Idee hat und einem spontan so viele Umsetzungen dazu einfallen, dass man sie gar nicht schnell genug aufschreiben kann; wenn einem wie in einem Rausch so viel dazu einfällt, was man damit machen könnte, wie Filme, Headlines, Stunts aussehen könnten – dann ist die Idee meist gut. Andererseits: Hat man eine Idee, die sich zwar in der Theorie gut anhört, aber nach der ersten Umsetzung fällt einem schon nichts mehr ein, sollte man sie direkt wegwerfen. Man merkt Kampagnen an, ob sie mit Spaß und Lockerheit entstanden sind oder ob man sich durch die Umsetzungen gequält hat.

Wie verläuft der Weg einer konkreten Umsetzung von der Theorie in die Praxis?
Das kommt ganz auf die Idee und das Medium an. Normalerweise hat man einen Gedanken, den man für vielversprechend hält und prüft dann, wie man ihn in unterschiedlichen Medien ausformen kann. Wie könnte man ihn durch eine Anzeige pointieren, wie durch einen Film, wie durch eine Aktion? Meist formuliert man den Gedanken in einem Satz und brieft damit verschiedene Teams, die daraufhin Maßnahmen entwickeln. Die sammelt man dann ein, diskutiert sie mit den Leuten und bewertet sie. Natürlich in erster Linie danach, ob sie die Aufgabe erfüllen. Aber auch nach Kriterien wie: Macht das Ergebnis Spaß? Ist es unterhaltsam? Ist es emotional? Würde ich den Film oder das Motiv meinem Freund zeigen oder auf Facebook sharen? Wenn man verschiedene Teams auf so einem Gedanken laufen lässt, entsteht natürlich zwangsläufig viel Müll. Aber auch ein paar Perlen, auf die man sonst nie gekommen wäre.

„Sich selbst überraschen zu wollen, ist ein sehr guter, Geld der falsche Motivator."

Lässt sich Kreativität erzwingen und sind Ehrgeiz sowie Effizienz kontraproduktiv?
Kreativität lässt sich nicht erzwingen. Es gehört schon ein bestimmtes Talent und eine Veranlagung dazu, relativ abstrakte Probleme durch Kommunikation lösen zu können. Dabei ist Ehrgeiz wichtig. Ich habe viele wirklich talentierte Leute gesehen, die an mangelndem Ehrgeiz oder fehlendem Biss gescheitert sind und nur Mittelmäßiges produziert haben, obwohl sie das Talent zu viel mehr gehabt hätten. Man muss schon einen Antrieb haben, sich zu quälen und nicht direkt beim ersten Problem aufzugeben oder zu schnell zufrieden zu sein. Der Ehrgeiz muss nur richtig motiviert sein. Geld ist der falsche Motivator. Geld kommt von allein, wenn man gut ist, in dem was man tut. Einstein hat gesagt: ‚Kreativität ist die Fähigkeit, sich selbst zu überraschen.' Sich selbst überraschen zu wollen, ist ein sehr guter Motivator.

Gibt es bestimmte „Rituale" oder eine „Muse", um die Kreativität zu stimulieren?
Es gibt nur ein einziges Ritual: Ich brauche Ruhe, um mich beim Schreiben konzentrieren zu können. Okay, und Kaffee und Zigaretten.

„Wenn man jung ist, traut man sich, neue Dinge zu denken, Sachen infrage zu stellen und alles anders zu machen. Um eine kluge Entscheidung zu treffen, hilft Lebenserfahrung."

Spielt Alter/Lebenserfahrung eine Rolle für Kreativität oder ist Jugend besser, weil frisch sowie unverbraucht und wie steht es mit der sozialen/kulturellen Herkunft?
Es kommt drauf an, in welcher Position man ist. Als Junior, Texter oder Art Director sind eine Portion jugendlicher Wahnsinn und positive Naivität von großem Vorteil. Ich fordere das ausdrücklich von meinen Mitarbeitern. Nur wenn man jung ist, traut man sich, neue Dinge zu denken, Sachen infrage zu stellen und alles anders zu machen – auch, weil man vielleicht gar nicht weiß, wie es normalerweise gemacht wird. Um eine kluge Entscheidung zu treffen, hilft dann Lebenserfahrung. Der Rock 'n' Roll wurde auch nicht von Fünfzigjährigen erfunden. Aber sie waren es, die ihn vermarktet und erfolgreich gemacht haben.

„Man muss Spaß an der Auseinandersetzung mit sich selbst haben. Ein paar handwerkliche Dinge kann man lernen, aber um richtig gut zu sein, um zu den besten zu gehören, braucht man Talent."

Wie wichtig ist Begabung für Kreativität, sprich, kommt Kunst von Können?
Begabung ist leider Voraussetzung, um kreativ zu sein. Begabung und Lust an dem manchmal mühsamen und qualvollen Prozess. Man muss Spaß an der Auseinandersetzung mit sich selbst haben. Ein paar handwerkliche Dinge kann man lernen, aber um richtig gut zu sein, um vielleicht zu den besten Deutschlands oder der Welt zu gehören, braucht man Talent. Woher auch immer das kommt oder bei wem auch immer man sich dafür bedanken sollte. Ich habe viele Kreative kennengelernt, die wirklich alles versucht haben, die enorm fleißig und ehrgeizig waren, die geschwitzt und geblutet haben – die aber nie über einen bestimmten Punkt hinaus kamen. Schlicht, weil ihnen das Talent fehlte.

Erweisen sich alte, zuerst verworfene Ideen bisweilen erst im Nachhinein als gut?
Ich glaube, es gibt eine Skepsis, wenn man einfach zu schnell auf eine Idee kommt. Was durchaus passiert. Wenn man nach zehn Minuten etwas hat, bei dem man denkt: ‚Das ist es. Das ist geil.', dann kommt leicht ein wenig der Katholik in einem durch, der möchte, das man gefälligst erstmal ein bisschen leidet, bevor man sich sein Halleluja verdient hat.

„Der Bauch trifft manchmal die besten Entscheidungen."

Was ist besser: Alleine kreativ sein (nur auf das eigene Gefühl zu bauen) oder im Team; aber wer entscheidet am Ende und was bleibt von der eigenen Idee übrig?
Als Entscheider muss man definitiv seinem eigenen Gefühl vertrauen. Nicht jede Entscheidung kann man immer plausibel erläutern. Es ist manchmal der Bauch, der die besten Entscheidungen trifft. Der beste Prozess ist, wenn Ideen im Team entstehen, man sich gegenseitig inspiriert und verbessert – aber am Ende einer entscheidet, die Sachen sortiert, sie auf Spur bringt und auch die Verantwortung dafür übernimmt. Auf Kundenseite ist es übrigens ähnlich: Die besten Kampagnen entstehen, wenn man einen Entscheider hat. Es gibt ja den Satz ‚Ein Kamel ist ein Rennpferd, das von einem Gremium gemacht wurde'. Ein guter Entscheider hört sich die Meinungen seines Teams an, diskutiert die vielleicht auch ausführlich, aber ER trifft am Ende die Entscheidung. Mit allen Chancen und Risiken. So etwas kann man nicht crowdsourcen.

„Wenn man bewertet, während man kreativ ist, killt man die zartesten Pflänzchen. Und verliert außerdem Selbstbewusstsein sowie Spaß."

Was ist während des Entwicklungsprozesses besser: Schnelligkeit, also die ‚Magie des Moments' einfangen oder Reifezeit/Langsamkeit in der Umsetzung und Ausarbeitung?
Es ist eine Mischung. Man braucht Tempo und Besessenheit und etwas Rauschhaftes am Anfang, bei dem man gar nicht groß bewertet, sondern Ideen raushaut. Wie ein Schnellfeuergewehr. Danach sollte man Zeit vergehen lassen, um das Ganze mit frischen Augen zu bewerten und die falschen Sachen auszusortieren. Und dann beginnt man wieder von vorn. Schwierig wird es, wenn man diese beiden Aspekte vermischt. Wenn man bewertet, während man kreativ ist, killt man die zartesten Pflänzchen. Und verliert außerdem Selbstbewusstsein sowie Spaß.

„Zuviel Perfektion ist der natürliche Feind von Emotionalität."

Welche Rolle spielt Perfektion bei der Kreativität? Läuft ein allzu perfektes Werk Gefahr, seelenlos zu sein?
Zuviel Perfektion ist der natürliche Feind von Emotionalität. Bei uns Deutschen und unserem Perfektionismus besteht da natürlich eine besonders große Gefahr. Wir neigen auch beim Thema Kreation zum ‚Overengineering'. Ideen werden so lange durchoptimiert und verbessert, bis sie am Ende alle Frische und Spontaneität verloren haben. Dann respektiert man sie. Aber man liebt sie nicht. Also praktisch genau die Beziehung, die viele Leute im Ausland zu uns Deutschen haben.

„Routine ist einerseits gut, andererseits gefährlich".

Inwietern beeinflusst Routine die Kreativität?
Routine ist erstmal gut. Weil man durch mehrfache Wiederholungen gelernt hat, wie man selbst funktioniert und wie man sich selbst in die Verfassung bringt, Ideen zu entwickeln oder auszuarbeiten. Und sie gibt einem Sicherheit und Selbstbewusstsein. Die Routine sagt: ‚Entspann Dich, Du kannst das; das hast Du schon mal hingekriegt.' Andererseits ist sie natürlich gefährlich. Weil die Routine es gern bequem hat. Weil die Routine ein faules Stück ist. Und weil die Routine in der Komfortzone zuhause ist. Daher werde ich persönlich immer ein wenig nervös, wenn alles so läuft, wie es schon immer gelaufen ist.

Können Erfahrung und Professionalität über mangelnde Kreativität hinwegtäuschen?
Bis zu einem gewissen Grad ja. Aber nicht auf hohem Niveau über eine längere Zeit. Da kann man sich dann nicht mehr verstecken.

Wie ist es möglich, sich künstlerisch treu zu bleiben, aber innovativ zu sein, also seinen Stil nicht zu verleugnen und sich dennoch neu zu erfinden?
Ich bin überzeugt, dass jeder Kreative irgendwie einen eigenen Stil hat. Wie ein Maler. Oder ein Musiker. Kreative sind Menschen. Und Menschen haben bestimmte Persönlichkeitsmerkmale, einen bestimmten Humor, eine bestimmte Art zu sprechen, haben bestimmte Vorlieben. Und das erkennt man auch in der Kreation. Alle großen Kreativen in der Werbung, ob Lee Clow, Tim Delaney oder Tom McElligott, hatten und haben einen bestimmen Blick auf die Welt. Das spiegelt sich in ihren Arbeiten wieder. Wenn der Blick interessant und originell ist, wenn dieser Blick viele Menschen interessiert oder sogar fasziniert, dann haben sie damit Erfolg. Sie müssen sich gar nicht neu erfinden. Sie müssen diesen Blick nur neuen Aufgaben anpassen und diese neuen Aufgaben nutzen, um sich dauernd neu zu erfinden.

Ist es erstrebenswert, seiner Zeit voraus zu sein, auch wenn es die Gefahr des Nicht-verstanden-werdens in sich birgt?
‚Nicht verstanden zu werden', ist vermutlich der ernsteste Vorwurf, den man Kommunikationsexperten machen kann. Insofern: Es ist gut, seiner Zeit voraus zu sein und vorweg zu laufen. Aber möglichst so, dass alle anderen einen noch sehen können.

An welchem Punkt ist der kreative Prozess/ein künstlerisches Werk abgeschlossen, wann kann es freigegeben werden oder besteht nicht bis in alle Ewigkeit Verbesserungsbedarf?
Wir arbeiten in der Werbung ja nicht für uns selbst, sondern für Marken und Produkte. Wenn wir anfangen zu arbeiten, gibt es so Formulare auf denen steht das Wort ‚Timing'. Damit erledigt sich das Thema ‚bis in alle Ewigkeit' meist von ganz allein.

Wenn sich etwas als erfolgreich erwiesen hat, wie hoch ist die Verlockung des Recyclings, sich zu wiederholen, in einem Erfolgsmuster festzustecken und sich nicht weiterzuentwickeln?
Bei mir ist die Gefahr gleich Null. Ich hasse nichts mehr, als mich zu wiederholen. Das geht soweit, dass ich noch keinen Vortrag in meinem Leben zweimal gehalten habe –

egal, wie erfolgreich er war. Mich langweilen Wiederholungen. Ich möchte mich mit dem, was ich tue, auch mich selbst überraschen. Das klappt immer nur beim ersten Mal.

„Zufallstreffer gibt es, aber in neun von zehn Kämpfen setzt sich der talentierte, austrainierte, ausdauernde und ehrgeizige Boxer durch.“

Welche Rolle spielt der Zufall für den breiten Zuspruch oder anders gefragt: Warum hat der eine Erfolg und der andere nicht, wenngleich Letzterer ähnlich begabt ist?
Ich glaube schon an Zufälle. Und auch, dass Leute davon profitieren. Aber ich glaube auch an den Satz ‚Glück ist, wenn Vorbereitung auf Gelegenheit trifft.' In unserer Branche muss man dauerhaft auf sehr hohem Niveau möglichst noch nie dagewesene Ideen produzieren. Da kann jemand schon mal einen ‚Lucky Punch' landen. Aber in neun von zehn Kämpfen setzt sich der talentierte, austrainierte, ausdauernde und ehrgeizige Boxer durch.

„Man muss wissen, was die Menschen interessiert, was sie berührt, wovon sie träumen, wie sie leben.“

Sollte man Eigenschaften, Wünsche und Sehnsüchte seines potentiellen Publikums kennen/erahnen, um erfolgreich zu sein?
Natürlich muss man wissen, was die Menschen interessiert, was sie berührt, wovon sie träumen, wie sie leben. Wir machen Kommunikation – und darum muss das, was wir sagen, für Menschen relevant sein. Wer jeden Tag von zigtausend Werbebotschaften bombardiert wird, der lässt nur die zu sich durch, die ihm persönlich einen Nutzen versprechen oder unterhaltsam sind. Auch deshalb ist moderne Kommunikation nicht ‚brand-centric', sondern ‚consumer-centric'. Es geht also gar nicht so sehr darum, was ich als Marke sagen, sondern was der Verbraucher hören will und was ihn interessiert. Alles andere ist 50er-Jahre-Kommunikation.

„Wer sich mit klugen Leuten umgibt, die keine Scheu haben, ihre Meinung zu sagen, Kritik zu äußern, der wird jeden Tag ein bisschen besser.“

Wie bleibt man trotz Erfolg offen für Kritik?
Es ist eine Frage des Umfeldes, das man sich selber schafft. Wer ein bisschen Erfolg hat

und sich daraufhin nur noch mit Ja-Sagern und devoten Jüngern umgibt, der bleibt stehen. Wer sich aber mit klugen Leuten umgibt, die keine Scheu haben, ihre Meinung zu sagen, Kritik zu äußern oder auch mal den schönen Satz ,Das finde ich wirklich total Scheiße, Ralf.' zu sagen, der wird jeden Tag ein bisschen besser.

Schon Mittelmäßiges abgeliefert, mit dem man selber unzufrieden ist – und Erfolg gehabt?
Ja. Mehr möchte ich dazu nach Rücksprache mit meinem Psychoanalytiker nicht sagen.

Wie sollte man mit Misserfolg umgehen und ist es wichtig durchzuhalten, da der Erfolg eventuell erst später kommt?
Entscheidend ist, was man persönlich als ,Erfolg' oder ,Misserfolg' definiert. Ist es eine Kampagne, die der Kunde gekauft hat, die aber vielleicht nicht wirklich die Benchmark ist? Oder ist es die Kampagne, auf die man selbst unfassbar stolz ist, weil sie die eigenen Ansprüche erfüllt oder sogar übertrifft, die aber niemals das Licht der Welt gesehen hat, weil sie kein Kunde je haben wollte? Ich glaube, man muss das unterscheiden. Die Kampagne, auf die man so stolz ist, ist die Leistung der Kreationsdepartments oder auch die eigene. Eine Kampagne zu verkaufen, ist Leistung der gesamten Agentur. Wenn man das so sieht, entspannt einen das ein wenig, gerade bei Durststrecken.

„,Ultimativ' ist ein Moment. Champagner. Aufwachen. Kater. Und während man sich noch die Aspirin einwirft, weiss man schon: Es geht immer besser.“

Ist es erstrebenswert, das ultimative Werk zu erschaffen?
Das ultimative Werk ist eine Illusion. Das existiert gar nicht. Den Begriff hat sich jemand ausgedacht, der möchte, dass wir ein faules, langweiliges, ereignisloses Leben führen und uns nicht weiterentwickeln. ,Ultimativ' ist ein Moment. Champagner. Aufwachen. Kater. Und während man sich noch die Aspirin einwirft, weiss man schon: Es geht immer besser."

Ralf Heuel

„Bei EDEKA hatten wir die Chance, eine Marke komplett neu zu entwickeln. Inhaltlich, visuell, textlich. Von Null an. Mit der Kampagne ‚Wir lieben Lebensmittel' wollten wir in einer Zeit des ‚Billiger, billiger, billiger!' Lebensmitteln ihre Würde zurückgeben. Und gleichzeitig aus einem Lebensmittelhändler eine Marke machen, die für etwas steht. Nachdem wir die Grundidee hatten, habe ich innerhalb von zwei Tagen über 50 Anzeigen geschrieben. Die Kampagne lief über sieben Jahre und war unglaublich erfolgreich. Die Branchenpresse sagt, die Kampagne habe ‚die Handelswerbung revolutioniert.' Das letzte Motiv habe ich geschrieben, als wir den Etat verloren haben. Es war nicht für EDEKA, sondern für uns. Die Anzeige erschien ganzseitig in der Werbefachpresse. Ich hatte das Bedürfnis, das Kapitel angemessen zu schließen und auch intern für die Teams einen Schlusspunkt zu setzen. Das musste irgendwie raus."

ALEXANDRA KALLE

DUFTENTWICKLERIN (DEUTSCHLAND)

„Ideen, die mit dem Herzen gedacht wurden, bedürfen keiner realen Skizzen!“

„4711“, das jahrhundertealte ‚Echt Kölnisch Wasser' (so sein Untertitel). „Tabac Original“, einer der weltweit ersten Herrendüfte. „Tosca“, das zu den traditionsreichsten Duftmarken Deutschlands zählt und 1921 zeitgleich mit „Chanel No. 5“ auf den Markt kam: Drei berühmte Produkte, die „Mäurer & Wirtz“ herstellt und in 140 Länder exportiert. Bei dem in der Nähe von Aachen/Deutschland ansässigen ‚House Of Perfumes' (Firmenslogan) ist Alexandra Kalle „Head of Fragrance Development“. >>>

Die faszinierende Welt der Parfüms hat Alexandra Kalle (* 4. April 1970, Paderborn) erst über einige Umwege entdeckt: Als internationale Betriebswirtin sammelte die Tochter einer kaufmännischen Angestellten und eines Geschäftsmannes zuvor langjährige Marketingerfahrung in internationalen Unternehmen (Coca-Cola, Johnson & Johnson, More & More Fashion). Dabei war es ihr stets wichtig, sich beruflich mit Konsumgütern zu beschäftigen, die zur Lifestyle-, Kosmetik- oder Modewelt gehören, kurz: Dinge, die die Welt verschönern. Diese Vorliebe spiegelt sich auch darin wieder, dass die Hobby-Fotografin/-Köchin privat eine Affinität für Pflanzen- und Blumendekoration besitzt, gerne Schmuck selbst gestaltet. Ihre Leidenschaft und das Talent, Düfte zu kreieren, wurden allerdings erst während eines Vorstellungsgesprächs bei einem großen Riechstoff- und Aromenhersteller entdeckt. In dem Schweizer Unternehmen „Firmenich" bildeten Parfümeure sie binnen zweieinhalb Jahren aus. Mittlerweile ist die Duft-Expertin Leiterin der entsprechenden Forschungs- und Entwicklungsabteilung im Hause „Mäurer & Wirtz". Es ist ihre Aufgabe, Ideen zu entwerfen, die das Unternehmen auf Zukunftskurs halten. In enger Abstimmung mit dem Marketing werden für das Produktportfolio neue Duftthemen erarbeitet. Das heißt zudem, Trends zu beobachten und diese Stimmungen in neuen Duftkreationen einzufangen. Der Transfer von der Idee eines Konzeptes bis zum fertigen Duft im Flakon verlangt viel Fingerspitzengefühl und Engagement. „Duft" bedeutet für jeden etwas Anderes, vor allem aber nehmen Menschen Düfte höchst unterschiedlich wahr. So verbieten sich bei ihrer Beschreibung geradezu Begriffe wie „richtig" oder „falsch", „gut" oder „schlecht". Derartige Subjektivität macht es natürlich schwer, Düfte allgemein zu beurteilen. Doch gerade diese Problematik bringt ständig neue, interessante Facetten in die Aufgabenstellung.
Alexandra Kalle lebt in Köln.

Web: www.m-w.de

„Eine besondere Idee, eine Komposition, gelingt in der Parfümerie am besten, wenn die eigenen Gedanken, Sorgen, im Moment des Schnüffelns, des Duftbewertens keinen Raum haben und still stehen. Für das Zusammenspiel von Duftmolekülen, in Harmonie oder Disharmonie, in Akkorden, die vielschichtige Facetten zum Vorschein bringen und die wie eine Oper in drei Teilen eine dramatische Entwicklung durchlaufen, brauche ich Ruhe im Kopf, eine Art Leere oder Neutralität. Ansonsten gelingt das Riechen nicht. Nur dann ist der Zugang zu den Emotionen geöffnet. Deshalb ziehe ich mich dafür aus dem Alltäglichen heraus und schaffe mir eine Atmosphäre, die mir den Zugang zum andersartigen Denken, Fühlen und Kreieren ermöglicht.

„Herzensenergie ist ein gutes Stimmungsbarometer."

Meine Kreativität wird stimuliert, wenn ich mich wohlfühle – an bestimmten Orten, mich mit Menschen, Aktivitäten, Dingen beschäftige, die mir Freude bereiten wie zum Beispiel Fotografieren, Ausstellungen besuchen, Musik hören oder ich Dinge tue/Momente erlebe, die schön und erfüllend sind. Dabei geht es nicht um die großen WOW-Erlebnisse. Bereits ein Sonnenaufgang am Morgen auf dem Weg zur Arbeit kann sehr inspirierend sein und in Kreativität resultieren. Die Herzensenergie ist dabei elementar wichtig; sie ist für mich ein gutes Stimmungsbarometer, ein Zeichen von Lebendigkeit. Das bringt die Seele zum Schwingen, erweckt das oftmals im Unterbewusstsein Schlummernde zum Leben. Besonders geküsst von der Muse fühle ich mich bei olfaktorischen (den Geruchssinn betreffenden) Streifzügen durch die Natur – die Nase findet oft schneller ihren Weg als das Auge. Blumen in jeglicher Form – mal nur optisch wegen ihrer anmutigen, farben- und formenprächtigen Schönheit, aber natürlich am liebsten duftend – stimulieren meine Kreativität ungemein. Außerdem machen sie mich glücklich.

„Jungfräuliche Offenheit als optimaler Ausgangspunkt."

Das, was im Vorfeld des Kreierens geschieht, kann zum Teil auch mit traurigen Ereignissen verknüpft sein. Da die Welt der Düfte – also Parfüms, welche die Persönlichkeit des Trägers unterstreichen – meist die Herzen im Positiven berührt, unterstützen mich zur Kreation auch positive Bilder oder eben die Leere. Eine kreative jungfräuliche Offenheit, dies ist der optimale Ausgangspunkt.

Am wenigsten inspirierend ist das Büro. Weil ich dort einige Zeit des Tages verbringe, helfen mir der Austausch mit Kollegen und die täglichen Evaluierungen durch Riechen. Das bewusste Schnüffeln bringt die alltäglichen Gedanken zum Stillstand und aktiviert kreative Impulse, ermöglicht den Einzug in die emotionale Welt.

Die Duftwelt lebt von Sehnsüchten, Emotionen, Stimmungen. Das Verlangen nach Freiheit, Gesehenwerden, Besonderssein, nach Versuchung, Verführung und Leichtigkeit – die Motivation ist vielschichtig und alles ist im emotionalen Teil des Gedächtnisses gespeichert, verankert. Duftmoleküle erwecken Sehnsüchte augenblicklich neu, stillen sie, zaubern ein Lächeln ins Gesicht oder ziehen andere Menschen in ihren Bann.

„Spüren durch Ruhe und Abgetrenntheit von Reizen.“

Bisweilen brauche ich aber besagte Ruhe und Abgetrenntheit von Fülle, Reizen und allgemeinem Input, um überhaupt wieder ins Spüren zu kommen – weg vom Funktionieren oder Abarbeiten hin zum Gestalten. Termindruck kann jedoch auch ansteckend sein und Kräfte wecken, die ich vielleicht gar nicht erwartet hätte. Nichtsdestotrotz benötige ich immer wieder eine Balance, denn das Eine bedingt das Andere – so wie im Leben auch. Manchmal tut sich mitten im Getümmel, wie ein kleines Blitzlicht, etwas auf – etwa bei einem Spaziergang, oft während des bewussten Hörens von Musik und an Orten, deren Gerüche mich faszinieren. Duftmoleküle gelangen in die Nase, bevor das Auge den Ursprung des Reizes überhaupt sehen kann. Das ist großartig. Somit ist der olfaktorische Kanal besonders aufmerksam. Das Kopfkino beginnt und die Phantasie ist sofort geweckt. Das birgt Überraschungen, bringt einiges in Gang.

Einzelne Ideen, die mit dem Herzen gedacht wurden, sind so tief verankert, dass es keiner realen Skizzen bedarf. Allein das Gefühl daran macht alles mit einem Schlag lebendig und der Einfall bekommt eventuell zusätzlich ergänzende Attribute, die im Hier und Jetzt noch passender, zeitgemäßer, innovativer sind; womöglich sind sie erst im Nachhinein zum richtigen Zeitpunkt am richtigen Ort. Mitunter war die Zeit noch nicht reif und die wundervolle Kreation hätte nicht ihren Auftritt, ihren Erfolg gehabt, um ihre Einzigartigkeit in aller Tiefe präsentieren können, weil das Publikum noch kein Auge dafür hatte.

„Kreativität braucht Zeit, Raum, Muse zur Entfaltung“

Es ist für mich magisch, kreativ tätig zu sein, weil ich es so unglaublich faszinierend finde, in die Welt der Düfte einzutauchen und dadurch von der Oberfläche in tiefere, emotionale Gefilde eindringen zu können. Düfte sind wie ein Accessoire, das unser Outfit auf der einen und unsere Persönlichkeit auf der anderen Seite unterstreicht getreu der Überlegung: ‚Wer wollen wir heute sein?'. Daran mitzugestalten, ist wunderbar. Die Phantasie und zeitweise auch grenzenlose Offenheit beginnt im Kreativprozess. Sie öffnet dann ihre Blüte, wenn der Träger sich einhüllt in den Duft und dadurch ebenfalls in seine eigene Phantasiewelt eintaucht. Diese kann ganz anders sein als beim Kreateur. Das macht die nicht greifbare, leicht flüchtige Duftwelt allerdings auch so spannend und komplex zugleich. Sie eröffnet ganz spezielle Momente, für die gelegentlich die Worte fehlen. Die Sprache versagt, dafür reagiert der Körper und bringt zum Ausdruck, welche Emotionen und Erinnerungen an bestimmte Situationen oder Personen gerade durch die Duftmoleküle ausgelöst werden.

Düfte, Aromen sind sehr subjektiv. Bei jedem Menschen lösen sie andere Bilder und Assoziationen aus. Nichts ist wirklich vorhersehbar, bestimmbar. Es entsteht einfach und entwickelt sich – so wie der Duft selbst und zwar auf jeder Haut anders.
Wenn es bei mir in der Kreativität gut läuft, dann bin ich im Sinnesrausch. Töne, Aromen, Farben, Worte, Landschaften, Orte, Duftnoten sprudeln aus mir heraus und wollen fast parallel wahr- beziehungsweise aufgenommen werden. Allerdings funktioniert Kreativität nicht wie am Fließband, da sie nicht per Knopfdruck abrufbar ist. Sie braucht Zeit, Raum, Muse zur Entfaltung. Routine kann deshalb lähmend sein.
Damit bei Einfällen die Spreu vom Weizen getrennt werden kann, spielen oft mehrere Faktoren eine Rolle. Kreative Ideen und kommerzieller, schneller Erfolg müssen sich nicht widersprechen. Das, was für den Kreativen manchmal eher banal oder einfach scheint, kann einem Kunden als dem Duftträger tolle, einzigartige Momente bescheren. Inspirationen können ihrer Zeit voraus sein, nur den Schaffenskünstler erfüllen und womöglich kaum auf Interessenten, also Käufer stoßen, aber trotzdem lanciert werden. Es ist durchaus möglich, dass sie erst nach Jahren ihre Liebhaber finden und wirtschaftlich erfolgreich werden. Nicht immer ist diese Zeit aber gegeben. Dennoch glaube ich, dass Leidenschaft und Herzblut, die in ein Produkt fließen, durchaus spürbar sind. Kleine versteckte Details, ein Spiel mit Wörtern; ein Duft, der sanft dahingleitet und den Träger in ein geheimnisvolles Kleid hüllt; Duftmoleküle, die Geschichten erzählen, hin und wieder neue Facetten preisgeben.

„Intuition kann Hinweise geben, ob aus einer Inspiration eine kreative, erfolgreiche Konzeption entstehen kann.“

Die Beherrschung des Handwerks ist essentiell, um kreative Ideen umsetzen zu können. Manchmal bedarf es zweier Personen dafür – einer, die vor Kreativität sprüht, mit Leidenschaft ein Netzwerk aus Ideen, Möglichkeiten, Facetten spinnt und permanent vorantreibt sowie einer anderen, die fachlich, also technisch, handwerklich in der Lage ist, diese Dinge zum Leben zu erwecken. Die Entwicklung eines Parfums ist vergleichbar mit dem Leiten eines Orchesters. Dessen Dirigent muss nicht alle Instrumente selber spielen können. Er dirigiert mit seinem Ohr, seinem Gefühl, seiner Erfahrung die Einsätze, die Lautstärke, die Gesamtheit der Musiker. Eine Parfüm-Kreation benötigt ebenfalls einen Duft-Dirigenten – einen Duftentwickler, der etwa die Kopfnote bewertet und diese gern etwas spritziger, präsenter und ‚lauter' erschnuppern würde; fehlt es der Fondnote etwas an Reichhaltigkeit, könnte das beispielsweise durch eine Intensivierung der Tonka-Bohne behoben werden. Erst, wenn der gewünschte Verlauf der Komposition in seinen unter-

schiedlichen Etappen (bei der Oper die drei Akte, im Duft der Verlauf von einer Kopf-, Herz- und Fondnote oder in der linearen Form) stimmig ist, kann die Entwicklung abgeschlossen werden.
Die Intuition kann Hinweise geben, ob aus einer Inspiration eine kreative, erfolgreiche Konzeption/Produktlancierung, ein Duft entstehen kann und ob jetzt der richtige Zeitpunkt ist, etwas zu tun beziehungsweise umzusetzen. Inspirationen können sowohl vor, als auch nach der Intuition entstehen. Im kreativen Prozess sind sie manchmal nicht wirklich von einander trennbar. Die Grenzen sind fließend. Wenn alles im Fluss ist, verschmelzen die Energien. Es scheint fast so, als geschähe alles von selbst – fast ohne Druck und Stress, nur mit Leichtigkeit.

„Kleine Ecken und Kanten strahlen Charakter und Persönlichkeit aus.“

Perfekt unperfekt spricht mich an. Rundgelutscht und augenscheinlich schön kann schnell sehr langweilig sein. Das Entdecken von kleinen Ecken und Kanten strahlt indes Charakter und Persönlichkeit aus. Ein Kleidungsstück sollte perfekt passen und keine Falten werfen; es darf dennoch Nähte offen zeigen, weil sie als Designelement Unperfektes perfekt anders machen, ähnlich wie bei einem Duft. Vielleicht gefällt er nicht beim ersten Schnuppern, aber beim zweiten oder dritten Atemzug erhascht die Nase ein Molekül, das Entzücken auslöst, Überraschung und Neugier weckt. Wenn das so optimal kreiert wurde, ist es sicherlich erfüllt mit Seele und Strahlkraft. Aber was ist schon perfekt? Das liegt im Auge des Betrachters, denn nichts ist dermaßen subjektiv und persönlich wie das Empfinden von Düften.
Meistens macht mir Kreativität Spaß. Tränen kommen nur, wenn die Kreativität zerrissen wird, sie nicht mehr fließen kann, zerredet wird. Dann ist ein Motivationsschub nötig, der wiederum Kreativität entfachen kann. Schweißtreibend ist es allemal. Endorphine werden frei, das Herz pocht schneller, sodass alles auf Hochtouren läuft.

„Unterschiedliche Ansätze bieten einen spannenden Spielplatz und regen neue Richtungen an.“

Solo oder im Team kreativ zu sein, ist typbedingt. Ich liebe den Austausch. Er zeigt sich für mich auf unterschiedliche Weise. Schon das Lauschen auf und Beobachten von Menschen in einem Café löst bei mir kreative Gedankenwolken aus. Insofern ist es für mich eine Mischung aus den kleinen Momenten und dem direkten menschlichen Dialog. Ich möchte das folgendermaßen versinnbildlichen: Allein sein in einer Ausstellung mit Fotos, Bildern, bei einem guten Buch. Auch ein Film im Kino inspiriert mich. Musik, Schwingungen, ein Wort folgt dem anderen. Worte formen sich zu Sätzen. Eine beflügelte Welle kommt auf und, schwupps, entsteht etwas Großartiges, eine Idee, die eine Seele bekommt – diese Energie ist quasi körperlich wahrnehmbar – erfüllt von Wärme, die langsam aufsteigt, hin zu einem stärkeren Herzschlag. Begeisterung und Hingabe mit allen Sinnen. So schnell wie der Körper bereits Reaktionen zeigt, kommt der Kopf manchmal nicht mit. Aber auch Arbeit im Team ist motivierend. Unterschiedliche Ansätze bieten einen spannenden Spielplatz und regen neue Richtungen an beziehungsweise konstruieren eigene weiter.

„Für Kreativität sind sowohl die Erfahrung des Alters, als auch die Frische der Jugend wichtig."

Für Kreativität sind sowohl die Erfahrung des Alters, als auch die Frische der Jugend wichtig und gleich gut. Das Zusammenspiel von beidem ist optimal. Wie die Jungen von den Alten lernen können und umgekehrt, kommt es auf die gegenseitige Befruchtung beziehungsweise Inspiration an. Manchmal hilft schon, wenn ältere Menschen in Kopf und Herz jung geblieben sind – stets neugierig sein, sich nie zufrieden geben mit dem was ist, sondern zugänglich sein und die Bereitschaft haben, immer wieder neue Wege zu gehen, sich im wahrsten Sinne des Wortes auf den Kopf zu stellen, um die Welt aus einer anderen Perspektive zu betrachten. Das ist in jedem Alter möglich – solange wir jedenfalls aufgeschlossen sind für den Wandel, für die Veränderung. Diese Offenheit bezieht sich nicht nur auf das Alter, sondern auch auf soziale, kulturelle Aspekte. Gerade in der Duftwelt ist es substanziell, dies zu beachten: Die Lieblingsduftnoten von Französinnen korrespondieren nicht zwangsläufig mit dem Geschmack deutscher Frauen, geschweige denn mit dem von Asiatinnen. Somit ist es wichtig, im Austausch zu sein und oder auch mit Erfahrungswerten zu arbeiten.

Was am Ende bleibt, entscheidet ein Gremium aus Marketingleuten, Lizenzpartnern, Geschäftsführern intern und natürlich extern der Handel sowie, nicht zu vergessen, der Konsument. Es ist schön, ein Teil der Kreation zu sein: Der Flascheninhalt (der Duft ist sicherlich eine wesentliche und vor allem nachhaltige Komponente, die in erster Linie über den Verkaufserfolg entscheidet), aber auch die äußere Hülle, der Flakon, die Verpackung wird Wirklichkeit durch viel kreative Energie. Daher ist das Zusammenspiel aller Elemente essentiell. Es kann durchaus sein, dass von der eigenen Idee nicht allzu viel übrig bleibt – dabei ist es wichtig, dass das Gesamtwerk überzeugt und stimmig ist.

„Wachstum ist allein durch konstruktive Kritik möglich. Nur so kann neu, kann andersartig gedacht werden!"

Wenn ein Produkt möglichst schnell kommerziellen Erfolg haben soll, ist es von großer Relevanz, zu erahnen, was gefragt sein könnte. Kommerz und Gespür für den Markt liegen dann bei mindestens siebzig Prozent, die Kreativität nimmt hier eine untergeordnete Rolle ein – zumindest die Kreativität für innovative und neuartige Duftkompositionen. Der Rest ist Intellekt.
Bei Projekten, beispielsweise im Prestige-Segment oder Nischenmarkt, wo eine kleinere Zielgruppe angesprochen wird, die sehr innovative und andersartige Duftkompositionen erwartet, ist das Verhältnis sicherlich etwas anders.
Für den zeitnahen Erfolg ist es hilfreich, die Bedürfnisse und Wünsche des Publikums, der Konsumenten zu kennen. Dabei spielen sowohl gesellschaftliche Entwicklungen, als auch individuelle Sehnsüchte unterschiedlicher Menschen eine Rolle – alles Faktoren, die in die Konzeption eines neuen Parfüms mit einfließen sollten. Auch der Zeitpunkt, der Ort, das Land einer Neulancierung ist nicht ohne Bedeutung. Erfahrungswerte können eine Orientierung sein, garantieren aber trotzdem nicht unbedingt den großen Erfolg.
Wachstum ist allein durch konstruktive Kritik möglich. Nur so kann neu, kann andersartig gedacht werden. Der Blick geht dann auch wieder nach links und rechts; eine Öffnung mit allen Sinnen und Gedanken kann erst danach wieder geschehen."

Alexandra Kalle

„Mir bereitet es großes Vergnügen, neuartige, frische, belebende Düfte für ‚Acqua Colonia' zu entwickeln – eine Duftlinie, die von der Natur inspiriert ist und einen parfümistischen Anspruch hat. Inspirationen, Ideen für diese Produkte finde ich in der Natur, auf Reisen und bei kulinarischen Ausflügen – immer dann, wenn ungewöhnlich scheinende Ingredienzien kombiniert werden und plötzlich neuartige sensorische Effekte bieten. Insbesondere Kontraste wie süß und salzig, fruchtig/leicht süßlich und würzig bergen facettenreiche Akkorde. Sie erzählen spannende Geschichten, welche die Nase und vor allem unsere Stimmung beleben."

ACQUA

ARS ELECTRONICA

HANNES LEOPOLDSEDER

VICE CHAIRMAN "ARS ELECTRONICA"/LINZ (ÖSTERREICH)

„Der kreative Prozess ist die ständige Herausforderung des Alltags!"

„International bedeutendstes Festival der digitalen Kunst." Diesen Status hat die in Linz/Österreich seit 1979 jährlich stattfindende „Ars Electronica". Dort werden an verschiedenen Orten mittels künstlerischer Werke, die elektronisch erzeugt wurden, Trends in den unterschiedlichen Genres digitaler Kunst präsentiert. Begleitend zu Ausstellungen und Konzerten gibt es Diskussionsforen sowie Symposien. Abgerundet wird der Event durch diverse Kooperationen mit internationalen Forschungseinrichtungen, die sich anlässlich der Veranstaltungsreihe darstellen. Einer der drei Gründer der „Ars Electronica", des „Festivals für Kunst, Technologie und Gesellschaft" (so der Untertitel), ist Professor Dr. Hannes Leopoldseder. >>>

Nach dem Abitur am „Bischöflichen Gymnasium Petrinum" in Linz studierte der Österreicher (* 27. März 1940, St. Leonhard) Anglistik und Germanistik an der „Universität Wien". Auf die erste berufliche Tätigkeit als Lektor folgte 1967 eine Anstellung als Redakteur für Innenpolitik beim ORF-Fernsehen. In den Jahren 1974 bis 1998 war der Viel-Leser (Wissenschaft, Forschung, Science Fiction, Krimis) Intendant des ORF-Landesstudios Oberösterreich, danach Fernsehintendant der Informationssparte des ORF Wien und als solcher im TV verantwortlich für Information, Kultur, Wissenschaft, Sport, Religion. Seit 2009 ist er, der 1975 einen Lehrauftrag für Audiovisuelle Medien an der Universität Wien übernommen hatte, Honorarprofessor an der „Universität für Kunst" in Linz. Hannes Leopoldseder erhielt im Laufe seiner Karriere zahlreiche Auszeichnungen, veröffentlichte diverse internationale Kompendien über Computerkunst. Der Vater von vier Kindern, der Fitness-Training und gesunde Ernährung (‚Paleo-Diät') schätzt, lebt in Linz. **Web: www.aec.at**

„Intuition und Inspiration sind zwei unterschiedliche, oft ineinandergreifende Stationen des kreativen Prozesses. Die Intuition ist auf das lateinische Wort ‚intuitio' (unmittelbare Anschauung) zurückzuführen und hat vielseitige Ausprägungen – vom Geistesblitz über die innere Logik, das instinkthafte Erfassen samt daraus resultierender Erkenntnis/Entscheidung bis hin zum körperlich spürbaren bekannten ‚Bauchgefühl'. Der deutsche Philosoph Friedrich Nietzsche definierte sie poetisch als ‚Flügelschlag der Phantasie'. Die Inspiration wiederum entspringt, wie das Wort ‚inspirare' (lateinisch für ‚einhauchen') zum Ausdruck bringt, eher aus dem Atem, aus der Seele. Jeder der beiden Begriffe spielt in der Weltgeschichte der Religionen eine spezifische Rolle.

„Intuition muss man begreifen, festhalten und Gestalt annehmen lassen."

Für mich ist Intuition mit einer Sternschnuppe zu vergleichen. Sie leuchtet in einer Spontaneität auf. Man muss sie in diesem Augenblick begreifen, festhalten und Gestalt annehmen lassen. Es kann auch ein Sternschnuppen-Schwarm sein. ‚Heureka!' (altgriechisch für ‚Ich habe es gefunden!') soll Archimedes nach der Überlieferung ge-

rufen haben, als er nackt durch die Straßen von Syrakus auf Sizilien lief. Zuvor hatte der griechische Mathematiker, während eines Wannenbades, das ,Archimedische Prinzip' entdeckt - eine Erkenntnis, die seit jener Zeit Teil des Kanons elementarer physikalischer Gesetze ist.
Das Aufblitzen einer intuitiven Idee geschieht kaum jemals aus dem Nichts. Der französische Chemiker und Mikrobiologe Louis Pasteur brachte dies einmal so auf den Punkt: ,Der Zufall trifft nur einen vorbereiteten Geist.' Das gilt auch für die Intuition. Sie kann sich spontan einstellen. Ein Geistesblitz kann einen zu jeder Zeit treffen, rund um die Uhr, an jedem Punkt der Erde oder in der Luft - wo immer wir uns aufhalten.

„Für Inspiration muss der Mensch in der entsprechenden Disposition sein."

Für die Inspiration kann es grundsätzlich kein Zeitfenster geben - es sei denn, sie hinge von Gezeiten oder Gestirnen ab. Das Zeitfenster ist also immer offen, allerdings muss der Mensch in der entsprechenden Disposition sein. Gewiss gibt es Möglichkeiten, die freilich für jeden unterschiedlich sein dürften, sich in einem bestimmten Ambiente in einen gewissen intuitiven, inspirativen, kreativen Allgemeinzustand zu versetzen. Das kann ein Morgenspaziergang sein, ein Sprung in den See oder Pool samt anschließendem Ausruhen im Liegestuhl oder auf der Matte, in der Mitte der Nacht oder beim plötzlichen Aufwachen. Vielleicht entstehen Ideen auch tatsächlich unter Zuhilfenahme von etwas wie Mind-Mapping, der Assoziationstechnik zum Erschließen und Veranschaulichen eines Themas, oder bei einem Brainstorming. Ich halte von formellen Meetings indes nicht sehr viel. Dort können kleine Ideen geboren werden, große jedoch nur selten, denn sie müssen neu, originell, überraschend, tragfähig, zukunftsträchtig sein.
,Alles, was ein Mensch sich vorstellen kann, werden andere Menschen verwirklichen', hat der geniale französische Science-Fiction-Pionier Jules Verne einst gesagt. Das stimmt und bedeutet eine enorme Herausforderung für die menschliche Intuition, Innovation und Kreativität. Woher kommt Letztere? Der mit einem Nobelpreis ausgezeichnete Neurowissenschaftler Eric Kandel sieht das Gehirn als ,Kreativitätsmaschine'. Die Frage, ob es eine Beziehung zwischen Gehirn und Computer gebe, beantwortete Heinz von Foerster, einer der Väter des Konstruktivismus, mit ,Ja und Nein'. Seine Äußerung begründete der Biophysiker und Kybernetiker mit der Feststellung ,Kein Computer ist ein Gehirn, aber alle Gehirne sind Computer'. Daraus resultieren folgende Fragen: Werden auch Computer jemals kreativ? Wird Kreativität also in Zukunft keineswegs ein Merkmal des Menschen allein sein?

Mich faszinieren Forscher und Denker, die den radikalen digitalen Wandel konkret formulieren, wie mit folgender These: Die Computer beziehungsweise Roboter werden zu einem in der Ferne liegenden Zeitraum, aber noch in diesem Jahrhundert über die gleiche kreative Intelligenz verfügen, wie sie den Menschen zu eigen ist. Besondere Repräsentanten dieser Auffassung sind die Futuristen Ray Kurzweil und Nick Bostrom. Der Leiter der technischen Entwicklung bei Google und der schwedische Philosoph sind übereinstimmend der Meinung - obgleich sie es unterschiedlich formulieren - der Mensch werde, wenn er überleben will, eine Art ‚Superintelligenz' entwickeln müssen. Der amerikanische Sachbuchautor Martin R. Ford schockt in seinem hoch gelobten Bestseller ‚Rise of the Robots: Technology and the Threat of a Jobless Future' mit der These, dass früher oder später Roboter und intelligente Maschinen in der Lage sein werden, jede Art von Arbeit zu übernehmen.

„Kreativität umfasst den gesamten Bereich – vom ersten Einfall bis zum Endprodukt, das keine Eintagsfliege ist!"

Kreativität bedeutet Schöpfung, denn Kreativität stammt ab vom lateinischen ‚creatura' (= Kreatur) beziehungsweise ‚creare' (lateinisch für ‚erschaffen', ‚hervorbringen'). Eine Idee, eine Inspiration, eine Innovation muss neu sein, aber Kreativität umfasst den gesamten Bereich von der ersten aufblinkenden Sternschnuppe eines Einfalls bis zum funktionierenden Produkt, das keine Eintagsfliege ist, sondern Jahre, Jahrzehnte oder Jahrhunderte bestehen kann!

14 Punkte, wie Ideen reifen können und erfolgreich realisiert werden

Was sind nun die Voraussetzungen, damit eine Idee ausreifen und erfolgreich realisiert werden kann? Diese Frage lässt sich so beantworten: Es ist ein ganzes Bündel an Fähigkeiten und Faktoren, wie sie in umfangreicher Fachliteratur beschrieben werden - unter anderem von US-Ökonom Richard Florida, dem Psychologen Gerd Gigerenzer, dem Psychotherapeuten Rainer M. Holm-Hadulla, dem bereits erwähnten Eric Kandel, dem kanadischen Journalisten Malcolm Gladwell oder Sebastian Thrun, Professor für Künstliche Intelligenz, Robotik-Experte und Co-Gründer der Forschungsabteilung ‚Google X'. In meinem persönlichen Erfahrungsbereich waren folgende Faktoren für die Umsetzung eines auf Kreativität fußenden Einfalls entscheidend:

- BIG IDEA (darauf gehe ich noch später ein)
- Richtige Zeit
- Richtiger Ort
- Offenheit
- Umfassendes Wissen, um die innovative Idee zu vertiefen
- Innovationskraft
- Starke persönliche Motivation
- Positive Besessenheit, die Altes zerstört und Neues schafft, mit Ausdauer und langem Atem, allen Andersdenkenden zum Trotz
- Persönliche Stärke, die entsprechende Umgebung zu überzeugen
- Ressourcen, um allein oder mit Partnern, die Idee zu verwirklichen
- Rechtzeitige Einschätzung der eigenen Grenzen und der verfügbaren Ressourcen
- Mut, Grenzen zu sprengen
- Immer auf dem Gaspedal bleiben, stets nach vorne schauen
- und schließlich: etwas vom Kapital des südasiatischen Königreichs Bhutan haben: Glück

„Immer wieder neu ansetzen, um eine große Vision zu realisieren!“

Wir leben im digitalen Zeitalter, vielleicht noch in der digitalen Morgendämmerung, aber das Tempo der Transformation nimmt zu. Alles wird anders, nichts bleibt wie es ist! Diese Umwandlung geht daher weit über die erste und zweite Revolution der vergangenen Jahrhunderte hinaus. Sie umfasst alle Bereiche unseres Lebens, und zwar mit noch nie dagewesener Geschwindigkeit der Veränderung. Auch wenn ‚Apple' mit dem Smartphone ein physisches Produkt erzeugt, das den gesamten Globus zu verändern scheint, wie eine der Ursachen für die weltweiten Migrationsströme demonstriert, ist die Mehrheit der großen Zukunftsunternehmen à la ‚Google', ‚Microsoft', ‚Facebook', ‚Amazon' et cetera im Nirgendwo angesiedelt, aber zugleich immer und überall präsent. Für diese Innovatoren gilt das Mantra des ABBA-Songs aus dem Jahr 1980, ‚The Winner Takes IT ALL'. Alle Pioniere dieser Unternehmen haben ihr Ziel besessen verfolgt und jagen ihm weiter hinterher – jeder von ihnen, auch trotz Rückschlägen. Steve Jobs ist dafür ein gutes Beispiel. Der ‚Apple'-Mitgründer setzte immer wieder neu an, um seine große Vision zu realisieren.

„Den eigenen Ideen-Moment finden und versuchen, den Einfall mit Disziplin, Hartnäckigkeit und Kraft zu realisieren!“

Kreativität passiert oder passiert nicht. Mit oder ohne Ritual. Zu jeder Zeit. An jedem Ort. Manchmal habe ich in meinem Fall bestimmte Situationen wahrgenommen, an denen mir gleichsam Ideen ‚zugeflogen' sind oder ich bewusst Situationen herbeigeführt und erfolgreich genützt habe. Beispielsweise habe ich über viele Jahre hinweg jährlich eine sogenannte ‚F.X. Mayr-Kur' gemacht – zwei Wochen nur Milch, Semmel (jeden Bissen 50 Mal kauen), Tee – und dabei folgendes entdeckt: In den ersten Tagen legte sich gefühlt eine Art Schleier über das Gehirn, doch am siebten Tag war es, als ob er verschwände. Die Gedanken schossen kreuz und quer, nicht träge, sondern rasend schnell. In dieser Situation konzentrierte ich mich auf Aufgaben, die beruflich in der nächsten Zeit zu lösen waren. Zum Beispiel eine komplizierte Neustrukturierung der Organisation, Verschlankung der Abläufe oder Ähnliches. Plötzlich hatte ich die Lösung und auch die Stärke, sie blitzschnell und kompromisslos umzusetzen. Wichtig: Die eigene Ideenstunde beziehungsweise -minute zu finden und zu versuchen, den Einfall mit Disziplin, Hartnäckigkeit und Kraft zu realisieren!

Kreativität ist, meiner Meinung nach, an kein Alter gebunden. Im digitalen Zeitalter sind die Erfinder und Innovatoren vielfach noch Jugendliche: Bill Gates hat als Neunzehnjähriger die erste große Erfindung gemacht und sich schon ein Jahr später um die Führung seiner ‚Microsoft Corporation' gekümmert, Facebook-Gründer Mark Zuckerberg mit 23 Jahren bereits ein Unternehmen im Wert von 1,5 Milliarden US-Dollar geführt ...

„Alte Ideen aufbacken ist nichts, besser in die Zukunft investieren!“

Alte Ideen aufzubacken, davon halte ich persönlich nichts. Mein Bestreben bei all meinen kreativen Innovationen rund um die ‚Ars Electronica' galt immer und gilt nach wie vor der Zukunft, in sie zu investieren. Das ‚Festival für Kunst, Technologie und Gesellschaft' ist, seit seiner Premiere anno 1979, in der Themensetzung der Zeit um jeweils fünf bis sieben Jahre voraus, bis der jeweilige Leitgedanke über die Fachmedien hinaus ins öffentliche Bewusstsein dringt. Die ‚Ars Electronica' hat daher jedes Jahr ein überaus positives, vielleicht auch kontroverses Echo in den spezifischen Fachmedien, vor allem in den USA, England, Frankreich, Japan, China. In manchen europäischen Ländern wie Deutschland und Österreich ist die Technik-Skepsis allerdings nach wie vor deutlich bemerkbar.

Magisches „Achteck der Kreativität"

Die besonderen Komponenten der Kreativität, wie ich es persönlich erfahren habe, möchte ich als magisches ‚Achteck der Kreativität' darstellen:

Dabei ist für den Entwicklungsprozess nicht Reifezeit, sondern Schnelligkeit entscheidend. Einmal mehr kann ich hier nur auf das vorhin genannte ‚The Winner Takes It All' verweisen.
Es liegt in der Natur der Sache, dass Kreativität nicht immer nur Spaß macht, sondern oft Blut, Schweiß und Tränen bedeutet.

„Erfahrung und Professionalität können bei kleinen Projekten über mangelnde Kreativität hinwegtäuschen; bei großen gelingt das jedoch nicht."

Meine Antriebskraft für eine kreative Tätigkeit liegt im Spaß und in der Freude am Leben sowie daran, nach dem Tod etwas zu hinterlassen – nicht nur Nachkommen, sondern eine Idee, die das eigene Leben, zumindest ein paar Jahrzehnte, überdauert. Nicht jeder kann Michelangelo oder Leonardo da Vinci, Shakespeare oder Goethe, Bach oder Mozart sein; die Spur der irdischen Existenz sollte jedoch noch länger sichtbar bleiben. Was meine Ideen angeht, so hoffe ich, dass die ‚Linzer Klangwolke', die stets zirka 80.000 Menschen an einem Abend in ihren Bann zieht, noch Jahrzehnte zu einem jährlichen Fixpunkt in Linz Anfang September wird. Ich wünsche mir ferner, dass in vielen Jahrzehnten

weiterhin hunderttausende Menschen von nah und fern das ,Ars-Electronica-Center' besuchen – jenes Haus mit der Grundidee, sich über die jeweilige Zukunft ihres Lebens informieren zu können, in einem Bildungsinstitut, das sich der Zukunft verschrieben hat.
Um zum Kern der Themen hier zurückzukommen: Ich habe festgestellt, dass Erfahrung und Professionalität bei kleinen Projekten über mangelnde Kreativität hinwegtäuschen können; bei großen gelingt das jedoch nicht.

„Es ist erstrebenswert, seiner Zeit voraus zu sein, doch dann muss das Nicht-Verstanden-Werden in Kauf genommen werden!"

Ist es erstrebenswert, seiner Zeit voraus zu sein? Ja, aber dann muss das Nicht-Verstanden-Werden in Kauf genommen werden! Die Anerkennung folgt manchmal erfreulicherweise später, wenn es heißt: ,Ihr habt das ja schon vor mehreren Jahren gezeigt, gesagt, prognostiziert' und so weiter.
Wann ein auf Kreativität basierendes Projekt zu Ende gebracht ist, das ist bei jeder Innovation, bei jedem künstlerischen oder wissenschaftlichen Werk unterschiedlich. Das Opus eines Dichters ist abgeschlossen, höchstens dessen Interpretation ändert sich in Jahrzehnten beziehungsweise in Jahrhunderten. Festivals oder ein Museum der Zukunft wie das ,Ars-Electronica-Center' müssen sich stets neu erfinden. Der kreative Prozess ist die ständige Herausforderung des Alltags!
Erfolg ist allerdings nicht programmierbar. Er tritt unter bestimmten Bedingungen ein. Jedoch sind viele Künstler, Wissenschaftler und Erfinder, deren Werke heute große Anerkennung genießen, verarmt gestorben. Vincent van Gogh ist nur ein Exempel von vielen.
Trotz großem Zuspruch und Lob sowie Auszeichnungen offen für Kritik zu bleiben, ist wichtig. Sie ist Anreiz, das eigene Produkt, die eigene Idee, immer und immer wieder zu überprüfen. Deshalb rate ich: Nur gelassen auf Tadel reagieren!

„Weil es kein ultimatives Werk gibt, ist es auch nicht sinnvoll, es anzustreben!"

Es steht außer Frage, dass nicht jede Idee Erfolg haben kann. Außerdem hat jede Zeit ihre Ideen. Manchmal ist ein Einfall einfach nicht mehr zukunftstauglich. Viele Kreative können schwer damit umgehen. Ich persönlich habe damit kein Problem.
Ob es möglich ist, etwas zu erschaffen, in dem alles ausgedrückt und das zudem extrem erfolgreich ist, bezweifle ich sehr. Ich glaube nämlich nicht an ultimative Werke. Erst

nach Jahrzehnten oder gar Jahrhunderten kann von ultimativen Werken einer Epoche gesprochen werden. Weil es kein ultimatives Werk gibt, ist es auch nicht sinnvoll, es anzustreben!"

Hannes Leopoldseder

„Mein ‚Heureka!' zur Gründung von ‚Ars Electronica', das als traditionsreichstes Medienfestival der Welt gilt, ereignete sich 1979. Linz war damals auf der Suche nach einer Idee, die der zwischen Wien und Salzburg gelegenen Stahlstadt (Sitz von ‚voestalpine', dem stahlbasierten internationalen Technologie- und Industriegüterkonzern) ein spezifisches kulturelles Profil geben sollte. Anregungen lieferten der Computermusik-Pionier Hubert Bognermayr und ich als Intendant des Landesstudios Oberösterreich des Österreichischen Rundfunks (ORF). Meine Idee war, über ein Musiksymposium hinauszugehen und auf die Zukunft von Kunst und Technologie zu setzen, konkret auf Medien- und Computerkunst. Waren Eisen und Stahl für Linz im 20. Jahrhundert identitätsstiftend, sollten dies im 21. Jahrhundert Kunst und Technologie werden. Das Ergebnis war das ‚Festival für Kunst, Technologie und Gesellschaft'. Zum Konzept-Team gehörten neben Hubert Bognermayr noch Dr. Herbert W. Franke (Professor und Autor von Publikationen über Kunst und Technik, Computergrafik, Apparative Kunst, Science Fiction) und der Musikproduzent/-verleger Ulrich Rützel, welcher für Werbung sowie Marketing verantwortlich war. Mein Ziel ist nicht ein einmaliges Ereignis gewesen, sondern der Start eines Festivals, das zu einer jährlichen Tradition werden und über die Grenzen von Österreich hinausreichen sollte.
Gleichzeitig war mir als Fernsehjournalist bewusst, dass das Festival, wenn es von Dauer sein sollte, in der Bevölkerung verankert sein musste. Auf der Suche nach einer Idee entstand, in Zusammenarbeit mit dem Münchner Komponisten Walter Haupt, als Eröffnungsevent die ‚Linzer Klangwolke'. Zu dem sinfonischen Open-Air mit Bruckners 8. Symphonie samt Licht und Laserinstallationen im Linzer Donaupark kamen 100.000 Menschen. Dieser Zuspruch in einer 180.000 Einwohner zählenden Stadt überzeugte die Politiker, das Festival mit der Klangwolke fortzuführen. Heutzutage zählen die ‚Ars Electronica', das ‚Ars-Electronica-Center' und die ‚Linzer Klangwolke' zu den internationalen Markenzeichen der drittgrößten Stadt Österreichs. Die ‚Ars Electronica' hat entscheidend dazu beigetragen, dass Linz 2009 Europäische Kulturhauptstadt geworden ist. >>>

Nach der Gründung von ‚Ars Electronica' und ‚Linzer Klangwolke' folgte als meine nächste Innovation 1987 die Idee zum ‚Prix-Ars-Electronica' – ein internationaler Wettbewerb für Künstlerinnen und Künstler, die mit dem Medium Computer im künstlerischen Bereich arbeiten, sei es im Bereich Grafik, Animation oder Musik. Mittlerweile umfasst der ‚Prix-Ars-Electronica' mehr als ein halbes Dutzend Kategorien, erhält jährlich an die 2.000 bis 3.000 Einreichungen aus 100 Ländern weltweit. Die Preisträgerinnen und Preisträger bilden mit ihren Werken und Projekten inzwi-

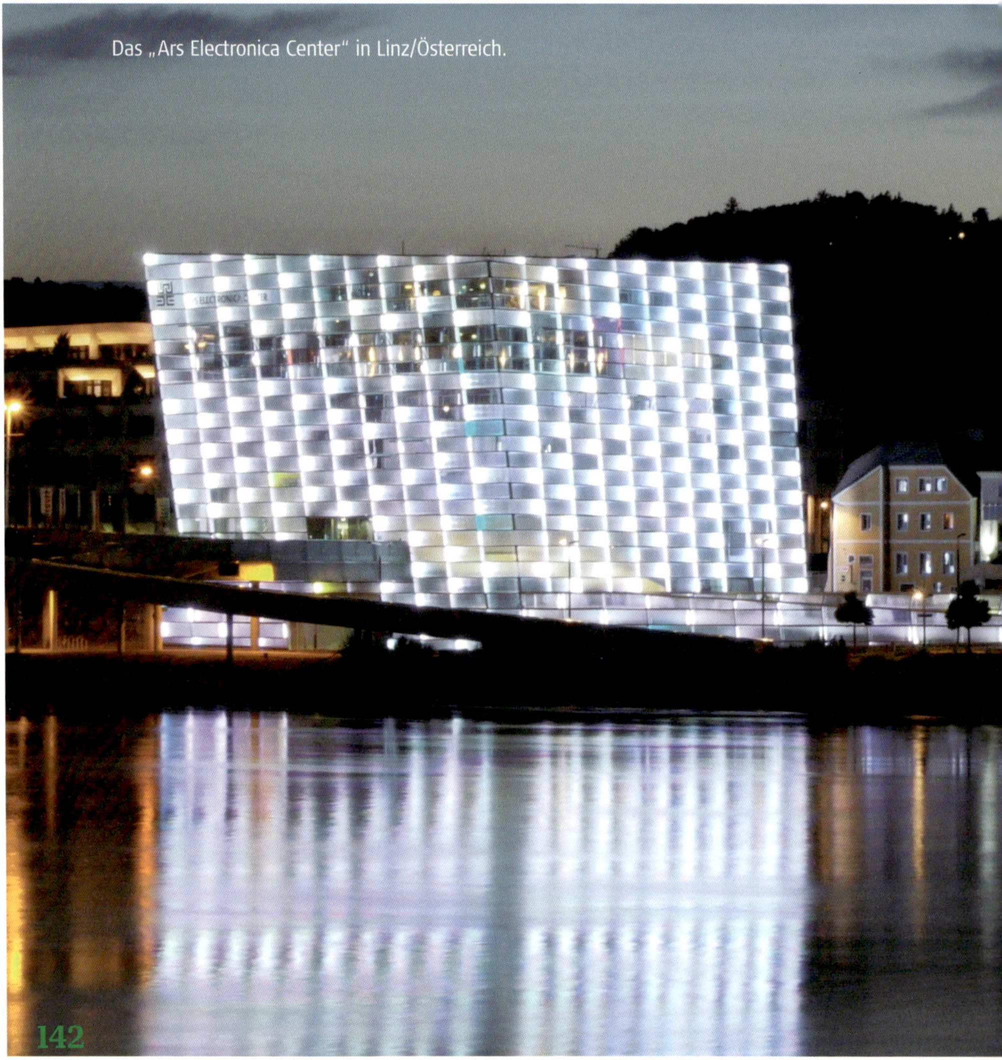

Das „Ars Electronica Center" in Linz/Österreich.

schen den Mittelpunkt des Festivals. Zum gelungenen Aufbau des ‚Prix-Ars-Electronica' hat zudem die erfolgreiche Organisation durch den ORF entscheidend beigetragen.
Der Garant für den Fortbestand der ‚Ars Electronica' war letztlich 1991 meine Idee zur Gründung und zum Bau des ‚Ars-Electronica-Centers'. Das ‚AEC' wurde 1996 eröffnet, das ‚Neue Ars-Electronica-Center' 2009. Es umfasst Center (‚Museum der Zukunft'), Festival, Prix, Futurelab, Export und Solutions."

KOBI LEVI

SCHUHMACHER/FOOTWEAR-ARTIST (ISRAEL)

„Blicke mit den Augen des Kreativen auf normale Dinge, um sie dann in neuem Licht darzustellen!“

Im Video zum Welthit „Born This Way“ trägt Lady Gaga ein Stiefelpaar aus seiner Fertigung! Schauspielerin Whoopi Goldberg („The Color Of Purple“) zählt gar zu den Sammlerinnen dieser kurios-extravaganten Schuhkreationen und führt neueste, stets Aufsehen erregende Errungenschaften in ihrer täglichen US-TV-Talkshow „The View“ (ABC) vor! Die Rede ist von den „tragbaren Skulpturen“ (CNN) des israelischen Designers Kobi Levi. Neben Lady Gagas eingangs erwähnten „Double Boots“ mit Platz für Zehen an der Vorder- und Rückseite hat er ebenso Heels im Angebot, deren Absatzdesign auf die Beinhaltung eines Flamingo, Storches oder Strauss zurückzuführen ist. Aber auch ganz Flaches, wie die aufgeklappt liegende Bananenschale zum Hineinschlüpfen, findet sich im Repertoire. All das sind Beispiele aus einer einzigartigen Kollektion, die Ausdruck imposanter Kreativität und überbordender Fantasie des Designers sind. ›››

Schon zu Schulzeiten gestaltete Kobi Levi (*16. Januar 1975), der aus einer künstlerischen Familie stammt (Großvater: Graphikdesigner, Mutter: Modemacherin im privaten Umfeld), besondere ‚Treter' – damals noch aus Pappkartons. 2001 beendete er an der renommierten „Bezalel Academy of Arts and Design" in Jerusalem sein Studium mit Schwerpunkt auf Schuhdesign und -entwicklung. Parallel dazu skizzierte der ‚Avantgarde-Schuhmacher', der sein Handwerk ganz solide bei alten Schustern gelernt hat, eigene Entwürfe und realisierte diese als Einzelstücke. Fotos davon erblickten im April 2010 erstmals das Licht der Öffentlichkeit auf Levis Internet-Blog. Das bescherte ihm positive Resonanz und eine rasch wachsende Mundpropaganda. Lady Gagas Talentsucher wurden auf ihn aufmerksam und spätestens nach der Präsenz seiner Produkte in ihrem Clip war internationale Präsenz garantiert. Sie wurde durch Vorstellungen in Zeitschriften wie Elle, Marie Claire, Glamour & Co. weiter forciert und so eröffnete er im Juli 2011 in seiner Heimatstadt Tel Aviv schließlich ein Studio. Dort arbeitet der selbsternannte „Footwear-Artist" an Kreationen, die den künstlerisch-unorthodoxen, freigeistigen Gegenentwurf zu der exklusiven, aber dennoch konventionellen Schuhmodewelt eines Manolo Blahnik, Christian Louboutin, Jimmy Choo oder Stuart Weitzmann darstellt.
Bei Kobi Levi, der sich zu den abstrakten Kreationen oft durch Beobachtungen im Alltag oder von Tieren inspirieren lässt, verschmelzen in den Schuh-Unikaten Design, Kunst, Eleganz, Originalität, Funktionalität und Tragekomfort. Von jeder neuen Idee wird zuerst ein Prototyp hergestellt, um Eignung und Stabilität im praktischen Gebrauch zu testen. Lief die Testreihe erfolgreich, werden pro Modell 20 Paare in Handarbeit aus hochwertigen Materialien gefertigt. Die Verkaufspreise der außergewöhnlichen Unikat-Boots, -High Heels, -Peeptoes, -Pumps oder -Stilettos, deren Herstellung zwei bis drei Wochen beansprucht, liegen zwischen 800 und 3.000 US-Dollar.
Kobi Levi, der nach jahrelanger Fixierung auf Fußbekleidung für Frauen sein Portfolio schrittweise um Schuhe auch für Männer erweitert, lebt mit Frau und Tochter in Tel Aviv.

Web: www.kobilevidesign.com

„Ein bestimmter Drang muss bei mir vorhanden sein, um kreativ tätig zu werden. Es sind verschiedene Auslöser, die mich dazu bringen, an einer neuen Kreation zu arbeiten: Manchmal ein Geistesblitz, dann kann ich es nicht abwarten, ihn auszuarbeiten; manchmal nur eine vage Idee, für deren Konkretisierung ich mich bis zum richtigen Zeitpunkt gedulden muss. Wenn sie mir nicht mehr aus dem Kopf geht, deutet vieles darauf hin, dass sie gut ist. Mit dieser Vermutung liege ich oft richtig. Das zeigt sich nämlich später bei der Resonanz auf das Endprodukt, durch die andere Menschen auf ihre Art meine ursprüngliche Einschätzung bestätigen.

„Eine lebensfähige Idee sollte Originalität, Witz, Ästhetik und Bedeutung besitzen."

Eine Idee ist in meinen Augen überhaupt erst dann lebensfähig, wenn ihr Originalität, Witz, Ästhetik und Bedeutung innewohnen. Bisweilen ergibt sich ein Einfall auch aus einer Unterhaltung oder ich wähle ein Thema, das ich gerne ergründen möchte. Dann schaue ich mich nach Inspirationen oder Bildern für einen ersten Entwurf um, damit ich meine Idee zum Leben erwecken kann. Darin, sich selber in diese Startposition zu bringen, liegt der entscheidende Schritt. Einmal angefangen, heißt es ‚Dranbleiben' – solange, bis das gewünschte Ergebnis erreicht ist. Mittendrin aufhören, das kann zumindest ich nicht.
Wie lange ich mit einer Idee schwanger gehe, bevor ich sie verwirkliche, ist von Fall zu Fall verschieden. Mal klappt das sofort, mal ist viel Denkarbeit vonnöten, um abzuwägen, ob der Einfall wirklich gut genug ist, um ihn auszuarbeiten. Immer ist der Werdegang vom Grundgedanken bis zum fertigen Produkt eine Reise voller Herausforderungen und nicht selten ist diese von Stress und Frust gesäumt. Nachdem ich eine Idee für würdig befunden habe, realisiert zu werden, skizziere ich sie aus unterschiedlichen Perspektiven. Dadurch weiß ich, ob sie so umsetzbar beziehungsweise ob noch dieses oder jenes zu ändern ist. Wenn alles nichts nützt, verabschiede ich mich von dem Versuch, aber ich muss es wenigstens probiert haben. Meine Neugierde lässt mir sonst keine Ruhe, denn ich muss das Thema in mir vom Tisch bringen. Gefallen mir die Entwürfe, ist ein dreidimensionales Modell der nächste Schritt. Ich suche mir die erforderlichen Werkzeuge und fertige einen Prototyp. Der hat den Praxistest zu bestehen, wird anschließend überall dort, wo es nötig ist, modifiziert. Erst danach stelle ich das erste vollständige Paar Schuhe her. Insofern ist also die gesamte Umsetzung in viele kleine Schritte unterteilt. Wenn es gut läuft, sieht das Resultat völlig ‚normal' aus, als hätte es von Anfang genau so das Licht der Welt erblickt. Die ganze Anstrengung, die daran steckt, ist nicht zu sehen – nur die Idee vermittelt sich.

Um meine Kreativität anzuregen, versuche ich, mit den Augen des Kreativen auf normale Dinge zu blicken, ihre innere Schönheit zu finden und sie dann in einem neuen Licht darzustellen. Je mehr ich reise, erforsche und andere Kreationen sehe, höre und studiere, desto mehr Ideen fallen mir ein. Dabei handelt es sich um neue Einfälle. Es kann auch vorkommen, dass ich frühere Inspirationen aufgreife und sie auf völlig andere Weise designe. Der Antrieb, kreativ zu werden, läuft bei mir ganz natürlich, gewissermaßen unterbewusst ab, wohingegen der eigentliche Schaffensprozess sehr durchdacht und bodenständig vonstattengeht. Disziplin sowie effektives Zeitmanagement sind für mich dabei essentiell. Vor allem, wenn ich einen Schuh entwickle und anfertige. Im Übrigen denke ich unaufhörlich über originelle Designs nach. Ich kann das nicht abstellen. Es ist einfach existent.

Eine Begabung zu haben, ist das beste Handwerkszeug, um die eigenen Idee zu veranschaulichen, sie in die Tat umzusetzen. Dafür bedarf es unbedingt eines gewissen Talents. In Kombination mit Kreativität wird daraus Stärke – die beste Voraussetzung für Kunst, sei es als visuelle oder musikalische Ausdrucksform einer Idee, eines Konzeptes. Ist etwas zwar ästhetisch, strahlt aber weder Originalität, noch eine Vision aus, dann ist das kein Zeichen von Stärke. Gleiches gilt für eine eigentlich gute Idee, die nicht adäquat umgesetzt wird, so dass sich nicht vermittelt, was in ihr steckt; das kann dann ihre potentielle Wirkung und Bedeutung ruinieren.

Starke persönliche Motivation sowie effizientes Arbeiten tragen in hohem Maße dazu bei, konstant weitere Einfälle umsetzen zu können. Eine kreativ veranlagte Person muss diese Fähigkeit nie wirklich forcieren, sondern kann sie immer dann abrufen, wenn es erforderlich ist, etwas innerhalb eines bestimmten Zeitrahmens zu realisieren. In solch einem Fall ist der Anfang natürlich schwierig, da man erst einmal nur auf ein leeres Blatt starrt, aber dennoch so schnell wie möglich etwas zu Papier bringen sollte. Keine einfache Situation, aber durchaus zu bewältigen.

„Deadlines führen zu größerer Entscheidungsfreudigkeit."

Wenn ich mit einem Projekt beschäftigt bin, für das ein fixer Abgabetermin vorgegeben ist, regt allein das schon meine Intuition an. Ich liebe einfach diese Herausforderung. Sowohl Intuition als auch Inspiration können den kreativen Prozess in Gang setzen, wobei der jeweils eine Faktor dem anderen folgt. Wichtig sind beide. Das Leben um mich herum inspiriert mich in all seinen Facetten – seien es Natur, Tiere, Menschen, Gegenstände, Alltagssituationen. Diese Themen spiegle ich auf unterschiedliche Weise, jeweils unter einem spezifischen persönlichen Blickwinkel, in meinen Arbeiten wider.

„Kreative Ideen bahnen sich ihren Weg.“

Ein Profi kann ohne oder unter Druck tätig sein. Warten ist für ihn keine Alternative. Der Grund: Die Inspiration stellt sich von selbst ein oder er muss sich aktiv um sie bemühen. Denn kreative Ideen bahnen sich ihren Weg – entweder, weil sie zu einem bestimmten Zeitpunkt gebraucht werden oder weil sie nur darauf warten, das Licht der Welt zu erblicken! Mitunter sorgt ein vorgegebener Termin dafür, in die Gänge zu kommen, etwas zu erschaffen und nicht herumzutrödeln. Deadlines führen zu größerer Entscheidungsfreudigkeit. Hat man alle Zeit der Welt, erlaubt einem das wiederum, mehrere Gestaltungsvariationen, Arbeitsschritte, Details auszuprobieren.

Ich habe bei mir die Erfahrung gemacht, dass sich das persönliche Befinden durchaus auf das, was ich erschaffe, auswirkt. Bisweilen fühle ich mich besonders inspiriert, wenn ich in einem optimistischen Zustand bin oder ich kann gerade dann kreativ sein, wenn ich mich – aus welchen Gründen auch immer – etwas traurig fühle. Ich denke über das Leben auf verschiedene Weise nach, aus unterschiedlichen Perspektiven. Das verleiht der jeweiligen Kreation einen bestimmten ‚Touch‘.

„In einem Team muss man wirklich zusammenarbeiten. Es darf nicht heißen: ‚Ich und die anderen!’“

Ich arbeite ebenso gerne im Team, wie alleine. Ist letzteres der Fall, höre ich zu einhundert Prozent auf meinen Instinkt, folge meiner Leidenschaft sowie meinem eigenen Urteil. In einer Team-Konstellation gibt es interessante Diskussionen, Brainstormings. Dadurch entsteht Neues, das andernfalls nicht möglich gewesen wäre. Meiner Ansicht nach muss man in einer Gemeinschaft wirklich zusammenarbeiten und darf die Kooperation nicht mit der Haltung ‚Ich und die Anderen’ angehen. So etwas sorgt nur für schlechte Stimmung. Deshalb ist es wichtig, dass alle Mitglieder eines Kollektivs echtes Interesse daran haben, Teamwork für sie Priorität hat. Für jeden Einzelnen muss das Hauptziel sein, die bestmögliche Arbeit zu machen, das optimale Resultat zu erreichen. Und dass dabei einer auf den anderen hört. Hierarchien darf es keine geben. Es kommt auf jede Person an.

„Aufrichtigkeit, Authentizität und Selbstzweifel sind wichtige Komponenten eines Schaffensprozesses!“

In einem Schaffensprozess sind Aufrichtigkeit, Authentizität und Selbstzweifel wichtige Komponenten. Sie erweisen sich nicht nur bei der Umsetzung einer Idee als hilfreich, sondern zwingen einen auch dazu, nochmals einen zweiten Blick auf die Arbeit zu werfen und sie somit immer verbessern zu wollen.
Je mehr Erfahrung eine Person hat, desto besser versteht sie sich selber und die eigenen Ideen. Zudem ist ihr klar, wie Einfälle umgesetzt werden können. Um sie bestmöglich zu verwirklichen, muss man sich die nötige Zeit nehmen. Dabei grundlos zu trödeln, wäre völlig fehl am Platze. Die abgeschlossene Arbeit vor sich zu haben, vermittelt dem Macher ein unvergleichliches Glücksgefühl. Danach bin ich geradezu süchtig und es motiviert mich, noch mehr zu kreieren.

„Eine wirklich kreative Person organisiert das eigene Leben um die Kreativität herum!“

Die Initialzündung für das, was ich beruflich mache, liegt in meiner Jugend. Je mehr Erfahrung ich als ‚Schuhmacher' hatte, desto professioneller wurden meine Produkte, umso besser konnte ich mich und mein Talent managen. Positive Begleiterscheinung: Dadurch blieb mein künstlerisches Gespür lebendig. Wer mit Haut und Haaren ein kreativer Mensch ist, für den kann die Beschäftigung damit nicht nur eine Phase darstellen. Eine wirklich kreative Person organisiert das eigene Leben um die Kreativität herum, sodass beide miteinander in Einklang stehen! Meine Motivation für die kreative Betätigung liegt schlicht und ergreifend darin, dass sie mich glücklich macht! Sie ist Teil dessen, was ich bin – nicht nur irgendetwas, das zu tun ich mich irgendwann einmal entschieden habe. Ich kann mir gar nicht vorstellen, nicht kreativ tätig zu sein. Dann würde ich mich leer fühlen.

„Erfahrung und Professionalität können nicht über mangelnde Kreativität hinwegtäuschen!“

Im kreativen Schaffen spielt, zumindest für mich, Perfektion eine große Rolle. Dieses Streben nach dem Absoluten in Verbindung mit der Leidenschaft für die Sache stellt eine gute Antriebskraft dar und sorgt für zielgerichtetes Arbeiten. Der zugrunde liegende Einfall muss auf optimale Weise zum Leben erweckt werden. Das Resultat soll vermitteln,

wie der ursprüngliche Gedanke ausgesehen hat. Die Idee ist quasi die Seele, das Herzstück! Je besser sie realisiert worden ist, desto mehr bewegt sie den Betrachter. Deshalb gilt: Handwerkliches Können wertet das Resultat auf und drückt Kreativität in einem besonderen Maße aus. Es ist großartig, eine Kunstfertigkeit zu beherrschen!
Erfahrung und Professionalität können allerdings nicht über mangelnde Kreativität hinwegtäuschen! Ein gut gemachtes Stück mag eindrucksvoll sein, spricht aus ihm indes keinerlei Kreativität, so bleibt dieser Eindruck eindimensional. Zwar wird ein Profi innerhalb derselben Sparte von einem schönen Objekt beeindruckt sein, da er die darin steckende Erfahrung des Machers erkennt; etwas, das Kreativität ausstrahlt, wird jedoch sehr viel mehr vermitteln und zahlreiche Menschen bewegen!

„Ein eigener Stil ist essentiell."

Sich selbst treu zu bleiben, aber immer wieder neu zu erfinden und innovativ zu sein, ist definitiv möglich. Der individuelle Stil und die entsprechende Kreativität sind die DNA eines Künstlers. Die eigene Denkweise ist das Bindeglied zwischen den Kreationen, die individuelle Handschrift. Kreativität ist keine Frage eines Glückstreffers, sondern eine Kombination aus Leidenschaft, dem Verständnis für sich selber und natürlich dem, was man aus diesen Gaben macht.
Ich zum Beispiel möchte etwas auf eine Art und Weise erschaffen und designen, wie es sie vorher noch nicht gegeben hat. Das Resultat sollte einerseits sowohl vertraut erscheinen, andererseits aber auch einen neuen Aspekt vermitteln. Essentiell ist für mich, einen ganz eigenen Stil zu haben, der fraglos als der meine erkennbar ist und mit meinem Namen assoziiert wird.
Abgeschlossen ist ein Kreativ-Prozess für mich dann, wenn die Idee, die ich durch das Werk vermitteln wollte, anderen Menschen verständlich ist und ich die Reaktionen bekomme, die ich mir gewünscht hatte. Selbstredend bin ich bestrebt, mich ständig weiter zu entwickeln, jedoch achte ich darauf, dass mich der Drang zur Perfektion nicht blockiert, sondern im Gegenteil motiviert.

„Misserfolg wie auch Erfolg sollten einen nicht davon abhalten, immer weiter zu machen!"

Wie erfolgreich jemand ist, hat viel mit Kommunikation zu tun. Wenn andere Menschen auf das reagieren, was man macht, wird auch der eigenen Arbeit Erfolg beschieden sein. Und zwar dadurch, dass sie Teil des Lebens anderer wird und nicht nur Bestandteil des-

jenigen bleibt, der sie geleistet hat.
Es ist sicher legitim, immer wieder erfolgreich sein zu wollen. Allerdings sollte dies mit etwas Neuem verbunden sein. Um das möglich zu machen, muss einem vorher klar sein, welche Ursachen einem bereits errungenen Erfolg zu Grunde lagen. Dann kann man an einer neuen, frischen Kreation arbeiten, um das ‚richtige' Gefühl und den gewünschten Effekt zu erzielen.
Was mein potentielles Publikum haben will, kann ich nur vermuten und deshalb bestrebt sein, sie mit meinen Kreationen in Berührung zu bringen. Erfolg als solchen kann niemand garantieren! Er ist von ganz anderen Faktoren abhängig, zum Beispiel vom Produkt selbst, dem Publikum, dem Zeitpunkt, dem richtigen Ort...
Ich respektiere jede Art von Kritik an meinen Werken – egal, ob positiv oder negativ – denn jeder Mensch hat ein Recht auf freie Meinungsäußerung. Jeder Einzelne hat seine eigene Sichtweise, reagiert ganz individuell auf meine Arbeiten. Das finde ich sehr interessant – unabhängig davon, ob die jeweilige Einschätzung sich mit dem deckt, was ich ausdrücken wollte oder nicht.
Man muss schon ein Besessener sein, denn was hält einen sonst am Arbeiten? Dieser Drive ist ausschlaggebend dafür, dass man – egal, ob etwas funktioniert oder nicht – mit der nächsten Kreation fortfährt. Misserfolg wie auch Erfolg sollten einen nicht davon abhalten, immer weiter zu machen!
Ich habe bislang noch nichts Mittelmäßiges abgeliefert, das dennoch viel Zuspruch erhalten hätte. Zu dergleichen bin ich gar nicht fähig. Ich kann nichts fertigstellen, das mir nicht gefällt oder worauf ich nicht stolz sein kann. Es muss immer einen guten Grund für etwas geben und zusätzlich auch noch interessant sein.
Erfolg fängt für mich an, wenn ich eine Kreation so beendet habe, wie ich es wollte und sie entsprechend angenommen wird. Mit dem Endergebnis gehe ich allerdings strenger ins Gericht, als Außenstehende das gemeinhin tun. Und: Ich archiviere meine Ideen nicht, um in kreativen Dürreperioden davon zu zehren, sondern um für mich selbst festzustellen, was ich im Rückblick von ihnen halte.
Dass nach langer Zeit des Erfolges ein plötzlicher Niedergang einsetzt, kann ich mir nur so erklären: Dann ist die Motivation und Leidenschaft für das, was man macht, verflogen; man erschafft etwas nur noch zu anderen Zwecken als um der Sache selbst willen. Dieser Aspekt entscheidet darüber, wie es in Zukunft weitergeht. Wenn es sich um ein rein kommerzielles Produkt handelt, ist einzig der Verkaufserfolg von Bedeutung; ist künstlerische Akzeptanz das Hauptkriterium, wird die Kritik das regeln.
Um mit Misserfolg bestmöglich umzugehen und Zeiten durchzustehen, in denen der Erfolg eventuell erst später kommt, ist es wichtig, sich selbst gegenüber kritisch zu sein.

Wenn man auf etwas keine positive Resonanz erhält oder eine andere als die erwartete, muss man die Gründe dafür herausfinden und sie zu verstehen versuchen, kurz: daraus lernen!
Den Höhepunkt als Kreativer habe ich erreicht, wenn meine Arbeiten gut ankommen, sie geschätzt werden und mein Name vielen Menschen ein Begriff ist. Zu diesem Zeitpunkt weiß ich, dass ich ein Publikum habe und über mein Werk gesprochen wird. Das finde ich interessant, das motiviert mich. Solche Augenblicke stellen jedoch nicht das Ende der Fahnenstange dar, sondern sind Auftakt für eine neue Phase der Kreativität. Ist es erstrebenswert, ein ultimatives, perfektes Werk zu erschaffen? Nun, als Kreativer möchte man, dass jede Arbeit um ihrer selbst willen perfekt ist. Aber das ist nur eine Seite. Die andere: Kreativität ist eine bestimmte Art des Denkens und der Sicht auf das Leben. Sie kann demzufolge in sehr unterschiedlichen ‚perfekten' Arten zum Ausdruck kommen. Es gibt also nicht nur die eine richtige Antwort. Das ist das Schöne daran."

Kobi Levi

„Um meine Art des Designs möglichst repräsentativ darzustellen, habe ich drei Objekte gewählt, die meinen kreativen Ansatz wohl am klarsten verkörpern: Da ist einmal das Modell ‚Chewing-Gum', das eine Alltagssituation (den Tritt in einen rosa Kaugummi) einfriert und daraus ein neues Design erschafft. Dann das Modell ‚Coffee', bei dem schwarzer Kaffee aus dem hinteren Ende einer Schuhsohle herauszulaufen scheint. ‚Miao' wiederum zeigt einen am Boden schnüffelnden Hund, der seinen Hintern hochstreckt – die perfekte Silhouette. Diese drei Modelle halten einen Moment fest und erwecken ihn in Form eines Stilllebens en miniature wieder zum Leben."

„Coffee To Go“: Schwarzer Kaffee läuft aus der Sohle der porzellanweißen Henkel-Hochfrontpumps und bildet einen außergewöhnlichen Absatz(markt).

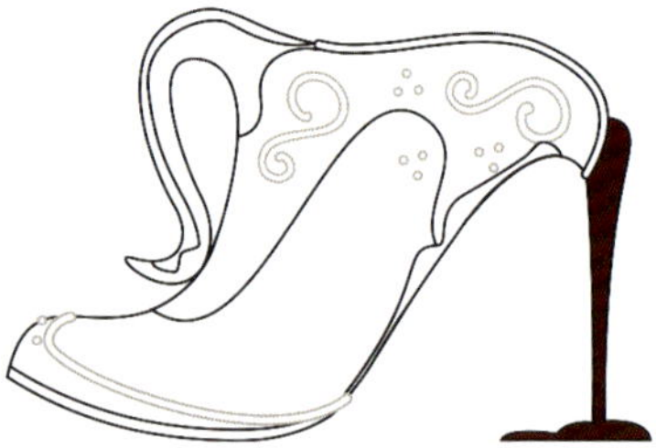

Tierisch viel Arbeit: Steht die Skizze, folgt die Fertigung in zahlreichen Einzelschritten – alles reine Handarbeit.

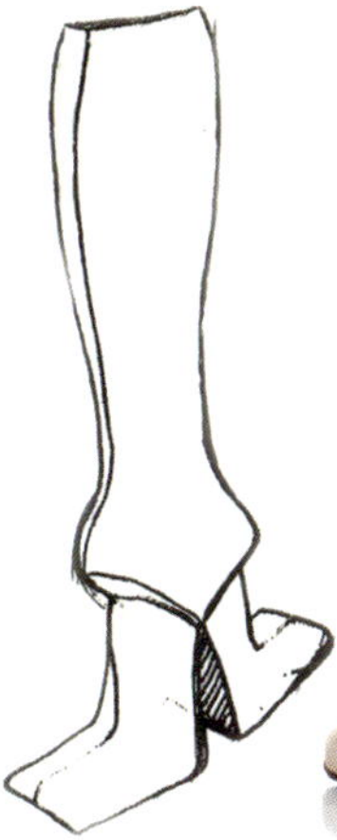

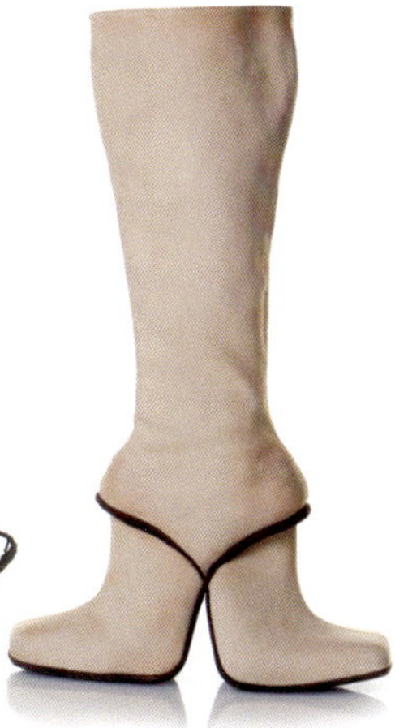

„Fort- & Rückschritt" in einem: Sehr spezieller Stiefel, bekannt aus dem Musikvideo zu Lady Gagas Welthit „Born This Way".

„Tukan": „Schnabelschuh" im wahrsten Sinne des Wortes.

Sex sells: Kobi Levi´s next Top-Model für den „Laufsteg".

ALON LIVNÉ

MODEDESIGNER (ISRAEL)

„Etwas erschaffen, ohne ins Kalkül zu ziehen, wie andere darüber denken!"

Beyoncé (anlässlich der triumphalen „The Mrs. Carter Show"-Welttournee 2013/14), Naomi Campbell, Jennifer Lopez, Lady Gaga, Kim Kardashian, Paris Hilton – eine Reihe klingender Namen und doch ist dies nur eine kleine Auswahl jener weltbekannten Promi-Ladies, die Alon Livné mit von ihm entworfenen Roben ausgestattet hat. Spätestens seitdem zählt der Israeli nicht nur in seiner Heimat, sondern auch international zur ersten Regie der Top-Designer (und durfte deshalb die US-Schauspielerin Jena Malone für ihre Rolle als Johanna Mason in dem Kinohit "Die Tribute von Panem"/"The Hunger Games: Mockingjay – Part 1" einkleiden). >>>

Alon Livné (* 18. November 1986) ist ein Ausnahmetalent. Das belegt seine beeindruckende Blitzkarriere. Auf das Modedesign-Studium am „Shenkar College" in Tel Aviv folgte ein sechsmonatiges Praktikum in London bei Alexander McQueen, dem Enfant terrible der britischen Fashionszene. Danach arbeitete der Israeli vier Jahre lang bei Roberto Cavalli in Italien, war im Unternehmen des Trendsetters und Jet-Set-Lieblings in der Abteilung Abendgarderobe/Couture beschäftigt. Sein Spezialgebiet dort: Bestellungen der Promis und des internationalen Adels. Aus Florenz nach Tel Aviv zurückgekehrt, beteiligte sich Alon Livné 2008/2009 an der ersten Ausgabe der israelischen Version der TV-Show „Project Runway". Obgleich er den Talentwettbewerb eigenen Worten zufolge nicht wirklich ernst nahm und primär Spaß an dem Spektakel zu haben versuchte, war sein Einsatz hundertprozentig. Für ihn, der mit Druck gut leben kann, stellte es kein Problem dar, binnen fünf Stunden ein Abendkleid oder innerhalb von 180 Minuten einen Badeanzug zu entwerfen. Der Lohn für das Engagement des Bewunderers der Kreationen von Jean Paul Gaultier und Luc Bessons Science-Fiction-Film „Das fünfte Element": Gewinn des Events und die Auszeichnung als „Next Big Fashion Designer". Das war für ihn der Auftakt zu einem steilen Aufstieg in Minimalzeit: Wenig später gründete er unter seinem Namen ein Modelabel und eröffnete diverse Boutiquen. 2013 wurde Alon Livnés Kollektion (Stückpreis ab $ 6.000) erstmals auf der „New York Fashion Week" präsentiert. Seine Schnitte, die geometrische und graphische Formen mit von der Natur inspirierten Elementen sowie bisweilen futuristisch wirkenden Einfällen kombinieren, loben Fashion-Redakteure und Kunden gleichermaßen. Vor allem die Brautmodenlinie „Alon Livné White" ist wegen des luxuriösen, innovativen, außergewöhnlichen Designs eine weltweite Attraktion.
Alon Livné, der sich selbst eher als Künstler, denn als kommerziell orientierter Modedesigner versteht, lebt in Tel Aviv.

Web: www.alonlivne.com, www.alonlivnewhite.com

„Inspiration entspringt bei mir den unterschiedlichsten Quellen. Manchmal gerate ich in Situationen, die mir einen schöpferischen Impuls geben; dann wieder kann ich Anregungen quasi herbeizaubern und beginne sofort damit, Entwürfe zu zeichnen. Was genau da passiert, darauf kann ich mir nicht immer einen Reim machen, weil es jenseits dessen liegt, was zu erklären ist.

„Eng getaktete Zeitpläne halten mich wach und kreativ."

Bisweilen öffnet sich das Zeitfenster für eine Inspiration nur vorübergehend, dann wieder sind es äußere Umstände, die dafür ausschlaggebend sind. Mitunter stellt sich aber auch keine Eingebung ein. Gegen solch eine Situation kämpfe ich jedoch nicht an, sondern passe mich ihr an. Generell ist Inspiration bei mir etwas sehr Spontanes. Wenn sie kommt, spüre ich das und weiß, dass es Zeit ist, sich hinzusetzen und etwas zu kreieren. Wie es mir zu diesem Zeitpunkt geht, spielt keinerlei Rolle. Ich kann etwas erschaffen, wenn ich mich glücklich fühle und wenn ich traurig bin. Der einzige Unterschied liegt darin, dass die Resultate differieren, die Farben anders sind. Und es hat sich herausgestellt, dass ich überwiegend im Rahmen eng getakteter Zeitpläne arbeiten kann. Diese Umstände halten mich wach und kreativ in Hinblick auf neue Projekte.

„Inspirationstafeln und Musik sorgen für Magie."

Den Auftakt jeder neuen Kollektion bilden bei mir sogenannte ‚Inspirationstafeln', an die Entwürfe, Bilder und Werkstoffe geheftet sind, die mich bewegen. Für gewöhnlich gehört dazu eine Auswahl an Fotografien, Landschaftsaufnahmen, Bildern von Objekten, privaten Motiven plus Materialmuster. Dazu läuft immer Musik, um eine entsprechende Stimmung zu erzeugen. Insbesondere gefallen mir Klassik und Indie-/Alternative-Sound. In solch einer Umgebung zeichne ich sehr lange – oft bis in die frühen Morgenstunden, weil sich dann für gewöhnlich die Magie einstellt.
Meine Arbeit basiert auf Inspiration. Wenn ich mich an unterschiedlichen Orten aufhalte, mich mit verschiedenen Materialien wie Eisen oder Stein beschäftige, fühlt sich das an, als würde Leonardo da Vinci mich dabei leiten. Ich spüre seine Präsenz sehr stark, wenngleich ich mir keinen Reim darauf machen kann, was das bedeutet. Seitdem ich aufgehört habe, mich diesem Gefühl zu widersetzen und mich ihm stattdessen hingebe, ist die Folge, dass meine Kreationen schlichtweg atemberaubend sind!
Ideen brauche ich mir übrigens nie zu notieren – ganz einfach deswegen, weil, wenn ich sie in meinem Geist sehe, dort umgehend weiter entwickle. Sobald ich damit fertig bin, bringe ich sie sofort zu Papier.
Ob ein Einfall das Potential besitzt, großartig zu werden, habe ich schon ein paar Mal gespürt – selbst wenn das Design futuristisch anmutet. Manchmal gilt aber auch hier: Gut Ding will Weile haben. Von Zeit zu Zeit greife ich ältere Ideen wieder auf, weil meine Kreationen manchmal nicht dem Zeitgeist entsprechen, ich mit ihnen aber später genau richtig liege.

„Kreativ sein, ist gleichbedeutend mit Leben!“

Während der gesamte Kreativprozess für manche etwas Magisches besitzt oder den viel zitierten Blut, Schweiß und Tränen entspricht, liegt für mich die Essenz in der Kreativität selber. Mag das Procedere des Erschaffens auch von positiven oder negativen Gefühlen begleitet sein, so schenke ich diesen Emotionen keinerlei Beachtung, da das Kreativsein für mich gleichbedeutend ist mit Leben!
Meine sämtlichen Entwürfe entstehen in einer Art Trance-Zustand. Ich verliere dabei jegliches Zeitgefühl. Tag und Nacht verschwimmen, ohne dass ich davon etwas mitbekomme.

Sämtliche meiner Kreationen nehmen ihren Anfang in mir. Erst, wenn sie fertig sind, erblicken sie das Licht der Welt. Äußere Umstände haben auf mich und meine Kreativität keinerlei Auswirkungen. Das war bei mir schon immer so. Ich erschaffe etwas, ohne ins Kalkül zu ziehen, wie andere darüber denken oder was in dieser Hinsicht sonst weltweit passiert. Von jenem Moment an, in dem ich eine Inspiration wahrnehme, empfinde ich das Ganze wie eine Art außerkörperlicher Erfahrung – eingehüllt in einen Kokon aus Licht und abgekoppelt von der Wirklichkeit!

„Trotz eines Teams um mich vertraue ich nur mir!“

Obgleich ich ein tolles Team habe, das mir bei der Umsetzung meiner Entwürfe hilft, vertraue ich während des Kreativprozesses doch ausschließlich mir! Perfektion spielt erst während der Realisierung der Idee eine Rolle. Ich gestatte allerdings weder meinen Mitarbeitern noch mir, in dieser Hinsicht Abstriche zu machen, schließlich habe ich bereits das Resultat vor meinem geistigen Auge gesehen!
Generell kreiere ich etwas primär aus dem Bauch heraus. Fantasie ist dabei ebenfalls von maßgeblicher Bedeutung. Beidem zusammen würde ich 95 Prozent einräumen. Kommerzielle Aspekte sind bei mir absolut untergeordnet, stehen auf dem letzten Platz. Insofern ziehe ich meine größte Befriedigung aus der Selbstverwirklichung. Danach folgt die Anerkennung als Künstler. Sich um den kommerziellen Erfolg zu kümmern, gebe ich letztlich an andere ab.
Kritik ist schön und gut. Ich habe dafür zwar ein offenes Ohr, lasse mich davon jedoch in keiner Weise beeinflussen oder vom Weg abbringen. Schönheit liegt bekanntlich im Auge des Betrachters. 100 Personen haben 100 Meinungen. Deshalb bleibe ich meiner Einschätzung treu!

„Es braucht Flauten, um neuen Aufwind zu bekommen.“

Immer nur oben zu schwimmen, das ist ein Ding der Unmöglichkeit. Es geht stets rauf und runter. Überhaupt glaube ich, dass es Flauten braucht, um wieder Aufwind zu bekommen. Ich für meinen Teil lerne jedenfalls aus Fehlern und Misserfolg, indem ich mich weiterentwickle sowie es besser mache, um dadurch wieder nach oben zu gelangen. In diesem Kontext fällt mir ein Zitat von William Saroyan ein, der zu den wichtigsten US-amerikanischen Schriftstellern des 20. Jahrhunderts zählt: ‚Leute sind gut, wenn sie durch Fehler zur Weisheit gelangt sind. Aus Erfolg gibt es indes nur sehr wenig zu lernen'!"

Alon Livné

„Ich liebe es, extravagante Spitze mit transparentem Futter zu unterlegen, um einen sexy-interessanten Look zu kreieren. Ebenso gefallen mir Kleider, bei denen eine konservative Silhouette kombiniert wird mit unüblichen Elementen wie ausgefallenen Ausschnitten und transparenten Stoffen. Für mich gibt es nichts, das sexier ist als die Kombination von ‚Cut-outs' mit Spitze in unterschiedlicher Dichte, um dadurch einen einzigartigen Ausdruck zu erzielen."

Mode als Kunstwerk: Geometrische und graphische Formen mit von der Natur inspirierten Elementen sowie bisweilen futuristisch wirkenden Einfällen zu verbinden, sind das Markenzeichen von Alon Livnes High Fashion. Deshalb wirken seine Schnitte innovativ, außergewöhnlich, luxuriös und machen die Kollektionen des israelischen Designers weltweit zu einer Attraktion.

rechte Seite:
Modell „Dorian“: Musterbeispiel aus der Hochzeitskleider-Kollektion 2016 von „Alon Livné White“.

J. MAYER H.

ARCHITEKT (DEUTSCHLAND)

„Kreativität entsteht aus Neugierde, Risikobereitschaft und Geduld!“

„Metropol Parasol“, Sevillas neues Wahrzeichen, gilt als weltweit größte Holzkonstruktion. Das Gerichtsgebäude in Hasselt, Belgien. Verschiedene öffentliche oder Infrastruktur-Bauten in Georgien (darunter der Flughafen in Mestia, der Grenzübergang in Sarpi, die Raststätten entlang der Autobahn nahe Gori und Locchini). Gemeinsam ist ihnen, dass sie von Jürgen Mayer H. entworfen worden sind. Um Verwechslungen zu vermeiden, stellte der international gefragte Architekt das Kürzel seines zweiten Vornamens hinter seinen Nachnamen. >>>

J. Mayer H. (* 30. Oktober 1965, Stuttgart) studierte Architektur an der „Universität Stuttgart", am „Cooper Union for the Advancement of Science and Art-College" in New York und an der „Princeton University", New Jersey. Im Team seines nach ihm benannten Berliner Büros wird an den Schnittstellen von Architektur, Kommunikationsdesign und Neuen Technologien getüftelt. Bei der Gestaltung von Raum spielt der Einsatz interaktiver Medien und responsiver Materialien eine zentrale Rolle. Mayer H.s Arbeiten wurden international vielfach ausgezeichnet: „Mies van der Rohe Award: Emerging-Architect Special Mention" 2003, „Holcim Award" Bronze 2005 für nachhaltige Architektur, „Audi Urban Future Award" 2010 oder „red dot design award" 2012. Er ist mit Projekten im „Museum Of Modern Art" in New York und San Francisco sowie zahlreichen Privatsammlungen vertreten. Seit 1996 unterrichtete J. Mayer H. an verschiedenen Universitäten wie am „GSD" der Harvard University, der „Architectual Association" in London, der „Columbia University"/New York und an der „University of Toronto". Er lebt und arbeitet in Berlin.

Web: www.jmayerh.de

Darauf muss man erst einmal kommen! Als Inspirationsquelle nennt J. Mayer H.: „Ich habe eine umfangreiche Sammlung von Datensicherungsmustern, die in den Innenseiten von Briefumschlägen zu sehen sind. Die Umsetzung dieser graphischen Gebilde in räumliche Strukturen beschäftigt mich seit einiger Zeit. Sie tauchen bei uns im Büro immer wieder in einigen Projekten auf und sind deshalb so interessant, weil es immer wieder ein anderer Kontext ist. Dadurch, dass wir mehrere Projekte gleichzeitig bearbeiten, entwickeln sich spannende Querverweise. Das Transformieren dieser zweidimensionalen Muster basiert hierbei nicht auf einem Schema, sondern wird stets neu erarbeitet und weiterentwickelt." Elementare Stütze seiner Tätigkeit als Architekt ist beispielhaftes Teamwork: „Ein qualitätsvolles Bauwerk gelingt nur in einem produktiven Netzwerk, wenn alle Beteiligten an einem Strang ziehen und in der Lösung von Aufgaben kooperieren. Gute Architektur ist ausschließlich mit großem Engagement aller Beteiligten zu realisieren – vom Bauherrn über Ingenieure, Bauämter bis zu den beteiligten Baufirmen. Aus diesem Prozess heraus entwickeln sich dann mit ganz eigener Dynamik neue Konzepte und überraschende Ergebnisse." Dabei gilt generell: „In Verbindung mit dem Ort ist die enge partnerschaftliche Zusammenarbeit mit unseren Bauherren die wichtigste Komponente im Prozess des Entwurfes. Ausgehend von einer gemeinsamen Zielsetzung der Qualität des Gebäudes, die eine integrative Gestaltung vom Baukörper über Innenraumdesign und Landschaftsplanung mit einbezieht, entwickeln wir aus den gefundenen speziellen Merkmalen des Ortes und den notwendigen Bauregeln einen Entwurf, der konventionelle Erwartungen an den Bautypus hinterläuft und innovative Konzepte als Beitrag auch zum urbanen Raum anbietet." Während solch eines Entstehungsprozesses kommt der Kreativität natürlich maßgebliche Bedeutung zu: „Sie entsteht aus Neugierde, Risikobereitschaft und Geduld."

„Nicht handwerkliches Können, sondern Intuition und Inspiration sind ausschlaggebend!"

Interessant, dass, zumindest laut J. Mayer H., nicht handwerkliches Können, sondern Intuition und Inspiration dabei ausschlaggebend sind. Er sagt: „Räume entstehen im Kopf und im Erkunden anhand von Modellen. Ihre Realisierbarkeit ist dann eine Frage der Umsetzbarkeit und der verfügbaren Technologie. Viele unserer Entwürfe wären ohne die modernsten Computerprogramme gar nicht zu entwickeln." Bevor HighTech die Vision veranschaulicht, verlassen sich die Macher allerdings auf etwas ganz Elementares: das Erspüren! Mayer: „Bei der Architektur beginnen wir meistens mit der Atmosphäre des Raums, der Organisation von Funktionen und dem Bild der Architektur. Erst viel später, manchmal noch während des genaueren Planungsprozesses, werden die Materialien für die Konstruktion und Oberflächen festgelegt. Für die Objekte steht oft ein konkretes Material als Ausgangspunkt der Entwicklung neuer Potentiale im Design. Im Gesamtkonzept ist die Nachhaltigkeit auch im ökonomischen Sinne ein wichtiger Parameter im Entwurfsprozess.

Im Gegensatz zu zahlreichen anderen Genres wird Architektur immer aus dem aktuellen Diskurs und dem gegebenen Stadtkontext heraus geschaffen. Temporalität spielt daher bei unseren Arbeiten stets eine zentrale Rolle – sowohl in der Planungs-, als auch Ausführungsphase. Mit dem Bezug der Gebäude auf den Ort und der Belebung des Stadtraums bettet sich das Gebäude in den Kontext ein." Der Anspruch, den ultimativen Status Quo geschaffen zu haben, erhebt der Architekt jedoch nicht. „Unsere Architekturen verstehen wir als Fragezeichen für die jeweiligen Plätze und Programme, nicht als fixe Lösungen für den Ort. Es soll ein Auseinandersetzungsprozess mit unserer gebauten Umwelt entstehen. Wenn es um urbane und öffentliche Gebäude geht, ist die Komplexität der Kommunikation eine spannende Herausforderung, da viele Interessenspositionen zusammentreffen." Deshalb wird selbst ein erfolgreicher Architekt immer wieder mit Kritik konfrontiert. „Motivation für unsere Arbeiten ist", betont J. Mayer H., „Neugier zu wecken für eine neue Architektur. Gerade bei den öffentlichen Projekten erlebe ich am Anfang ab und zu ein bisschen eine ‚Irritation durch das Ungewohnte', was dann bei den Bürgern ab einem bestimmten Zeitpunkt in eine Art Stolz umschlägt, in eine Inbesitznahme, ein Aneignen. Insofern vertraue ich darauf, dass das Abenteuer Architektur auch von einer größeren Gemeinschaft profitieren kann und umgekehrt."

J. Mayer H.

„Die Stadt wollte den urbanen Raum des 21. Jahrhunderts überdenken. Das war bereits eine großartige Voraussetzung für das Projekt. Sevilla wollte einen Hybrid aus Hauptplatz, archäologischer Stätte, Marktplatz, Café und dieses Gebilde gleichzeitig zum neuen Wahrzeichen der Stadt erklären. Natürlich wollte Sevilla mit dem ‚Metropol Parasol' ein Zeichen setzen und in direkte Konkurrenz mit anderen Städten treten. Die Erwartung, die an dieses Projekt gestellt wurde, war, ein Image zu produzieren, mit dem sich die Stadt ins 21. Jahrhundert katapultieren kann. Offensichtlich hat unser Vorschlag Neugier geweckt und war stark genug, um die vielen Erwartungshaltungen der Stadtverwaltung zu erfüllen. Das Wichtigste aber ist: Wenn man in Sevilla einen öffentlichen Raum beleben will, dann braucht es Schatten. Und deshalb haben wir den Platz mit dieser netzartigen Geometrie, die in Sevilla aufgrund ihrer Form auch ‚Las Setas' – die Pilze genannt wird, überdeckt. Für einen Holzbau hat die Überdachung des Platzes ja stattliche Ausmaße. Das Projekt ist 150 Meter lang, 70 Meter breit und 28 Meter hoch. Wenn Sie also ganz oben stehen, dann ist die ganze Stadt zu sehen. Der Ausblick ist gigantisch. Wir haben sehr intensiv mit unterschiedlichen Experten bezüglich Statik, Baukosten, Nachhaltigkeit und Langlebigkeit diskutiert. Es hat sich herausgestellt, dass die in vielerlei beste Variante eben die Holzkonstruktion aus Furnierschichtholz ist – aber kompliziert ist sie in jedem Fall. Aus Witterungsgründen wurde der Bau mit einer Polyurethan-Haut überzogen. Zur Aussteifung wurden zusätzlich Stahlbauteile mit Zugstäben in das Holz verleimt."

„Metropol Parasol": Sevillas neues Wahrzeichen, zudem die weltweit größte Holzkonstruktion, schuf der deutsche Architekt J. Mayer H. .

Vorherige Textseiten sind mit Datensicherungsmuster aus der Innenseite von Briefumschlägen hinterlegt – etwas, das J. Mayer H. inspiriert.

DAVID J. PETERSON

SPRACHENERFINDER (USA)

„Wer Bewährtes reproduziert, zerstört damit eventuell die Chance, dass etwas Neues erfolgreich wird!“

In der von Kritikern gelobten und beim Publikum beliebten Fantasy-Fernsehserie "Game of Thrones" kommuniziert das Reitervolk Dothraki in der gleichnamigen (fiktionalen) Sprache. Erfunden und schlüssig konstruiert hat diese David J. Peterson. Der Sprachenschöpfer ließ sich dafür einerseits durch George R. R. Martins Buchvorlage „Das Lied von Eis und Feuer" inspirieren, andererseits durch Türkisch, Russisch, Estnisch, Kisuaheli und Inuktitut, die Sprache der Inuit/Eskimos. ›››

David Joshua Peterson kam am 20. Januar 1981 in Long Beach/Kalifornien zur Welt. Von 1999 bis 2003 absolvierte der Sohn einer Grundschulleiterin ein Studium an der „University of California" (UC), machte seinen Bachelor in Englisch und Linguistik. Während des Aufenthalts in Berkeley wurde durch den Besuch eines Esperantokurses sein Interesse an der Entwicklung von Sprachen geweckt. 2006, am Ende der UC-Zeit in San Diego, stand für ihn ein Masterabschluss in Linguistik. Zwei Jahre später gründete er zusammen mit neun seiner Kollegen die „Language Creation Society". Als 2009 der US-Kabelfernsehsender HBO einen Wettbewerb für fiktives Vokabular im Rahmen der „Games of Thrones"-Produktion ausschrieb, konnte sich Peterson gegen mehr als 30, zum Teil höchst renommierte Konkurrenten durchsetzen. Seitdem kam sein spezielles Fachwissen unter anderem in dem Film „Thor: The Dark Kingdom" (Originaltitel: „The Dark World") zum Einsatz. Mit seiner Arbeit führt der Kalifornier jene Tradition einer besonders phantasievollen Tätigkeit fort, für die auch J. R. R. Tolkien berühmt ist. Der britische Schriftsteller und Philologe entwickelte beispielsweise für die Elben seines Klassikers „Der Herr der Ringe" ebenfalls eigene Sprachen - Quenya und Sindarin.
Der begeisterte Musik- und Sportfan (insbesondere Basketball, auch aktiv), der als Muttersprachen Englisch sowie Spanisch gelernt hat, kann sich in Französisch und der Gebärdensprache ASL („American Sign Language") verständigen, hat aber auch Unterrichtsstunden in Arabisch, Russisch, Deutsch, Esperanto, Ägyptisch-Koptisch besucht. Von ihm sind folgende Bücher erschienen: „Living Language Dothraki", „The Zaanics Deceit" und „The Art of Language Invention".
David J. Peterson lebt mit Ehefrau Erin und Tochter Meridian in Garden Grove/Kalifornien. Web: www.artoflanguageinvention.com, http:/conlang.org

„Intention basiert wohl auf Erfahrungen. Zumindest erlebe ich das so. Ich schaue mir einen Datensatz oder eine Idee an und erkenne plötzlich das Potential darin - vorausgesetzt, es wird Zeit für die Ausarbeitung aufgewendet.
Am besten arbeite ich persönlich dann, wenn es nichts gibt, das mich stört - also bevorzugt spätabends während Musik läuft. Viel fällt mir ferner in der Isolation unter der Dusche ein. Generell gilt bei mir: Mehr als Musik benötige ich nicht.
Was mich inspiriert, kann ich nicht mit Sicherheit sagen. Ich studiere unentwegt Sprachen. Deshalb sehe ich ständig das Eine oder das Andere, was ich toll finde oder dem

ich meinen eigenen Dreh verpassen möchte. Gleichzeitig sind Sprachen auch klare Systeme, deshalb gibt mir all das einen Denkanstoß, was ebenfalls klare Strukturen besitzt – beispielsweise Videospiele, Benutzeroberflächen oder, das mag jetzt komisch klingen, Bausätze für Türknöpfe.
In meinem Metier die Spreu vom Weizen zu trennen, ist fast ein Ding der Unmöglichkeit. Der Grund dafür liegt in Folgendem: Die Ausarbeitung bewusst konstruierter, also ‚künstlicher' Sprachen ist zwar fast tausend Jahre alt, wobei die Zeitrechnung dafür vage mit Hildegard von Bingens „Lingua ignota" im 12. Jahrhundert beginnt; als Kunstform stecken derartige ‚Plansprachen' wie ebenfalls jene für die Literatur, Filme oder Computerspiele eigens kreierten fiktionalen Verständigungsformen aber noch in den Kinderschuhen. Die Leute meiner Branche sind sich nicht mal darüber einig, was Sprachentwicklung genau ist. Ich weiß zwar, was andere in diesem Bereich geleistet haben und was ich bislang gemacht habe – allerdings besser. Ich versuche etwas zu erschaffen, das ich noch aus keiner Sprache kenne – schaue, ob es funktioniert und sich natürlich anfühlt.

Sofern es mir möglich ist, notiere ich mir meine Ideen. Wenn sich dazu nicht die Gelegenheit bietet, vergesse ich das aber auch. Ein Smartphone zu haben, erleichtert es mir, etwas aufzuschreiben – egal, wo ich mich befinde. Danach ist es in der Cloud abgespeichert.
Wenn eine Idee das Potential zu etwas Großartigem besitzt, merke ich das natürlich. Hinsichtlich der Entfaltung von Sprachen relativiert sich das Ganze jedoch. In unserer Branche gibt es nämlich nichts, das Außenstehende als ‚großartig' bezeichnen würden.
Bevor ich konkret an einer Idee arbeiten kann, schlage ich mich mit ihr meist ziemlich lange herum. Manchmal vergehen gar ein paar Jahre, bis es konkret wird und etwas Vernünftiges dabei rauskommt. Damit eine Idee brauchbar ist, muss sie nämlich im Kontext des Projektes sinnvoll sein.
Sobald ich einen Einfall habe, eine eigene Sprache zu erschaffen, setze ich mich umgehend hin und fange damit an. Ich kann mir nicht vorstellen, eine Idee einfach so liegen zu lassen. Ich arbeitete kontinuierlich weiter an meinen Sprachen, da mich das begeistert und ich es genieße, sie wachsen zu sehen. Für diesen Entwicklungsprozess gibt es aber keinen finalen Punkt. Insofern bin ich gezwungen, bis zum Ende meiner Tage weiter daran zu basteln.
Der Weg von der Theorie bis zur Praxis sieht bei mir folgendermaßen aus: Ich sitze an meinem Notebook, mache mir Skizzen und spiele mit Systemen von Lauten und Grammatik solange herum, bis ich spüre: ‚Jetzt hast du etwas Brauchbares'. Dann teste ich es anhand einiger einfacher Übersetzungen und schaue mir an, ob es den richtigen Klang hat, sich gut anfühlt. Sobald dies der Fall ist, fange ich an, die Sprache zu dokumentieren und konkretisiere sie während ihrer Entstehung.

Wenn beim Entwickeln einer Sprache der Abgabetermin kurz bevorsteht, einem aber nichts einfällt, dann sind das Resultat Wörter, die vielleicht keine spezifische Wortherkunft haben oder deren Konstruktion uninspiriert wirkt. Das ist dann immer ein echter Flop. Deshalb bevorzuge ich es, wenn mir ausreichend Zeit zur Verfügung steht, um die Sache richtig machen zu können. Doch gerade diejenigen, die wie ich für Hollywood tätig sind, unterliegen dem Zwang, ihre Kreativität zu forcieren. Die Deadlines dort sind so etwas wie ein Heiligtum. Manchmal fällt mir spontan etwas ziemlich Gutes ein, ein anderes Mal ist das Ergebnis nicht so überragend. Ungeachtet dessen finde ich es prima, dass es einen Anlass gibt, seine Sachen fertig zu bekommen.

Ob es für die Kreativität von Vorteil ist, entweder ein Youngster oder Oldie zu sein, kann ich noch nicht wirklich beurteilen, da ich altersmäßig irgendwo in der Mitte liege. Wenn ich auf mich als jungen Sprachentwickler zurückblicke, fällt mir auf, dass ich schon damals viele Ideen hatte. Allerdings war das Gros davon schlecht. Um eine Sprache zu erschaffen, bedarf es jeder Menge Erfahrung. Insofern weiß ich nicht, ob die Kreativität der jungen Jahre wirklich von großem Wert ist. Sprachentwicklung ist schließlich mit keiner anderen Kunstform vergleichbar.

Im Team zu arbeiten, ist überhaupt nicht mein Ding. Gerade, wenn es darum geht, eine Sprache zu kreieren, findet sich für eine Zusammenarbeit nur sehr selten jemand, der wirklich versteht, was zu tun ist. Insofern ist diese Erfahrung in der Regel frustrierend.

„Besteht keine Bereitschaft, sich weiter zu entwickeln, ist es sinnlos, mit etwas fortzufahren!“

Ich habe sehr viel Spaß daran, eine lebensnahe Sprache zu erschaffen, da diese Form der Kommunikation an und für sich etwas Unvollkommenes ist. Sprache befindet sich konstant im Fluss, entwickelt sich ständig weiter. Insofern gibt es im Bereich der Sprache, ihrer Erfindung und Entfaltung so etwas wie Perfektion grundsätzlich nicht. Ich bin mein ganzes Leben lang Perfektionist gewesen, doch im Hinblick auf Sprachen ist das ein Ding der Unmöglichkeit. Für mich ist meine Tätigkeit also eine Art Befreiung.

Eine Sprache ist nur dann abgeschlossen, wenn sie tot ist, von niemandem mehr gesprochen wird. Ansonsten entwickelt sie sich ständig weiter und deshalb steht immer etwas an. Weil es in meinem Metier also keinen Endpunkt gibt, bin ich bestrebt, mein Wissen unentwegt auszubauen. Besteht die Bereitschaft dazu nicht, ist es sinnlos, mit etwas fortzufahren.

Der Wunsch, seiner Zeit voraus zu sein, kann sich manchmal als Reinfall entpuppen. Ich stelle mir oft vor, dass manches, das ich jetzt erschaffen habe, erst 50 Jahre nach meinem

Tod wirklich geschätzt werden wird. Aber es bleibt einem ja nichts anderes übrig, als weiter zu machen. Das Leben ist eine endlose Reihe von Enttäuschungen, die nur im Rückblick beeindruckend aussehen! Manchmal muss man einfach tun, was getan werden muss, und dabei das Gefühl, dass es keiner versteht, außen vor lassen. Insofern ist es verständlich, dass der eigene Blick in die ferne Zukunft gerichtet ist.

Etwas, das sich als erfolgreich erwiesen hat, zu recyclen, kann keine Versuchung sein. Denn: Erfolg hängt von vielen Faktoren ab, die außerhalb der eigenen Einflusssphäre und Kontrolle liegen. Sicher ist es hilfreich, die Wünsche und Bedürfnisse des potentiellen Publikums zu kennen, doch garantiert dieses Wissen noch keinen Volltreffer. Erfolg liegt schließlich nicht in den eigenen Händen. Und wer Bewährtes reproduziert, zerstört damit vielleicht die Chance, dass etwas Neues zum Hit wird. Möglicherweise wurde das Falsche dupliziert. Ich jedenfalls mache mir darüber keine Gedanken.

Kritik stehe ich offen gegenüber, denn ich bin nach wie vor Teil der Gemeinschaft, aus der ich stamme. Das sorgt dafür, dass ich mit beiden Beinen fest auf dem Boden bleibe. Zudem ermöglicht es einem, zu sehen, was andere so machen und man kann sich sicher sein, im Spiel zu bleiben.

Für Leute wie mich, die Sprachen erfinden, gibt es keine Auszeichnungen. Unsere Kunstform ist nicht als solche anerkannt. Ich könnte bis zum Ende meiner Tage tätig sein und würde dennoch nie solche Lorbeeren ernten, wie das bei einem vielleicht nur mittelmäßigen Schauspieler der Fall ist. Unsere Kreativität hat kein Publikum, sie lebt nur in den Werken, in deren Rahmen unsere Beiträge auftauchen. Insofern ist kein Gipfel da, der es wert wäre, erklommen zu werden, denn nicht einmal der entsprechende Berg ist vorhanden – der muss ja erst errichtet werden! Die Entwicklung einer Sprache unterscheidet sich grundlegend von allem anderen. Deshalb gibt es in diesem Kontext auch keine ‚perfekte Arbeit'. Sie existiert schlichtweg nicht."

David J. Peterson

„Game of Thrones" ist die populärste Produktion, an der ich mitarbeite; Dothraki vermutlich die Sprache mit dem höchsten Wiedererkennungswert, die ich bislang kreiert habe. Inspiration lieferte die Menge an ursprünglich vorliegendem Material. Ich orientierte mich daran und wollte eine Sprache erschaffen, wie sie sich George R. R. Martin, der Autor der ‚Game of Thrones'-Buchvorlage, vorgestellt hat. Meiner Ansicht nach habe ich dabei recht gute Arbeit geleistet."

„Hipgnosis“-Gründer Aubrey Powell (links) und Storm Thorgerson.

AUBREY POWELL

GRAPHIKDESIGNER/FILMREGISSEUR (GROSSBRITANNIEN)

„Erfahrung und hohes Alter sind jederzeit der Jugend samt ihrem Enthusiasmus vorzuziehen!“

Das Cover der weltweit als Klassiker geltenden CD „The Dark Side of the Moon“, das Artwork sämtlicher anderen Pink-Floyd-Platten in der Zeit von 1968 bis 1981 (außer "The Wall", 1979), aber auch das für die Tonträger zahlreicher weiterer Größen der Rockmusik: von AC/DC ("Dirty Deeds Done Dirty Cheap", internationale Edition), Black Sabbath ("Technical Ecstasy", "Never Say Die!") über Paul McCartney's Wings ("Venus And Mars", "At The Speed Of Sound", "Wings Over America"), Genesis ("The Lamb Lies Down On Broadway", "A Trick Of The Tail", "Wind & Wuthering", "...And Then There Were Three") oder Peter Gabriel ("I", "II", "III") bis zu The Scorpions ("Lovedrive", "Animal Magnetism", "Crazy World") und Led Zeppelin ("Houses Of The Holy", "The Song Remains The Same", "Presence", "In Through The Out Door", "Coda"): Für all das zeichnete Aubrey „Po“ Powell mit verantwortlich. ›››

1967 gründete der ehemalige Student an der „London School Of Film Technique" (* 23. September 1946, Sussex) zusammen mit dem britischen Graphikstudenten Storm Thorgerson die Design-Firma „Hipgnosis". "Die weltweit besten Umschlagdesigner" (Douglas Adams), die 1979 das optische Erscheinungsbild der englischen Taschenbuch-Erstausgabe seines kultigen Bestsellers "Per Anhalter durch die Galaxis" kreierten, lieferten einige der optisch innovativsten, oft fotografisch-surrealen Schallplattenhüllen der Sechziger, Siebziger und Achtziger Jahre. Was heute jeder halbwegs versierte Photoshop-Benutzer als selbstverständliche Funktionalität digitaler Bildbearbeitung betrachtet, nahmen Powell & Co. schon damals vorweg – allerdings ganz ohne Computer, nur mit Hilfe spezieller (photo)graphischer Techniken und vor allem im ursprünglichsten Sinne des Wortes rein ‚handwerklich'. Darüber hinaus ist die Londoner Agentur auch mit Werbekampagnen für Unternehmen wie Peugeot, Levis Jeans, Volvo, Gilette und andere beauftragt worden.
1982 wurde „Hipgnosis" – zu diesem Namen inspirierte die Gründer ein Akronym am Türrahmen („Hip" steht für cool/angesagt, „Gnosis" wiederum für alte religiöse Lehren, und die Wortneuschöpfung insgesamt verweist auf die höhere Anfälligkeit für Suggestion im tranceartigen Hypnose-Stadium), aufgelöst. Der Grund: Die aufkommende Punk-Bewegung ließ den Bedarf an kostspieligen, künstlerisch hochwertigen Cover dramatisch schwinden. Nach der Insolvenz spezialisierten sich Powell, Thorgerson und ihr „Hipgnosis"-Kompagnon/Fotograf Peter Christopherson im gemeinsamen Unternehmen „Green Back Films" zwei Jahre lang auf Musikvideos für Klienten wie Yes („Owner Of A Lonely Heart"), Ex-Led Zeppelin-Sänger Robert Plant („Big Log") oder Pink Floyd-Gitarrist/-Vocalist David Gilmour („Blue Light"). Thorgerson entwarf bis zu seinem Tod 2013 viele Albenmotive (z.B. Muse – „Absolution", „Black Holes And Revelation"); Powell indes rief 1985 zusammen mit Christopherson die „Aubrey Powell Productions" ins Leben. Dort spezialisierte er sich als Produzent/Drehbuchautor/Regisseur primär auf (Dokumentar-)Filme und Fernsehwerbe-Jingles. Zu seinen Kunden zählen Coca Cola, Miller Lite, Budweiser, Nissan, Pan Am oder Max Factor. 1989 wurde Aubrey Powell als Kreativ-Direktor für Paul McCartneys Welttournee mit dem Design der Bühne, Videowände und Filmeinspielungen beauftragt. Als Nebenprodukt realisierte er die Dokumentation „From Rio To Liverpool" und den Featurefilm „Get Back". Der Ex-Beatle engagierte ihn 1993 erneut anlässlich seiner „New World-Tour". Im Zuge dieser Gastspielreise entstand der Dokumentarfilm „Movin' On" und „Live In The World"-Konzertmitschnitt. 1994 registrierte Aubrey Powell „Hipgnosis Ltd.", führt seitdem Regie bei Dokumentationen wie dem preisgekrönten Film „The Bull Runners Of Pamplona", Liveübertragungen

(„Her Majesty Queen Elizabeth II: The Naming Ceremony For The Cunard Ocean Liner ‚Queen Elizabeth'") und Event-Aufzeichnungen („Nelson Mandela's World Aids Day Concert", „Queen – Live At Hyde Park"; Mark Knopfler – Live in Madrid") sowie Imagefilmen für Unternehmen. Über "Hipgnosis" wegweisendes Werk hat er als Gründungsmitglied diverse Bücher (mit)geschrieben: "Walk Away Renee – The Work of Hipgnosis ", "The Goodbye Look", "Classic Album Covers of the 1970s", "100 Best Album Covers", "For The Love of Vinyl – The Album Art of Hipgnosis", "Hipgnosis Portraits". Aubrey Powell lebt in der englischen Grafschaft Oxfordshire in einem Bauernhaus aus dem 17. Jahrhundert. Dort ist auch sein Studio untergebracht.

Web: www.aubreypowell.com

Der rumänisch-französische Bildhauer Constantin Brancusi sagte über Schaffensprozesse: ‚Es ist nicht schwer, etwas zu erschaffen. Schwierig ist, sich selbst in den Zustand des Machens zu versetzen.' Vor der Kreativität steht die Intuition. Woher kommt sie, was löst sie aus, wie äußert sie sich – nur als vage Idee oder sehr konkret (in Bildern)?

Aubrey Powell: Die Intuition ist ein Phänomen, das man pflegen muss, wenn man sich ihrer Kraft bewusst ist. Sie kann in allem den Unterschied zwischen Scheitern und Erfolg ausmachen. John Lennon sagte schon: ‚Intuition verleiht mir Flügel und lässt mich überall hin fliegen'. Wie dem auch immer sei: Nur weil man Intuition besitzt, ist das allein noch kein Garant für Erfolg!

„Intuition muss man pflegen. Sie kann den Unterschied zwischen Scheitern und Erfolg ausmachen!"

Intuition stellt sich urplötzlich ein - als vages ‚Bauchgefühl' oder als konkreter ‚Geistesblitz'. Welche Erfahrungen haben Sie damit gemacht?

So wie ich sie erfahren habe, ereignet sich Intuition spontan, ist etwas Organisches. Von Natur aus bin ich aber keine spirituelle Person, obgleich ich eine sehr starke intuitive Beobachtungsgabe besitze.

Ich möchte behaupten, dass ein jeder Zugriff auf Intuition hat. Es gibt jedoch nur wenige Menschen, die den Entschluss fassen, sich davon auch im alltäglichen Leben leiten zu lassen.

Wie wichtig ist die eigene psychische Verfassung – bedeutet je trauriger, desto kreativer? Von dem Schriftsteller Miller Williams gibt es den Ausspruch ‚Die schmerzhaftesten Erlebnisse sind die, die einen am meisten bereichern.'
Das ist völliger Unsinn. Man muss kein Leben im Elend, in Not und voller Mühen führen, sich wie Van Gogh ein Ohr abschneiden oder bettelarm in einem klitzekleinen Verschlag in Paris hausen, um erfolgreich kreativ zu sein.

Entsteht in Ruhe/Entspannung das Beste oder ist Termindruck ein Stimulans?
Ich kann nur für mich sprechen: Ein vorgegebener Termin treibt mich zu neuen kreativen Höhen. Deshalb lasse ich Dinge oft bis zur allerletzten Minute liegen. Das ist, meines Erachtens, ein natürlicher Prozess des Geistes, in dem sich Bedacht und Auslese vereinen. Denn wenn es für ihn konkret an das Handeln geht, hat der Kopf sich schon die guten Aspekte zu eigen gemacht und das Schlechte ausrangiert.

„Raschen Entscheidungen können oft Momente der Erleuchtung und Genialität innewohnen."

Welche Umgebung stellt für Sie die beste Schaffensatmosphäre dar?
Eigentlich überall, wobei das davon abhängig ist, was zu tun ist. Wenn ich beispielsweise an einem Drehbuch schreibe, sind Ruhe und Frieden essentiell. Drehe ich einen Film oder fotografiere ich, kann etwas Chaos manchmal ganz inspirierend sein, weil raschen Entscheidungen oft Momente der Erleuchtung und Genialität innewohnen können.

Was tun, wenn ein Abgabetermin vorgegeben, aber keine Intuition da ist?
Damit musste ich mich noch nie herumschlagen. Intuition ist immer vorhanden – ob man sich nun danach richtet, steht auf einem anderem Blatt.

Liefert vor der Intuition nicht oft eine Inspiration den eigentlichen Auslöser? Wenn ja, was inspiriert Sie?
Alles Mögliche – Autofahren, Filme anschauen, Gemälde eingehend betrachten, im Bett liegen. Den Moment, in dem ein Gedanke jenen kreativen Prozess in Gang setzt, von dem man instinktiv weiß, dass er richtig ist, hat die eigene Intuition eingeleitet.

„Wenn man mit einer Sache überhaupt nicht weiterkommt, dann sollte man sich lieber mit einem anderen Projekt beschäftigen.“

Laut Philip Roth warten Amateure auf Inspiration, während Profis sich hinsetzen und arbeiten. Wie sehen Sie das?
Roth hat Recht. Warum soll man warten, wenn man weitermachen kann? Es ist besser, etwas auszuprobieren, als in der Hoffnung dazusitzen, dass plötzliche Eingebung die Führung übernimmt. Der ernsthafte Versuch, durch harte Arbeit auf Inspiration zu stoßen, wird oft dadurch bestimmt, etwas auf Biegen und Brechen zu erreichen. Gut, es gibt bekanntlich die Schreibblockade. Da geht dann gar nichts – egal, wie sehr man sich auch anstrengt. Wie sagen Segler doch so treffend in Anbetracht eines in Küstennähe bevorstehenden Sturmes? ‚Im Falle eines Falles: Lieber draußen bleiben.' Mit anderen Worten: Wenn man mit einer Sache überhaupt nicht weiterkommt, dann sollte man sich lieber mit einem anderen Projekt beschäftigen.

Wie wird die Spreu vom Weizen getrennt, also welche Idee ist es wert, sie zu verfolgen und welche nicht oder vielleicht zum aktuellen Zeitpunkt noch visionär?
Wenn mir Ideen in den Kopf schießen, schreibe ich sie stets sofort auf. Anschließend die Spreu vom Weizen zu trennen, das kann dauern. Persönliche Erfahrung ist dabei ein guter Wegweiser. Je erfolgreicher man auf seinem Arbeitsfeld ist, desto leichter fällt es, Gutes und Schlechtes voneinander zu unterscheiden. Dabei muss man wissen, dass nicht alles perfekt sein wird. Schon oft habe ich eine Idee verfolgt, die sich schlussendlich als Niete entpuppt hat. Dergleichen ist Teil des Lernprozesses. Warum hat Francis Bacon so viele seiner Gemälde zerstört, die sein Galerist jedoch für großartig hielt? Antwort: Ganz einfach, weil er in seinem Innersten wusste, dass es Flops waren. Man könnte auch einen Vergleich aus der Welt des Segelns bemühen: An neun von zehn Tagen herrschen ungünstige Wetterverhältnisse, doch am zehnten Tag ist plötzlich alles perfekt. Darüber haben wir keine Kontrolle. Wenn allerdings der richtige Zeitpunkt gekommen ist, gilt es, die Gunst der Stunde nutzen.

„Kreativ tätig zu sein, bedeutet Magie!“

Gemäß der Nobelpreisträgerin Nelly Sachs ‚beginnt alles mit Sehnsucht'. Stimmen Sie dem zu?
Ja, da mag sie recht haben. Die Sehnsucht, seinen kreativen Fußabdruck zu hinterlassen, erfolgreich zu werden, Geld zu machen – es gibt wohl jede Menge Varianten jenes Ver-

langens, es in der einen oder anderen Weise ‚zu schaffen'. Man kann hier dutzende Namen anführen, die alles erreicht haben – beginnend bei Picasso.

Kreativ tätig zu sein, bedeutet das Magie oder Schmerz?
Magie natürlich, zudem bereitet es Spaß! Es ist die beste Zeit im Leben – vorausgesetzt natürlich, man gehört nicht von Natur aus zu jenen gequälten Seelen, zu denen sich viele Kreative zählen.

Wie verläuft der Weg einer konkreten Umsetzung von der Theorie in die Praxis?
Viele Künstler und andere Kreative, die ich kenne, haben ihren ganz individuellen Arbeitsstil. Dieser entwickelt sich meist ganz am Anfang des persönlichen Werdegangs. Ich zum Beispiel stehe auf und gebe sofort Gas. Versunken den eigenen Nabel zu betrachten, das funktioniert vielleicht bei anderen, für mich jedoch nicht.

Lässt sich Kreativität erzwingen, sind Ehrgeiz sowie Effizienz kontraproduktiv?
Ich glaube nicht, dass sich Kreativität erzwingen lässt. Gut, vielleicht ist das in einer Werbeagentur möglich. Dort hat das Produkt absolute Priorität und deshalb stehen die Kreativen in der Pflicht, zu liefern – was auch immer! Das beschert den Menschen dort eine ganz furchtbare Existenz. Ich spreche aus Erfahrung, habe zehn Jahre lang Fernseh-Jingles gemacht, das aber schließlich aufgegeben.

„Drogen sind in Hinblick auf Kreativität extrem destruktiv!“

Wie stimulieren Sie Ihre Kreativität? Gibt es dafür bestimmte Rituale oder eine Muse?
So etwas wie nackt um eine Kerze zu tanzen und dabei Kant zu zitieren? Nein, Spaß beiseite. Manche Menschen haben Musen und das funktioniert für diese Leute wohl gut. David Gilmour, der ehemalige Pink-Floyd-Gitarrist/-Sänger, hat beispielsweise seine Frau. Er und sie ziehen in kreativer Hinsicht an einem Strang. Ich persönlich habe dergleichen nicht, lehne auch Drogen als Stimulans ab. Die sind – und damit stehe ich konträr zur gängigen Meinung – in Hinblick auf die Kreativität extrem destruktiv. Kiffer legen langfristig ihr Gehirn lahm, bei Heroinabhängigen bricht das Ego zusammen, sie werden egoistisch und langweilig, während Kokainsüchtige ohne Ende blödes Zeug quatschen. LSD hat möglicherweise einige neue Türen geöffnet, aber auch viele junge Köpfe auf immer und ewig zerstört. Syd Barrett von Pink Floyd, mit dem ich eng befreundet gewesen bin und in London einst zeitweise zusammengewohnt habe, ist dafür ein tragisches Beispiel.

Ist der Zustand in einer kreativen Phase vergleichbar mit Trance?
Nein. Ich bin ganz bewusst im Hier und Jetzt, allerdings total aufgeregt.

Sind Alter und Lebenserfahrung für Kreativität von Relevanz oder ist die Jugend dafür prädestiniert, weil sie frisch und unverbraucht ist? Und spielt soziale/kulturelle Herkunft dafür eine Rolle?
Eine bestimmte soziale Herkunft und ein gewisses kulturelles Erbe können bisweilen von Vorteil sein. Dies ist allerdings abhängig von der Bildung, welche die jeweilige Person genossen hat, davon, wie privilegiert sie ist, welchen Zugang sie zu Wissensquellen hat, auf die sie zurückgreifen kann. Jedoch hat auch die völlig unberührte, naive Kunst ihren ganz eigenen Platz. Ein junger Geist kennt keine Grenzen, während ein älterer aufgrund seiner Erfahrungen das Thema wohl disziplinierter betrachtet. Deshalb sind Erfahrung und hohes Alter jederzeit der Jugend und ihrem Enthusiasmus vorzuziehen!

„Man kann die weltweit talentierteste Person sein, wenn man nicht die richtigen Verbindungen besitzt, nützt das nichts!"

Wie wichtig ist Begabung für Kreativität, sprich: kommt Kunst von Können?
Es gibt die folgenden fünf goldenen Regeln:
1. Zur rechten Zeit,
2. am richtigen Platz,
3. etwas Talent,
4. eine Prise Glück,
5. die richtigen Leute kennen.

Der letzte Punkt ist der Wichtigste. Man kann die weltweit talentierteste Person sein, wenn man nicht über die richtigen Verbindungen verfügt, nützt das nichts. Also sollte man sich schleunigst um diese Connections kümmern.

Werden Ideenskizzen archiviert, um bei Durststrecken darauf zurückzugreifen?
Ja, ich archiviere alles.

Erweisen sich alte, zuerst verworfene Ideen bisweilen erst im Nachhinein als gut und woran liegt das?
Eine gute Idee bleibt eine gute Idee, auch wenn sie in einem bestimmten Moment gerade nicht geeignet ist.

Was ist besser: Allein kreativ sein (nur dem eigenen Gefühl vertrauend) oder im Team; und wer entscheidet am Ende beziehungsweise was bleibt dann von der eigenen Idee übrig?
Ist doch egal, solange das Potential einer großartigen Idee voll ausgeschöpft wird. Wobei das wohl immer vom Ego des jeweiligen Kreativen abhängt. Ich persönlich schätze ein gutes Team um mich, da ich nicht in allen Belangen qualifiziert sein kann und es eben Leute gibt, die in bestimmten Jobs einfach Einiges besser können als Andere.

Ist es eine besondere Gabe, anderen Menschen zu vertrauen, welche die eigene Mängel/Defizite in punkto Kreativität ausgleichen, damit am Ende etwas Großes geschaffen werden kann?
Zweifelsohne. Michaelangelo ist ein gutes Beispiel. Er konnte nicht alles selbst malen. Also ließ er seine Gefolgsleute viele seiner Ideen umsetzen und kümmerte sich dann um die Details. Genau darauf kommt es schlussendlich an.

Was ist ausschlaggebend in einem Kreativprozess: Handwerkliches Können oder Inspiration und Intuition?
An erster Stelle steht die Inspiration. Platz zwei belegt die Intuition. Auf Rang drei folgt das handwerkliche Können.

Welche Rolle spielen in der Kreativität Aufrichtigkeit, Authentizität, Selbstzweifel sowie die Frage, ob das Ergebnis ankommt, und sind sie für den Kreativprozess nützlich?
Alle sind gleichberechtigt.

Welchen Anteil haben Gefühl, Intellekt und kommerzielle Ziele an der kreativen Umsetzung?
Alle drei sind für mich gleichwertig.

„Im Entwicklungsprozess geht es darum, die Magie des Moments einzufangen!“

Was ist während des Entwicklungsprozesses besser: Schnelligkeit, im Sinne von ‚die Magie des Moments einfangen‘, oder die Dinge während der Umsetzung und Ausarbeitung langsam reifen zu lassen?
Ganz klar: Die Magie des Moments einfangen!

„Die Kunst hat Priorität, das Geld ist sekundär!"

Liegt die individuelle Befriedigung bei Ihnen
a) in der Selbstverwirklichung,
b) in der (künstlerischen) Anerkennung
oder c) im kommerziellen Erfolg?
Auf mich trifft der erste Punkt zu. In unserer Firma Hipgnosis sagten wir ‚Die Kunst hat Priorität, das Geld ist sekundär!' – und das stimmte.

Worin begründet sich die eigene Antriebskraft für kreative Tätigkeit?
Im Glück.

Welche Rolle spielt Perfektion bei der Kreativität? Läuft ein perfektes Werk Gefahr, seelenlos zu sein?
Nein, dem pflichte ich nicht bei. Perfektion ist wichtig. Man sollte versuchen, ihr so nahe wie möglich zu kommen, wohl wissend, dass sie einem nur in den seltensten Fällen gelingt.

„Vor Routine sollte man sich in Acht nehmen!"

Inwiefern beeinflusst Routine die Kreativität?
Powell: Vor Routine muss man sich in Acht nehmen. Selbst der Verkäufer, der selber gar nicht zu denken braucht, sollte jeden Tag – allerdings wohl überlegt – alles ein bisschen anders machen als am Vortag.

„Erfahrung und Professionalität können über mangelnde Kreativität hinwegtäuschen!"

Können Erfahrung und Professionalität über mangelnde Kreativität hinwegtäuschen?
Natürlich. Exemplarisch für die Richtigkeit meiner Feststellung ist die Tatsache, wie es in der Werbebranche zugeht. Dort werden die Kreativen mit der Vorgabe unterdrückt, dass es einzig und allein darum geht, die an das Produkt geknüpften Wünsche und Erwartungen des Auftraggebers zu befriedigen.

„Handwerkliches Können ist wichtig, Stolz auf die eigene Arbeit unverzichtbar.“

Welchen Stellenwert hat handwerkliches Können in der Kreativität?
Handwerkliches Können ist wichtig, Stolz auf die eigene Arbeit hingegen unverzichtbar.

Wie ist es möglich, sich als Künstler treu zu bleiben, aber innovativ zu sein, also seinen Stil nicht zu verleugnen und sich dennoch neu zu erfinden?
Ganz einfach: Stets ausreichend Urlaub machen. Eine Veränderung ist ebenso gut wie eine Pause. Außerdem: Viel rumkommen und in Bewegung bleiben.

Ist es erstrebenswert, seiner Zeit voraus zu sein, auch wenn es die Gefahr des Nicht-verstanden-werdens in sich birgt?
Keine Ahnung. Wie kann man seiner Zeit voraus sein, wenn das Urteil darüber erst im Nachhinein andere fällen?

„Ein Werk ist abgeschlossen, wenn die Beschäftigung damit langweilt.“

An welchem Punkt ist der kreative Prozess/ein künstlerisches Werk abgeschlossen, kann es irgendwann definitiv freigegeben werden oder gibt es nicht immer und immer wieder noch etwas zu verbessern?
Er ist dann abgeschlossen, wenn die Auseinandersetzung damit einen selber langweilt. Da kommt dann der Zeitpunkt, an dem man sagt: ‚Jetzt ist es genug'. Im Normalfall tritt dieser ein, wenn die Beschäftigung mit etwas Neuen ansteht.

„Es hat sich oftmals als falsch erwiesen, denselben Weg erneut zu beschreiten, nur weil er sich in der Vergangenheit als der richtige erwiesen hat.“

Gibt es Schemata für erfolgreiche künstlerische Betätigung, ein individuelles Erfolgsmuster, das immer funktioniert oder kurz gesagt: Ist Erfolg planbar?
Ich bezweifle das, denn sonst hätten alle Erfolg. Es gibt keine Erfolgsformel oder eine Abkürzung auf dem Weg nach ganz Oben.

Wenn sich etwas als erfolgreich erwiesen hat, wie hoch ist die Verlockung des Recyclings, sich zu wiederholen, in einem Erfolgsmuster festzustecken, und sich nicht weiterzuentwickeln?
Es hat sich oftmals als falsch erwiesen, denselben Weg erneut zu beschreiten, nur weil er sich in der Vergangenheit als der richtige erwiesen hat. Sich selbst und die eigenen Ideen immer wieder neu zu erfinden, sind doch wesentliche Punkte in der persönlichen Entwicklung. Deshalb gilt: Immer darauf achten, nicht hängen zu bleiben wie das früher öfter mit der Nadel des Plattenspielers passiert ist.

Welche Rolle spielt der Zufall für den breiten Zuspruch oder anders gefragt: Warum hat der Eine Erfolg und der Andere nicht, wenngleich Letzterer ähnlich begabt ist?
Zufälle spielen im Leben eine große Rolle. Das kann ich nur bestätigen. Man kann alles so gut es geht planen, aber erst, wenn die Sterne richtig stehen, kann man sich entspannt zurücklehnen und die Reise genießen.

„Die richtige Strategie ist alles!“

Sollte man Eigenschaften, Wünsche und Sehnsüchte seines potentiellen Publikums kennen/erahnen, um erfolgreich zu sein?
Ja. Ein intelligenter Künstler hat eine klare Vorstellung davon, was sein Publikum will. Nehmen wir doch nur die Rolling Stones. Wenn die vor 50.000 Zuschauern auftreten, sind sie gut beraten, zu 70 Prozent die bekannten Songs zu spielen. Ansonsten will das Publikum ihre unbekannten neuen Lieder nicht hören. Deshalb gilt: Die richtige Strategie ist alles!

Wie bleibt man trotz Erfolg offen für Kritik?
Immer alles richtig machen, sprich, hundertprozentige Perfektion gibt es nicht! Wenn Dir also ein Fehler passiert, weitermachen und jegliches Gefühl des Bedauerns in die Tonne treten. Es ist passiert, Schwamm drüber! Künstler zu sein, das ist hart. Jeder neue Tag bringt neue Chancen!

„Man muss ein Getriebener sein!“

Muss man ein Getriebener und süchtig danach sein, dass beim nächsten Werk gelingt, was beim gegenwärtigen vielleicht nicht erreicht worden ist?
Ja, ja und nochmals ja – man muss ein Getriebener sein!

Haben Sie schon Mittelmäßiges abgeliefert, mit dem Sie selbst unzufrieden waren – und dennoch Erfolg damit gehabt?
Durchaus und das sogar mehrmals. Ich werde den Erfolg des Hipgnosis-Design von Pink Floyds ‚The Dark Side Of The Moon'-Cover wohl niemals wirklich begreifen. Damals, also 1973, fand ich den Entwurf wirklich nur durchschnittlich und doch ist er zu einer Cover-Ikone geworden. Wie konnte ich mit meiner Einschätzung nur so falsch liegen?

„Niemals etwas als gegeben nehmen, sonst belehrt Dich das Schicksal eines Besseren!"

Wie groß ist die Angst zu versagen, davor, dass die Erfolgsserie reißt oder es gar zum Absturz kommt?
Am Ende steht immer der Absturz. So ist das Leben. Wenn's richtig gut läuft, dann tritt Gott eines Tages auf die Bildfläche und sagt: ‚Partner, Du hast jetzt lange genug einen guten Lauf gehabt', versetzt dir einen ordentlichen Klaps und Du findest dich ein paar Plätze weiter unten wieder. Also: Niemals etwas als von Haus aus gegeben annehmen, denn sonst belehrt Dich das Schicksal eines Besseren!

„Für das Überleben ist es absolut wichtig, sich selbst und die eigene Arbeit immer wieder neu zu erfinden!"

Woran liegt es, wenn man über lange Zeit Erfolg hatte, dieser dann jedoch plötzlich ausbleibt; kann es also, nachdem man lange erfolgreich und ganz oben gewesen ist, irgendwann nur bergab gehen?
Es liegt am Zeitgeist, wenn sich etwas so grundlegend ändert. Außerdem leben wir derzeit in einer von Moden dominierten Welt. Deshalb ist es für das Überleben absolut wichtig, sich selbst und die eigene Arbeit immer wieder neu zu erfinden. Ich bin ein alter Hase, habe viele Hochs und Tiefs erlebt. Unterm Strich aber hatte ich mehr Erfolge als Misserfolge. Das liegt bestimmt daran, dass ich meine Augen stets offen halte und in der Gegenwart lebe. Ich blicke nicht zurück und ruhe mich auch nicht auf meinen Lorbeeren aus. Deshalb mein Rat: Wenn ein Werk wirklich vollendet ist, schaue es nicht wieder an, sondern gehe das nächste an – außer es handelt sich um eine Ausstellung, denn dann werden die Arbeiten ja per se in der Retrospektive betrachtet.

„Der Glaube an die eigenen künstlerischen Fähigkeiten verlangt ein dickes Fell gegenüber der Welt draußen."

Wie sollte man mit Misserfolg umgehen und ist es wichtig durchzuhalten, da der Erfolg eventuell erst später kommt?
Um Misserfolg zu bekämpfen, hilft am besten ein Drink und rasches Vergessen. Je schneller, desto besser. Der Glaube an die eigenen künstlerischen Fähigkeiten verlangt ein dickes Fell gegenüber der Welt da draußen. Von ihr sollte man sich nicht seine Sensibilität zertrampeln lassen. Zu viele Künstler sind schon über Bord gegangen, weil sie sich die Meinungen irgendwelcher Mistkerle zu sehr zu Herzen genommen haben.

„Arbeite in erster Linie für Dich selbst – egal, wie andere Menschen darüber denken."

Was tun, wenn einem das ultimative Werk geglückt ist, in dem man alles gesagt/ausgedrückt wurde und das noch dazu ungemein erfolgreich ist sowie vielleicht sogar mit zahlreichen Auszeichnungen geadelt wird? Wie geht es danach weiter oder ist der Höhepunkt gleichbedeutend mit dem ‚Ende'?
Ich lebe für den Augenblick. Mal bekomme ich eine Auszeichnung, mal nicht. So etwas darf man nicht allzu ernst zu nehmen. Solche Preise sind eine höchst gefährliche Metapher dafür, wie groß das persönliche Ego ist. Darf ich mich dann dieser Auszeichnungen wegen wie ein Idiot aufführen? Natürlich nicht. Als gereifte Persönlichkeit sehe ich, dass der eigentliche Erfolg die wirkliche Belohnung und Bestätigung ist. Wichtig ist doch, dass man die Arbeit in erster Linie für sich selbst macht – egal, wie andere Menschen darüber denken. Man weiß doch selbst sehr genau, ob etwas gut geworden ist oder nicht. Sich dafür ab und zu selbst auf die Schulter zu klopfen genügt. Mehr braucht es nicht.

Ist es unter diesem Aspekt überhaupt erstrebenswert, das ultimative Werk zu erschaffen?
Nein. Fehler geben in der Natur den Ausschlag, davon ist auch die Kunst nicht ausgenommen.

Aubrey Powell

„Das Cover von Pink Floyds 'The Dark Side of the Moon' ist die wohl berühmteste Albumhülle aus dem Haus Hipgnosis. Die Inspiration dazu lieferte Rick Wright. Der Floyd-Keyboarder meinte, dass er etwas völlig anderes wollte als die surrealen Foto-Designs, die Storm und ich bislang üblicherweise produziert hatten. Ihm schwebte etwas vor, das wie eine Pralinenschachtel aussah. Also stöberte ich in einem französischen Bildband aus den Fünfziger Jahren herum, der frühe Farbfotos enthielt. Auf einer Seite war die Aufnahme eines dreieckigen Glasprismas mit Lichtstrahlen in Regenbogenfarben, die von Sonnenstrahlen erzeugt wurden, welche durch ein Fenster fielen. Beim Anblick dieses Fotos sagte Storm sofort, dass er die Idee für das Cover hätte: ‚Wir kreieren ein dreieckiges Prisma, durch das sich das auf einer Seite einfallende Licht auf der anderen Seite in die Spektralfarben auffächert.' Dieses Motiv brachte Pink Floyds rätselhafte Aura eines Mysteriums auf den Punkt. Damals wusste nämlich keiner, wer sie wirklich waren. Sie sind vor allem für die äußerst extravagante Lichtshow bekannt gewesen, die ihren elektronischen, spacigen, psychedelischen Sound untermalte. Von der Cover-Idee war die Band begeistert. Fotografisch konnten wir diese allerdings nicht umsetzen. Deshalb entstand das Ganze als Graphik. Der Tonträger verkaufte sich bislang weit über 50 Millionen Mal und so wurde seine Verpackung, quasi durch Zufall, über die Jahre zu einer Ikone der Cover-Gestaltung."

Ausgewählten Pink-Floyd-Albencover aus der Hipgnosis-Kreativschmiede, darunter natürlich auch das von „The Dark Side of the Moon", wurde 2016 in einer originell designten Briefmarken-Edition von der Royal Mail/Großbritannien Tribut gezollt.

HANI RASHID

ARCHITEKT (ÄGYPTEN/USA)

„Intuition im kreativen Bereich ist vergleichbar mit Tiefseetauchen!"

Das luxuriöse „Yas Viceroy Hotel" – nicht nur eines der Wahrzeichen von Abu Dhabi, sondern auch weltweit das erste Hotel, das über eine Formel 1-Rennstrecke gebaut worden ist. Die Flagship-Stores der italienischen Design-Marke Alessi oder des brasilianischen Modedesigners Carlos Miele im „Big Apple". Drei Beispiele, die „Asymptote Architectures" herausragenden Status belegen. Das in New York ansässige Architekturbüro leitet Hani Rashid zusammen mit Lise Anne Couture, seiner Ehefrau. Ihr Unternehmen zählt international zu den innovativsten der Branche. Es wurde vielfach ausgezeichnet für Planung, visionäre Konstruktion, Kunstinstallationen, Produkt- und Ausstellungsdesign sowie zukunftsweisende digitale räumliche Umgebung – unter anderem mit dem renommierten „Friedrich-Kiesler-Preis für Architektur und Kunst". Typisch für „Asymptote Architecture": eine dynamisch bewegte Formsprache, in der zum Beispiel Hochhäuser als seitlich verdrehte Spiralen entworfen wurden. ›››

Hani Rashid (* 30. September 1958, Kairo) ist der ältere Bruder des Designers Karim Rashid, wuchs in Großbritannien sowie Kanada auf. Der Besuch der Weltausstellung EXPO 1967 in Montreal zusammen mit seinem Vater war für ihn ein Schlüsselerlebnis hinsichtlich seiner späteren Berufswahl. An der „Carleton University"/Ottawa schloss er, der sich selbst als „extrem wissbegierig und etwas neurotisch" beschreibt, sein Architekturstudium 1983 mit einem Bachelor ab. Zwei Jahre später machte der Bewunderer von Marcel Duchamp (Konzeptkunstvorreiter), Jean Cocteau (Autor, Designer, Regisseur, Maler), George Maciunas (Mitbegründer der Kunstrichtung „Fluxus"), der Komponisten Jean Sibelius und John Cage sowie der Filmemacher Jean-Luc Godard und Alfred Hitchcock den Master an der „Cranbrook Academy Of Art" in Bloomfield Hills/Michigan. Dort lernte er seinen Mentor kennen: Den späteren Star-Architekten Daniel Libeskind, der für seinen multidisziplinären Ansatz berühmt ist.
Ab 1989 hatte Rashid eine Stelle als "Associate Professor of Architecture" an der "Graduate School of Architecture, Planning and Preservation" der "Columbia University" in New York, entwickelte dort die Programme „Advanced Digital Design" und „Digital Design Initiative". Im selben Jahr gründete der begeisterte Hörer des werbefreien Internet-Musikradios somafm.com zusammen mit seiner Partnerin in Mailand/Italien „Asymptote Architecture". Dass ihre Firma anders als alle Mitbewerber ist, bringt bereits der unkonventionelle Name zum Ausdruck. Er stammt aus der Mathematik und steht für eine Gerade, die sich einer bis ins Unendlich laufenden Kurve nähert, ohne sie zu erreichen. Mit radikal revolutionären, experimentellen Entwürfen erwarben sich die Avantgardisten im Laufe der Jahre einen Ruf als vorausdenkende Techno-Utopisten des 21.Jahrhunderts, deren Unternehmen für den Brückenschlag der Architektur in das Digitalzeitalter steht. Dieser wurde zusätzlich untermauert durch eine Präsenz bei der dOCUMENTA (Kassel) und auf der Biennale (Venedig).
Längst hat „Asymptote Architecture" seinen Sitz in New York. Ebenda leitet das Duo ein vielköpfiges handverlesenes internationales Designer-Team, welches für jedes Projekt eine individuelle kreative Vision entwickelt. Ungeachtet Hani Rashids Engagements in eigener Sache hat er, der „im Flugzeug, Zug, Bett, in Hotels und manchmal sogar im Büro arbeitet", Gast-Professuren an mehreren Universitäten wie der „Harvard University Graduate School Of Design" in Cambridge/USA, „dem Berlage Institute" in Zürich oder dem „Southern California Institute of Architecture" in Los Angeles beziehungsweise der Architekturschule der „Princeton University"/USA. Dazu kommt seit 2011 eine Professur an der „Universität für angewandte Kunst" in Wien und die Leitung des am dortigen Institut für Architektur beheimateten „Studio Hani Rashid".

Die beiden Asymptote-Initiatoren treten ferner als Autoren in Erscheinung, verfassten unter anderem die Bücher „Asymptote Architecture: Actualizations" (2010), „Design Document Series 09: Scape, Asymptote Architecture/USA" (2004), „FLUX" (2002), "Asymptote: Rashid + Couture, A+U" (1999) und „Architecture at the Interval" (1996).
Hani Rashid und Lise Anne Couture, die Eltern eines Sohnes sind, haben – im Gegensatz zu vielen ihrer namhaften Kollegen – kein gesteigertes Interesse an medialer Fokussierung auf ihre Person. Sie leben in Brooklyn/NewYork.

Web: www.asymptote.net, www.studio-hani-rashid.at

„Sich am Rande eines Abgrundes oder an einem völlig unbekannten Ort zu befinden und das Gefühl zu haben, gefangen zu sein: Mit diesen Worten möchte ich den Geisteszustand beschreiben, der einem Schaffensprozess vorausgeht. Es ist jener Moment, in dem Hoffnungslosigkeit, Langeweile und freudige Erregung gleichzeitig aufeinandertreffen, der bei mir die Kreativität ankurbelt. Unmittelbar bevor ich wirklich inspiriert bin und kreativ werde, empfinde ich dieses quälende Gefühl, dass sich alles etwas hinzieht. Genau dann beginnt bei mir die Intuition Raum zu greifen. Sie spielt nicht nur temporär eine Rolle, sondern ist langfristig präsent. Die Voraussetzungen, um etwas zu erschaffen, liegen in meiner Welt auf mehreren Ebenen. Da gibt es erst die Intuition und dann die Idee. Aber es ist auch ein ständiges Hin und Her zwischen Intuition und Schlussfolgerungen, zwischen rationalen Einfällen und (mitunter absichtlichem) Fehlermachen sowie dem Erahnen von Irrtümern und die Rückbesinnung auf Vernunftgründe sowie die Lösung des Problems. Als Architekt tätig zu sein, ist eine höchst komplizierte Tätigkeit. Sich dabei einfachheitshalber auf Intuition und wissenschaftlich fundiertes, logisches Denken zu verlassen, würde es völlig unzureichend beschreiben.

„Intuition ist etwas Spirituelles."

Intuition im kreativen Bereich ist, so sehe zumindest ich es, in gewisser Weise etwas Spirituelles. Man hat das Gefühl, vorübergehend irgendwo anders zu sein, in einem übersinnlichen Kanal – so, als würde man sich zusammen mit `Geistern` etwas überlegen. Deshalb ist es oft eine Reise in das Unterbewusstsein und wieder zurück an die Oberfläche. Das Ganze ist mit Tiefseetauchen zu vergleichen.

„Knapp gesetzte Termine verleihen zusätzlich Schub. Sie forcieren Intuition und Kreativität."

Körperlich empfinde ich währenddessen ganz gemischte Gefühle: Nervosität, völlige Ruhe, Verzweiflung sowie Zuversicht und Selbstsicherheit. Knapp gesetzte Termine verleihen zusätzlich Schub. Sie forcieren meine Intuition und Kreativität. Nichts aber treibt mich mehr an als die Vorstellung, an der gestellten Aufgabe möglicherweise zu scheitern. Das perfekte Umfeld zum Arbeiten ist eines, das Ablenkung ausschließt und dennoch viele Stimulanzien bietet. Insofern sind mir Fenster wichtig und die Möglichkeit, in die Landschaft zu schauen. Schön, wenn sie schneebedeckt ist oder man Meeresrauschen hören kann. Außerdem mag ich es, von Büchern und Objekten umgeben zu sein, wohingegen ich jedoch Unordnung und Chaos verabscheue. Häufig benötige ich Hilfsmittel wie Stifte, Papier, Karton, Kleber und einen Computer.

„Ein Inspirationsreservoir ist von großer Relevanz, denn zu hoffen, dass sich Inspiration von alleine einstellt, ist wie Warten auf Godot. Nichts passiert."

Inspiration ist für mich geistige Nahrung beziehungsweise Treibstoff, ich sauge sie immer und überall auf. Dabei kann es sich um einen visuellen Augenblick, ein Buch, eine Filmszene oder Musik, vielleicht sogar beiläufig wahrgenommene Klänge handeln, aber auch eine Erinnerung, die mir in den Sinn kommt. Anders ausgedrückt: Ich bin immer zu einhundert Prozent darauf eingestellt, Inspirationen aufzunehmen! Sie speichere ich, wie Muskeln oder Fett in meinem Körper, für den späteren Gebrauch ab, wenn mein Kreativ-Motor laufen muss. Dieses Reservoir ist von großer Relevanz, denn zu hoffen, dass sich Inspiration von alleine einstellt, ist wie Warten auf Godot. Nichts passiert. Darum kann ich Philip Roths Ausspruch ‚Amateure warten auf Inspiration, während Profis sich hinsetzen und zu Arbeiten anfangen' nur voll und ganz zustimmen.

„Um bei Ideen die Spreu vom Weizen zu trennen, versteige ich mich häufig bewusst in Irrtümer."

Bei Ideen die Spreu vom Weizen zu trennen, fällt alles andere als leicht. Deshalb versteige ich mich häufig bewusst in Irrtümer. Das klingt etwas seltsam, ich weiß. Gemeint ist Folgendes: Ich frage mich oft, was an dem ausgewählten Einfall richtig, was falsch ist, wo ein Fehler drinstecken könnte. Damit beschäftige ich mich dann eingehend und verwerfe

die offensichtlich ‚richtige' Idee so lange wie möglich. Das sorgt in meinem Team stets für Verwirrung. Die Mitarbeiter starren mich kopfschüttelnd an, wenn ich den augenscheinlich ‚falschen' Weg weiter verfolge. Sie fragen sich, was um Himmels Willen ich da eigentlich mache. An ihrem Gesichtsausdruck kann ich sehen, dass sie in solchen Momenten manchmal gar meine Intelligenz anzweifeln oder darüber rätseln, ob ich noch ganz klar im Kopf bin. Aber es ist so, dass wir, nachdem dieser Prozess hinter uns liegt, auf etwas kommen, das einzigartig und meistens viel besser ist als das, was wir am Anfang für gut gehalten haben. Ich nehme deshalb an, dass ich im Innersten ein starkes Selbstvertrauen besitze, welches derartiges Verhalten motiviert. Ich will allerdings nicht verhehlen, dass ich mich während des geschilderten Vorgangs selber frage, ob ich wirklich weiß, was ich eigentlich tue.
Ideen habe ich nonstop, fixiere sie stets sofort schriftlich. Weil mir Einfälle oft während eines Fluges kommen, sind viele auf dem Briefpapier von Lufthansa, Austrian oder Swiss Air skizziert. Manchmal schlage ich mich mit einer Idee tagelang, bisweilen gar Jahre herum; ein paar Stunden reichen jedenfalls nicht. Ob sie jedoch das Potential für etwas Großartiges besitzt, spüre ich nie. Dazu fehlt mir leider die Weitsicht.

„Kreativität ist die Reise einer Suche nach einer Idee, die nie lokalisiert werden kann."

Meine Einfälle archiviere ich konstant und greife darauf zurück, falls mir mal nichts Zündendes in den Sinn kommt. Wenn ich es mir genau überlege, kreist meine ganze Arbeit eigentlich um Ideen. Obgleich die Ergebnisse stets anders sind und scheinbar verschieden ausfallen, gibt es doch einen Teil von mir, der immer wieder einen alten, früher verworfenen Einfall aufgreift. Das Problem dabei ist, dass ich ihn nie wirklich lokalisieren kann. Insofern ist jene Reise, auf die ich michbegebe, um ihn zu suchen, ihn aber dennoch nie zu orten vermag, möglicherweise meine Definition von Kreativität.
Es ist anstrengend, sich kreativ zu betätigen. Um meine Feststellung anschaulich zu untermauern, möchte ich eine Analogie zum Sport heranziehen: Beim Fahrradfahren verlangt einem ein langer, schwieriger Anstieg alle Kräfte ab. Je höher der eingelegte Gang, umso härter ist es. Dennoch stecken auch Euphorie und Spaß in solch einer selbst verschuldeten Tortur, während das Herz rast, die Muskeln schmerzen. Wirklich kreativ zu sein, ist mit so einer Bergetappe vergleichbar. Manchmal hat man dabei das Gefühl, dass sie nicht endet. Doch sobald das Ziel, der Gipfel, erreicht wurde, stellt sich ein Hochgefühl ein – und anschließend geht's wieder weiter.
Der Schlüssel zur Kreativität liegt zweifelsohne im Müßiggang. In den Zustand süßen

Nichtstuns zu kommen, fällt in unserem Zeitalter der Reizüberflutung, des unerwünschten Lärms und Trubels extrem schwer. Natürlich kann Kreativität auch aktiv vorangetrieben werden. Drive und Effektivität sind nicht zwangsläufig kontraproduktiv, sondern können zusammen wie ein Tandem funktionieren. Wird Kreativität beschleunigt, sind gute Resultate durchaus möglich, wenngleich sie nicht unbedingt großartig sein müssen.

„Der Trick besteht darin, jene Mechanismen zu finden, die Flut an Eindrücken für sich nutzbar zu machen.“

Eine Muse um meine Kreativität anzuregen, habe ich nicht. Ich halte dergleichen ohnehin für eine dürftige Entschuldigung dafür, dass man selber das eine oder andere Defizit hat. Ich bin sowieso quasi ständig kreativ. Wie das bei mir läuft, lässt sich anhand eines Zitates von Philip Glass beschreiben; der wichtige Minimal-Musiker sagte sinngemäß: ‚Um Musik zu komponieren, brauche ich nur gründlich auf das nicht Offensichtliche auf New Yorks Straßen zu hören. Dort gibt es immer Musik. Es kommt einzig auf das Herausfiltern an – darauf, etwas an die Oberfläche zu bringen, das funktioniert.‘ Das gleiche trifft auf mich zu. Mein ‚Geist‘ ist immer eingeschaltet und aufnahmebereit. Der Trick besteht darin, jene Mechanismen zu finden, die Flut an Eindrücken für sich nutzbar zu machen. Eine Muse oder Ähnliches würde mich nur ablenken.
Hinsichtlich der Frage, ob für größere Kreativität die Weisheit des Alters oder die Frische der Jugend die besseren Resultate liefert, erteilte mir mein Vater eine wichtige Lektion. Als Achtzigjähriger merkte er mal an, dass er sich im Alter von 36 Jahren intensiv verinnerlicht habe, nicht mehr zu altern. Diese Einstellung habe ich mir damals als 32-jähriger gleich zu eigen gemacht.

„Talent ist die Fähigkeit, jene Menge der in uns allen steckenden Schöpferkraft zu nutzen.“

Welchen Stellenwert hat Talent, damit sich jemand kreativ betätigen kann? Nun, es ist nichts anderes als die Fähigkeit, jene Menge der uns allen innewohnenden Schöpferkraft zu nutzen. Begabung ist das maßgebliche Mittel zum Zweck. Sie ausfindig zu machen, zu hegen und am Leben zu erhalten, ist von entscheidender Bedeutung!

„Ist Alltägliches gewünscht, bedarf es keiner Kreativität!“

In einem Architekturbüro sind viele Personen mit unterschiedlichen Talenten als Teil dieser kreativen Arbeit erforderlich. Zu glauben, man könne alles alleine bewältigen, ist lächerlich. Deshalb halte ich ein Team für unbedingt notwendig. Die Tätigkeit in meiner Branche ist vergleichbar mit der, einen Film zu drehen. Dafür braucht es ebenfalls diverse Kreative – angefangen beim Drehbuchautor über den Regisseur et cetera. Ohne großartiges Team ist da nichts realisierbar! Mit anderen Leuten zusammen zu arbeiten, ist eine Frage des Vertrauens sowie ein Zeichen von Mut und des Glaubens, dass in großartigen Ideen das Potential steckt, Hürden zu überwinden. Einen derart komplexen Schaffensprozess wie den architektonischen prägen Intuition und Inspiration gleichermaßen. Wird ein Projekt entwickelt, ist anfangs Tempo extrem wichtig. Dieses löst in der Folge eine langsame, methodische Vorgehensweise ab. Die eigentliche Hürde in der Kreativität stellt für einen Architekten das Streben nach dem Profanen, Banalen dar – sei es, weil es der Kunde so will, oder weil eine Stadt oder die Kultur eines Landes es vorgibt. Ist nämlich Alltägliches gewünscht, bedarf es keiner Kreativität!

„Emotionale Aspekte spielen bei der Kreativität eine kleine, der Intellekt eine große Rolle.“

Emotionale Aspekte spielen bei der Kreativität eine kleine, der Intellekt eine große Rolle. Relevant sind zudem die Herausforderung per se sowie die Frage, was erforderlich ist, um ihr adäquat zu begegnen. Krönt kommerzieller Erfolg das Unterfangen, entspricht dies dem Zuckerguss auf einem Kuchen.

„Den Mangel an Kreativität durch Erfahrung und Professionalität zu übertünchen, geht zu Lasten wahrer Innovation und bahnbrechender Entdeckungen!“

Eifriges Streben nach Perfektion vernebelt bisweilen das klare Denken. Wäre sie am Anfang einer Konzeption mein Ziel, ist es vorbei, bevor ich überhaupt begonnen habe. Perfektion spielt erst später eine Rolle - einen rundum durchdachten Entwurf zu haben, ihn auf den Punkt darzustellen, das Ganze perfekt auszuführen. Der Ursprung aber muss total mangelhaft sein, denn das ermöglicht allen Beteiligten, sich voller Überzeugung und Intensität einzubringen. Während solch einer Entwicklung die eigene Routine als verlässliche Stütze zu erachten, ist absolut tödlich. Oftmals wird jedoch der Mangel an

Kreativität durch Erfahrung und Professionalität übertüncht. Darin liegt auch die Ursache, warum die Welt so ist wie sie ist. Ich möchte sogar behaupten, dass der überwiegende Teil der auf dem kreativen Sektor tätigen Unternehmen sich größtenteils genau auf diese zwei Aspekte verlässt. Dies geht zu Lasten von wahrer Innovation und bahnbrechenden Entdeckungen! Meine persönliche Motivation für Kreativität liegt jedenfalls darin, mich immer wieder neuen Herausforderungen zu stellen und etwas zu entdecken, dem ich bislang stets versucht habe, auf die Spur zu kommen. Um zu vermeiden, sich selber zu wiederholen, sind Aufrichtigkeit, Authentizität sowie Selbstzweifel wichtige Elemente. Damit ich mir als ‚Künstler' selber treu bleibe und dennoch innovativ bin, mich also kontinuierlich neu erfinde, habe ich mir zu Eigen gemacht, dass ich so etwas wie einen für mich typischen ‚Stil' verabscheue. Das hilft.
Die Formulierung ‚Jemand ist seiner Zeit voraus' halte ich für maßlos überschätzt. Sie bedeutet doch nicht anderes, als dass man sein Publikum bislang noch nicht gefunden oder sich dieses von einem abgewendet und anderweitig orientiert hat!
Kann ein Werk, das aus Ideenreichtum heraus entstanden ist, jemals beendet sein? Ich behaupte ‚Nein'! Bei einer kreativen Tätigkeit handelt es sich um eine asymptotische Reise, für die nur ein fixer Abgabetermin oder der Tod den Schlusspunkt setzt!

„Wer im Einklang mit dem eigenen kreativen Impuls arbeitet, denkt und entsprechend handelt, hat keine Zeit dafür, sich erfolgreich zu fühlen!“

Regeln oder Gesetzmäßigkeiten, um wirklich erfolgreich zu sein, gibt es nicht. Wer seinen Stellenwert anhand kleiner Highlights wie dem Gewinn eines Preises, Ehrungen durch Kollegen oder Kritiker bemisst, betreibt doch nichts anderes als Nabelschau. Derjenige, der im Einklang mit dem eigenen kreativen Impuls arbeitet, denkt und entsprechend handelt, hat keine Zeit dafür, sich erfolgreich zu fühlen! Ich jedenfalls vertraue Auszeichnungen, Komplimenten oder dem Schulterklopfen im Branchenkreis nicht. Das ist alles nur ein einziges Theater - nett, aber ohne Bedeutung für meine Arbeit. Ich benötige vielmehr konstant neue Projekte, in die ich mich vertiefen kann. Ist das nicht der Fall, befinde ich mich in einem für mich befremdlichen Geisteszustand, also ziemlich normal und nicht kreativ.

„Bewährtes zu recylcen, bedeutet, sich satt zu fühlen. Warum sollte dem so sein, wenn es noch so viel zu tun gibt?“

Etwas Bewährtes zu recyclen, diese Versuchung besteht bei mir gar nicht. Wäre dies der Fall, würde es bedeuten, dass ich mich satt fühle. Warum sollte dem so sein, wenn es noch dermaßen viel anderes zu tun gibt?
Macht von zwei gleichermaßen talentierten Personen die eine steilere Karriere als die andere, liegt dies daran, dass der Siegertyp sich besser, geschickter präsentiert, auf Effekthascherei versteht sowie, je nach Notwendigkeit, seine Klappe entweder aufmacht oder hält. Um die Masse in positiver oder negativer Hinsicht anzusprechen, hilft es, eine Persönlichkeit, einen Charakter, ein Auftreten zu haben, das markant ist und an dem man sich reiben kann. Ist primär dergleichen ausschlaggebend für das Barometer des Triumphes, halte ich das für äußerst fragwürdig. Es hat also nichts mit Zufall oder Glück zu tun, wenn jemand das breite Publikum anspricht. Zu einem gewissen Maße sind dafür Meinungsmache, Marketing und Narzissmus ausschlaggebend – die Unterhaltungsindustrie liefert dafür die besten Beweise. Nach dem gleichen Schema läuft es auch in den anderen kulturellen Lagern.

„Nicht die Kurzstrecke, sondern die lange Distanz im Blick haben!“

Wer Erfolg hat, sollte Kritik gegenüber aufgeschlossen bleiben. Dabei gilt: Jeder ist sich selbst der beste und strengste Schiedsrichter! Die Defizite werden Außenstehende zwangsläufig ausfindig und publik machen. Darum sollte man darauf ein Auge zu haben, um sich weiter zu entwickeln und so über Wasser zu halten.
Wenn jemand lange oben schwimmt und plötzlich untergeht, liegt das an sich ändernden Moden oder Trends. Ich zerbreche mir darüber nicht den Kopf. Das Tolle in meinem Metier ist, dass Erfolg über einen sehr langen Zeitraum gemessen wird, er oftmals erst zu Tage tritt, wenn der Architekt gar nicht mehr lebt. Wir bei ‚Asymptote Architecture' haben deshalb nicht die Kurzstrecke, sondern die lange Distanz im Blick.

„Durchhaltevermögen ist ein absolutes Muss! Dazu gibt es für einen Getriebenen, der kreativ ist und etwas hervorbringen will, keinerlei Alternativen.“

Wenn mir etwas völlig misslingt, dann klopfe ich, bildlich gesprochen, den Staub ab und steige erneut in den Ring – immer wieder! Ich hake es ab und verbuche das Ganze unter

Erfahrungen. Es bedarf zweifelsohne einer gehörigen Portion totaler Hingabe an das, was man macht, dazu den nötigen inneren Antrieb plus eine Spur Masochismus, um sich stets aufs Neue vorzunehmen, das zu schaffen, was einem das letzte Mal nicht gelungen ist! Mit anderen Worten: Durchhaltevermögen ist ein absolutes Muss! Dazu gibt es für einen Getriebenen, der kreativ ist und etwas hervorbringen will, keinerlei Alternativen. So manche streben wohl danach, das ultimative, perfekte Werk zu erschaffen. Für mich ist das keine Option, dergleichen in Betracht zu ziehen. Ob etwas wirklich perfekt ist, können nur andere Personen beurteilen. Dazu muss das Werk die Zeit überdauern und Patina ansetzen, um zu zeigen, ob es diese Klassifizierung wirklich verdient!"

Hani Rashid

„Das 'Yas Viceroy Hotel' in Abu Dhabi ist zu einem Wahrzeichen der Stadt wie der ganzen Region geworden. Es wurde erschaffen als Reflektion der Schönheit dieser Gegend, ihrer Atmosphäre, Geschichte und ihres Platzes in der Moderne."

IHAD
ETIHAD
ETIHAD
ETIHAD

KARIM RASHID

PRODUKTDESIGNER (ÄGYPTEN/USA)

„Wer konstant nach Originalität strebt, der hat Erfolg!“

Über sieben Millionen Menschen haben seinen Superseller gekauft, den preiswerten Plastikpapierkorb „Garbo Can“. Entworfen wurde der Design-Klassiker 1994 von Karim Rashid. Er ist nicht nur Amerikas erfolgreichster, sondern auch einer der wichtigsten Produktdesigner der Gegenwart. Zudem gilt der „Prince Of Plastic“ (‚New Yorker') als Popstar der Branche. ›››

Der Sohn ägyptisch-englischer Eltern wurde am 18. September 1960 in Kairo geboren, wuchs in Kanada auf, studierte dort Industriedesign. Über eigene Designstudios in New York und Rotterdam ist die Firma seines Namens in mehr als 40 Ländern aktiv – unter anderem für die Weltmarken Alessi, Giorgio Armani, Artemide, Audi, Citibank, Davidoff, Tommy Hilfiger, Kenzo, Yves Saint Laurent, Estée Lauder, Ralph Lauren, Prada, Sony, Swarovski, Toyota, Unilever, Villeroy & Boch, Veuve Clicquot, Yahoo. Das riesige Portfolio von Karim Rashid, der – nach eigenem Bekunden – „die ganze Welt neu gestalten und erfinden will" sowie runde Formen und oftmals knallige Farben bei seinen Kreationen liebt, beinhaltet Artikel aus nahezu allen Lebensbereichen: vom Vakuumstaubsauger „Kone" über den Stapelstuhl „Oh Chair" (Auflage: zwei Millionen Stück) bis hin zu Edelmetallfliesen in sieben unterschiedlichen Formen für den australischen Hersteller Alloy. Des weiteren Parfümflakons und -verpackungen aus dem Hause Issey Miyake („L'Eau D'Issey – D'Ete Lune", „For Him: 2 in 1"), Tapeten im Auftrag der deutschen Firma Marburg Wallcoverings, die exklusive Haushaltsgeräte-Serie des slowenischen LivingKitchen-Herstellers Gorenje, eine Nagellack-Reihe für Männer („Faby Nails"), das Service „Morphescape", einen Kanaldeckel, das Schachspiel aus Acryl oder Cyber-Couture, die sich farblich der Körpertemperatur anpasst. Ferner zeichnet der viersprachige Schnellsprecher (Arabisch, Englisch, Französisch, Italienisch) verantwortlich für die Inneneinrichtung des preisgekrönten Sushi-Restaurants „Morimoto" (Philadelphia), des „Powder Club" (New York), der Hotels „Semiramis" in Athen, „Prizeotel" (Hamburg), „nhow" (Berlin) und des Münchner Erotik-Lifestyle-Shops „Fun Factory".
Laut dem „Philadelphia Museum Of Art" gehört Karim Rashid zu jener Handvoll zeitgenössischer Designer, deren Arbeiten einen bleibenden Einfluss auf das Design des 21. Jahrhunderts haben. Untermauert wird diese Einschätzung durch 300 Design-Auszeichnungen, die der Hyper-Kreative (über 3.000 Produkte seit 1993) bislang erhalten hat. Sein Schaffen wird international in renommierten Galerien und großen Museen wie dem „Museum of Modern Art" (New York und San Francisco) oder dem „Centre Georges Pompidou"/Paris ausgestellt. Der seit 2000 primär weiß (manchmal mit etwas rosa) gekleidete Design-Dandy, dessen Kreationen „Funktionalität mit sinnlichem Minimalismus" (Selbsturteil) kombinieren, nennt seinen individuellen Stil „Blobismus – die Welt ist eine Blase". Mehrere Ehrendoktorwürden qualifizieren den außerordentlichen Professor für Industriedesign zusätzlich als Gastdozent an Universitäten und bei Konferenzen. Auch als Buchautor (unter anderem „evolution" und die programmatisch betitelte Monographie „I Want To Change The World") ist Karim Rashid tätig. In seiner raren Freizeit legt das Mitglied der „Interior Design Magazine

Hall Of Fame" unter dem Pseudonym „DJ Kreemy" in Clubs auf. Karim Rashid ist mit der serbischen Chemikerin Ivana Puric verheiratet. Das Paar lebt mit seiner Tochter Kiva wahlweise in Manhattan auf rund 250 Quadratmetern in einem unscheinbaren Hochhaus oder in Miami/South Beach. Web: www.karimrashid.com

Der rumänisch-französische Bildhauer Constantin Brancusi sagte über Schaffensprozesse: ‚Es ist nicht schwer, etwas zu erschaffen. Schwierig ist, sich selbst in den Zustand des Machens zu versetzen.' Vor der Kreativität, steht die Intuition. Woher kommt sie/was ist der Auslöser, wie äußert sie sich – nur vage Idee oder sehr konkret (in Bildern)?

Karim Rashid: Intuition gründet auf eigenen Erfahrungen und Kenntnissen, in ihr werden jahrelang gesammelte Informationen im Geiste verarbeitet. Inspiration indes ist etwas anderes als Intuition. Inspiration bedeutet direktes, bewusstes Schlussfolgern, das auf Tatsachen, Bildern, Wörter und so weiter basiert.

Intuition stellt sich urplötzlich ein - als vages ‚Bauchgefühl' oder als konkreter ‚Geistesblitz'. Welche Erfahrungen haben Sie damit gemacht?

Meiner Ansicht nach sind die Voraussetzungen für Intuition und Inspiration individuell verschieden. Bei mir liegen sie in fortwährender Veränderung. So arrangiere ich mein Zuhause wie auch mein Büro regelmäßig neu. Ich tausche die Kunstwerke, Objekte und Möbel zwischen meinem privaten und geschäftlichen Bereich aus – immer abhängig davon, welche neuen Muster ich zugeschickt bekomme. Dieses Gefühl für Veränderung und des stets Neuen liebe ich. Dafür habe ich die Bezeichnung „chronischer Fortschritt" gefunden.

„Unzufriedenheit führt zu Kreativität."

Wie wichtig ist die eigene psychische Verfassung? Bedeutet je trauriger, desto kreativer? Der Schriftsteller Miller Williams sagte einmal ‚Die schmerzhaftesten Erlebnisse sind die, die einen am meisten bereichern.'

Ich glaube, dass Unzufriedenheit zu Kreativität führt, nicht aber Traurigkeit. Da wird das alte Klischee des leidenden Künstlers bemüht. Dieser muss aber gar nicht niedergeschlagen, deprimiert, hungernd oder dergleichen sein, um kreativ werden zu können. Das Gegenteil ist der Fall: In einer positiven, glücklich stimmenden Umgebung kann ein Künstler noch viel kreativer sein!

„Limitierungen oder Probleme sollten als Chancen gesehen werden!“

Entsteht in Ruhe/Entspannung das Beste oder ist Termindruck eine Stimulans?
Ich für meinen Teil ruhe immer in mir, bin entspannt. Dennoch bin ich der Ansicht, dass Einschränkungen das höchste Maß an Kreativität auslösen. In einem Vakuum, ohne jede Vorgabe, kann ich nicht schöpferisch tätig sein. Ich war stets davon überzeugt, dass Limitierungen oder Probleme als Chancen angesehen werden sollten. Deshalb gilt für mich: Je größer die Einschränkung, desto mehr Kreativität ist gefragt! So wurde ich zum Experten darin, die Erwartung seitens der Kunden nicht nur zu erfüllen, sondern sie innerhalb ihres Rasters an Vorgaben sogar noch zu übertreffen. Es ist nämlich ein Mythos, dass Designer eine Idee haben, welche eine Firma dann produziert. Die wahre Arbeit besteht vielmehr darin, in Teamwork unterschiedliche Ansichten, Visionen und Ideologien miteinander zu verschmelzen.

Welche Umgebung stellt für Sie die beste Schaffensatmosphäre dar?
Mir ist es wichtig, im Umfeld meiner Entwürfe zu leben. Und ich führe das Leben, das ich proklamiere. Das fängt an bei den Gegenständen, mit denen ich mich umgebe, welche Entscheidungen ich tagtäglich treffe oder wie ich reise und es endet damit, was ich esse oder wie ich meine Freizeit verbringe. Alle meine Wohnungen sind überwiegend nach meinen Entwürfen entstanden. Darin hängen Gemälde von Künstlern, die mir gefallen, mich inspirieren. Von ihnen lerne ich jeden Tag aufs Neue. Auch Picasso umgab sich mit seinen Werken, damit er in diese Welt eintauchen konnte, um seine wahre Bestimmung zu finden. Die daraus gewonnenen Erkenntnisse übertrug er in sein Schaffen und machte sie uns allen sichtbar.

Was tun, wenn ein Abgabetermin vorgegeben, aber keine Intuition da ist?
So etwas wie eine Schaffenskrise hatte ich noch nie. Um genau zu sein: Ich habe mehr Ideen, als Firmen jemals herstellen können. Ich schaue mir die Welt um mich herum unentwegt an, analysiere und seziere alles darin. Objekte betrachte ich grundsätzlich kritisch unter dem Aspekt, wie sie umgestaltet werden könnten.

„Inspiration bedeutet Akkumulieren. Alles kann inspirierend sein. Es ist eine Frage, wie man die Welt betrachtet.“

Liefert vor der Intuition nicht oft eine Inspiration den eigentlichen Auslöser? Wenn ja, was inspiriert Sie?
Inspiration liefert die Welt, in der wir leben: Sie ist einerseits so groß und wird doch unentwegt kleiner, da sie durch Vernetzung und Globalisierung ‚schrumpft'. Ich persönlich finde Inspiration, und das gilt für meine gesamte Zeit als Designer, indem ich alles wie ein Schwamm aufsauge. Ein Füllhorn an eigenen Ideen und äußeren Einflüssen spielt dabei eine Rolle. Inspiration bedeutet Akkumulieren. Alles kann inspirierend sein. Es ist eine Frage, wie man die Welt betrachtet. Ich werde inspiriert durch meine Kindheit, meine Erziehung, alle meine Lehrer, durch jedes Projekt, an dem ich jemals gearbeitet habe. Aber auch durch jede Stadt, die ich jemals besucht, jedes Buch, das ich gelesen, jedes Lied, das ich gehört, jedes Design, das ich gesehen habe, jede von mir besuchte Kunstausstellung, kurzum: Durch jeden Geruch, jeden Geschmack, jedes Gefühl – schlicht durch alles.

„Mach Dein Hobby zu Deinem Beruf, denn dann wirst Du wirklich glücklich sein und auch einen größeren Beitrag zu dieser Welt leisten können.“

Laut Philip Roth warten Amateure auf Inspiration, während Profis sich hinsetzen und arbeiten. Wie sehen Sie das?
Wenn ich nichts zu tun habe, bin ich unglücklich. Leben, das bedeutet Arbeiten. Ich hab' schon immer gesagt ‚Mach Dein Hobby zu Deinem Beruf, denn dann wirst Du wirklich glücklich sein und auch einen größeren Beitrag zu dieser Welt leisten können.' Ich denke über das Leben nicht in den Kategorien ‚Arbeit' oder ‚Spaß' nach; es geht vielmehr darum, seinem Leben Bedeutung zu verleihen! Allerdings bleibe ich auch deswegen so gelassen, weil ich täglich Sport treibe, rohe, biologische Produkte esse oder trinke, immer acht Stunden schlafe und mir regelmäßig Massagen gönne.

Wie wird die Spreu vom Weizen getrennt, also welche Idee ist gut, sie zu verfolgen und welche nicht oder vielleicht zum aktuellen Zeitpunkt noch visionär?
Rashid: Jeder, der auch nur halbwegs intelligent ist, kann eine gute von einer schlechten Idee unterscheiden. Davon abgesehen kann ich mich auf mich, meine Angestellten, meine Frau, enge Freunde oder sogar meine Fans auf Facebook verlassen.

Woran wird solch eine Entscheidung festgemacht?
Alle Ideen haben ihre Berechtigung. Auf mein Metier bezogen heißt das: Wir müssen uns in dem Umfeld, in dem wir leben, wohlfühlen. Heutzutage ist das ganz besonders wichtig. Design muss beweisen, dass es einen Wert hat und sollte in einer Umgebung, die sich architektonisch allzu oft eben nicht am Menschen orientiert, für uns angenehmere, qualitativ bessere, ästhetischere, humanere Voraussetzungen schaffen, also Schönheit und Sinn in sich vereinen.

Halten Sie Ihre Ideen schriftlich fest, um sie nicht zu vergessen?
Wenn ich zeichne, ist es für gewöhnlich etwas, das ich mir zuvor bereits im Kopf ausgemalt habe. Diese Idee bringe ich dann nur noch zu Papier.

Ist es zu spüren, ob eine Idee hervorragend ist, die Substanz zu etwas Großem hat?
Ja. Allerdings liege ich mit meiner Einschätzung nicht immer richtig, denn der Erfolg hängt von zu vielen anderen Faktoren als nur vom Design ab.

Wie lange gehen Sie mit einer Idee schwanger, bevor die Kreativität beginnt?
Überhaupt nicht. Ich fange sofort an zu arbeiten, sonst vergesse ich meine Anfangsideen. Die sind nämlich stets die Besten.

Gemäß der Nobelpreisträgerin Nelly Sachs ‚beginnt alles mit Sehnsucht'. Stimmen Sie dem zu?
Absolut. Meine Motivation ist, eine bessere Welt zu kreieren. Design hat das Ziel, jemandem zu helfen, ein besseres Leben zu leben und Freude zu bereiten. Es geht um ständige Weiterentwicklung, neue Technologien, neue Materialien, sprich eine qualitative Verbesserung für die Gesellschaft. So viele Dinge in der Welt sind schlecht designt und schreien geradezu danach, neu gemacht zu werden. Aber Entwicklung und Wachstum müssen natürlich sowohl organisch als auch konstant sein. Im besten Fall werden also hässliche Häuser durch schönere ersetzt.

Kreativ tätig zu sein, bedeutet das Magie oder Schmerz?
Etwas zu erschaffen, hat zugleich mit Magie und Spaß zu tun. Schweiß und Tränen liegen hinter einem, wenn sich kreatives Schaffen manifestiert hat und in der Welt verbreitet.

„Übe Dich in Geduld, lerne zu lernen und praktisch zu denken, aber lasse dich andererseits auch durch Poesie, Ästhetik und neue Paradigmen unserer verändernden Produktlandschaft inspirieren. Man muss neue Ausdrucksmöglichkeiten finden, neue Bedeutungen, kurzum: eine neue Ästhetik!“

Wie verläuft der Weg einer konkreten Umsetzung von der Theorie in die Praxis?
Auf diese Frage antworte ich immer mit folgendem Rat: Sei einerseits schlau, übe dich in Geduld, lerne zu lernen und praktisch zu denken, aber lasse dich andererseits auch durch Poesie, Ästhetik und neue Paradigmen unserer verändernden Produktlandschaft inspirieren. Man muss neue Ausdrucksmöglichkeiten finden, neue Bedeutungen, kurzum: eine neue Ästhetik! Man muss mit neuen Materialien und Verhaltensansätzen experimentieren. Es gilt bei der Gestaltung von Produkten auch immer offensichtliche Aspekte im Blick zu behalten, die die Menschen direkt betreffen – wie zum Beispiel der emotionale Stellenwert, gute Funktionalität, technischer Fortschritt, Pfiffigkeit, Zweckmäßigkeit und der positive, starke Sinn eines Produkts. Das ist etwas, das häufig fehlt! Viele Produkte besitzen nämlich eine kurze Lebensdauer; das Einzige, was heutzutage zählt, ist, dass sie den Zeitgeist einfangen. Dabei scheint dann auch noch völlig irrelevant zu sein, dass sie jeglicher Individualität entbehren und sich durch nichts von der Masse unterscheiden.

Lässt sich Kreativität erzwingen und sind Ehrgeiz sowie Effizienz kontraproduktiv?
Ja, natürlich. Ich kenne viele erfolgreiche Künstler die, wie bei einem ganz normalen Job, um neun Uhr morgens in ihr Studio gehen und zu arbeiten anfangen. Sobald sie in dieser Umgebung sind, werden sie produktiv und kreativ.

„Wenn man zu viel Zeit auf eine Idee oder ein Projekt verwendet, verliert es sein Leben, seinen ‚Geist'.“

Was ist besser für Kreativität: Disziplin/strukturierte Zeitabläufe oder Müßiggang?
Disziplin! Ich arbeite sehr schnell. Wenn man zu viel Zeit auf eine Idee oder ein Projekt verwendet, verliert es sein Leben, seinen ‚Geist'.

„Wenn wir alle kreativ wie Kinder wären, könnten wir diese Kreativität unser ganzes Leben lang verwenden und bis ins hohe Alter immer noch etwas ‚erschaffen'."

Spielt Alter/Lebenserfahrung eine Rolle für Kreativität oder ist Jugend besser, weil frisch und unverbraucht und wie steht es generell mit der sozialen/kulturellen Herkunft?
Jeder Fingerabdruck unterscheidet sich vom anderen. Jedes Kind, das auf die Welt kommt, ist einzigartig, hat einen persönlichen Ausdruck. Leider hat die Gesellschaft überall auf unserem Globus seit Jahrhunderten Kreativität unterdrückt. Das geht schon viel zu lange so. Endlich aber wird uns klar, dass wir, wenn wir alle kreativ wie Kinder wären, diese Kreativität unser ganzes Leben lang verwenden und bis ins hohe Alter immer noch etwas ‚erschaffen' könnten. Wir könnten in einer wesentlich poetischeren, humaneren, schöneren Welt leben und jeder dort seine Spuren hinterlassen, eine Art kreativer Fingerabdruck in dieser sich unentwegt verändernden Welt. Dies wäre der Anfang eines Zustands völliger Freiheit für jeden, in dem der Einzelne seiner Individualität Ausdruck verleihen kann.

„Den Weg zum Erfolg bilden Talent, harte Arbeit, Durchhaltevermögen und Beständigkeit im Schaffen."

Wie wichtig ist Begabung für Kreativität, sprich, kommt Kunst von Können?
Den Weg zum Erfolg bilden Talent, harte Arbeit, Durchhaltevermögen und Beständigkeit im Schaffen. Ich war schon immer motiviert, Dinge zu entwerfen und über Design und die Welt, in der wir leben, zu sprechen. Dem ist so, weil ich ein ausgesprochen leidenschaftlicher Mensch bin. Diese Leidenschaft kommt in meinen schriftlichen Beiträgen, Interviews, Vorlesungen, Pressekonferenzen und Projekten zum Ausdruck. Ich möchte so viel wie möglich beitragen, solange ich auf diesem Planeten bin.

Werden Einfälle archiviert, um bei Durststrecken darauf zurückzugreifen?
Nein, ich bin immer kreativ – aber ich kann von früheren Ideen zehren, wenn sich die Möglichkeit dazu ergibt.

Erweisen sich alte, zuerst verworfene Ideen bisweilen erst im Nachhinein als gut?
Ja. Als 51-jähriger habe ich dem italienischen Design-Leuchtenhersteller ‚Artemide' den Entwurf für eine Lampe vorgelegt, welchen ich mir als neunzehnjähriger Student ausgedacht hatte. Sie haben es produziert und einen unglaublichen Erfolg eingefahren.

Was ist besser: Alleine kreativ zu sein (nur auf das eigene Gefühl zu bauen) oder im Team; und wer entscheidet am Ende, beziehungsweise, was bleibt dann von der eigenen Idee übrig?
Es ist wichtig, seinen eigenen Instinkten zu vertrauen und es dem kreativen Team zu überlassen, die Ursprungsidee dann weiterzuentwickeln.

Ist es empfehlenswert, auf anderen Menschen zu zählen, welche die eigenen Defizite in der Kreativität ausgleichen, damit am Ende etwas Großes geschaffen werden kann?
Vielleicht. Ich kann die Frage jedoch nicht beantworten, denn ich habe andauernd Ideen, verlasse mich aber nur äußerst selten auf die Kreativität anderer, um mir in diesem frühen Stadium bei der Arbeit zu helfen.

„Handwerkliches Geschick ist unglaublich weit entfernt von Inspiration.“

Was ist ausschlaggebend in einem Kreativprozess: Handwerkliches Können oder Intuition und Inspiration?
Handwerkliches Geschick ist unglaublich weit entfernt von Inspiration. Es liegt tief in alten Traditionen verwurzelt. Es dauert oft ein Leben lang, es bis ins Detail zu erlernen und dann zu verändern. Ich bin mehr an spontaner Inspiration interessiert und der Geschwindigkeit, wie diese durch Technologie zum Leben erwacht.

„Seine Seele finden und etwas erschaffen. Das verleiht dem Leben einen Sinn!“

Welche Rollen spielen in der Kreativität Aufrichtigkeit, Authentizität, Selbstzweifel sowie die Frage, ob es ankommt? Sind die vier Faktoren für den Entstehungsprozess nützlich?
Es könnten alle sein oder keiner. Für mich persönlich ist es die Suche nach dem Original. Wenn ich etwas Einzigartiges kreiert habe, dann ist mir etwas gelungen, das über sieben Milliarden Menschen vor mir nie geglückt ist. Das ist inspirierend – seine Seele finden und etwas erschaffen. Das verleiht dem Leben einen Sinn!

Wie verteilen sich Gefühl, Intellekt und kommerzielle Absichten bei der kreativen Umsetzung?
Für mich sind alle drei Faktoren grundsätzlich gleichwertig. Natürlich beeinflussen aber auch das Projekt selbst, dessen beabsichtigte Nutzung, die emotionalen Aspekte, die ich damit verbinden will und die Budget-Vorgaben den jeweiligen Anteil dieser drei Elemente.

„Im Entwicklungsprozess geht es um Schnelligkeit!“

Was ist während des Entwicklungsprozesses besser: Schnelligkeit, im Sinne von ‚die Magie des Moments einfangen‘ oder Reifezeit/Langsamkeit in der Umsetzung und Ausarbeitung?
Schnelligkeit.

Liegt die individuelle Befriedigung bei Ihnen
a) in der Selbstverwirklichung,
b) in der (künstlerischen) Anerkennung
oder c) im kommerziellen Erfolg?
In der Selbstverwirklichung.

Worin begründet sich die eigene Antriebskraft für kreative Tätigkeit?
Meine Motivation liegt in dem Wunsch, die Welt durch Design schöner zu machen, sie mit Ideen zu füllen, welche Leben und Kunst nahtlos verbinden; durch Entwürfe eine Umgebung zu schaffen, die provoziert, stimuliert und gleichzeitig beruhigt. Design bedeutet Forschritt, soll uns Menschen weiterbringen. Es ist eine Herausforderung für den Geist, soll Menschen auf die nächste Stufe heben. Überhaupt: Es wäre gut, mit sämtlichen Sinnen ganz bewusst im Hier und Jetzt zu sein!

„Perfektion ist subjektiv.“

Welche Rolle spielt Perfektion bei der Kreativität? Läuft ein allzu perfektes Werk Gefahr, seelenlos zu sein?
Zweifelsohne. Perfektion ist subjektiv. Ich bemühe mich konstant um die eigene Perfektion. Meine Designs machen meine Seele sichtbar. Das ist vergleichbar mit Komponieren.

Inwiefern beeinflusst Routine die Kreativität?
Ich unterwerfe mich keiner Routine, ziehe es aber vor, schnell viele Projekte, eines nach dem anderen, zu bearbeiten.

„Konservatives Denken hilft einem nicht, zu wachsen."

Wie ist es möglich, sich als Künstler treu zu bleiben, aber innovativ zu sein, also seinen Stil nicht zu verleugnen und sich dennoch neu zu erfinden?
Konservatives Denken hilft einem nicht, zu wachsen. Es führt vielmehr zu etwas, was im Englischen mit dem Wort ‚metooism' bezeichnet wird: Es steht dafür, dass etwas Erfolgreiches, wie zum Beispiel ein besonderes Design, von einem Mitbewerber kopiert, es also imitiert wird. Meiner Meinung nach muss man sich aber immer von anderen abheben!
Leute sehen das, was ich entwerfe, allein wegen meines Namens unter einem sehr einseitigen Blickwinkel. Sie glauben deshalb, das sei alles, was ich kann. Ich bin aber nicht nur der in weiß beziehungsweise rosa gekleidete ‚Blobmeister'. Meine Designsprache entwickelt sich kontinuierlich weiter, verändert sich je nach Thema und Marke. Prämisse ist immer die Suche nach der optimalen Lösung für das jeweilige Projekt.
Um das Thema komplexer zu betrachten: Es gibt Künstler wie Mark Rothko, den bedeutenden Maler des abstrakten Expressionismus und Wegbereiter der Farbfeldmalerei. Er hat sein Leben lang die gleiche Art von Leinwand verwendet. Und dann sind da die Picassos, die andauernd Veränderung benötigen. Ich persönlich brauche ebenfalls den Wandel und das experimentelle Schaffen.

„Man muss eine eigene, ganz individuelle Handschrift besitzen und immer einen Schritt weiter sein."

Ist es erstrebenswert, seiner Zeit voraus zu sein, auch wenn es die Gefahr des Nicht-verstanden-werdens in sich birgt?
Man muss eine eigene, ganz individuelle Handschrift besitzen und immer einen Schritt weiter sein. Ich folge keinen Trends und glaube nicht an sie! Designer können nur dann ganzheitlich und übergreifend arbeiten, wenn es ihnen gelingt, konsequent ihre eigene, einzigartige Position im ‚besetzten Terrain' zu finden. Designer müssen ein Projekt zu 360 Grad erfassen, um originäre Produkte, Räume und Identitäten kreieren zu können.

Gibt es Schemata für erfolgreiche künstlerische Betätigung, ein individuelles Erfolgsmuster, das immer funktioniert oder kurz gesagt: Ist Erfolg planbar?
Ich habe die Erfahrung gemacht, dass viele Designer jede Menge Arbeit in etwas stecken, das über die Entwurfsphase nicht hinauskommt. Damit ein Produkt Marktreife erlangt, liegt der Schlüssel in der Kooperation. Wer eng mit dem Klienten zusammenarbeitet und dessen Bedürfnisse versteht, der kann sehr viel produktiver sein. Ich selber bin oft gescheitert und musste lernen, dass Design Teamwork zwischen einer Marke und mir bedeutet. Man muss zuhören und in diesem Umfeld tätig sein, sonst wird nichts jemals produziert und verkauft. Außerdem ist mit klar, dass wir in einer sehr komplexen Welt leben und es nie nur eine utopische Vision geben kann!

„Es kann nie nur eine utopische Vision geben!“

Wenn sich etwas als erfolgreich erwiesen hat, wie hoch ist die Verlockung des Recyclings, sich zu wiederholen, in einem Erfolgsmuster festzustecken und sich nicht weiterzuentwickeln?
Es ist ein schmaler Grat zwischen dem Finden einer eigenen Ästhetik und der Wiederverwertung einer Idee. Ich jedoch glaube, wer konstant nach Originalität strebt, der hat Erfolg! Die meisten meiner Arbeiten spiegeln mein Verständnis von Ästhetik wider. Mit anderen Worten: Das Streben nach Verbesserung der menschlichen Erfahrung und nach einem relevanten, klugen Beitrag zur menschlichen Entwicklung. Das Problem, dem man als Designer gegenübersteht, ist, dass Klienten oft bestimmte Dinge nur anders gestylt haben wollen, aber nicht wirklich etwas Neues entworfen werden soll.

Sollte man Eigenschaften, Wünsche und Sehnsüchte seines potentiellen Publikums kennen/erahnen, um erfolgreich zu sein?
Ja, natürlich. Im Design muss man manchmal selbstlos sein. Ein gängiger Spruch von mir lautet: ‚Das Publikum ist selbstbezogen, Designer sind selbstlos!‘

Wie bleibt man trotz Erfolg offen für Kritik?
50 Prozent der Design-Gemeinde hasst mich. Mich kümmert das nicht, denn ich weiß, dass ich etwas Besseres für diese Welt erschaffe!

„Man muss sich selber antreiben!“

Muss man ein Getriebener und süchtig danach sein, dass beim nächsten Werk das gelingt, was aktuell nicht erreicht worden ist?
Ja, man muss sich selber antreiben!

Woran liegt es, wenn man über lange Zeit Erfolgreiches geschafft hat und dies plötzlich ausbleibt; kann es also, nachdem man lange erfolgreich und ganz oben gewesen ist, irgendwann nur bergab gehen?
Eine Ursache kann sein, dass es neue Technologien gibt. Die Entwicklung von und Unterstützung durch Software (in diesem Kontext fällt mir ein, wie das Desktop-Publishing den Graphikbereich verändert hat) oder das Kopieren trennen die Spreu vom Weizen. Davon bleibt auch die Berufssparte der Architekten nicht verschont, für deren Welt die 3D-Drucker eine Revolution bedeuten. All das hat Konsequenzen: Es wird weniger Entwurfsarchitekten geben, aber bessere Architekten; weniger, aber bessere Designer.

Wie sollte man mit Misserfolg umgehen und ist es wichtig durchzuhalten, da der Erfolg eventuell erst später kommt?
Durchhalten ist angesagt! Als ich mein Büro eröffnet habe, hatte ich nur einen Kunden: ‚Nambe' in Santa Fee, New Mexico und das, obwohl ich bereits mehr als 100 Firmen kontaktiert hatte – von der Möbelmanufaktur ‚La-Z-Boy' über ‚Coca Cola' bis ‚Gilette'. Es hat mich sehr viel Durchhaltevermögen gekostet und ich musste jede Menge Absagen verkraften, bevor ich mich in der Designwelt profilieren konnte. Auch jetzt stehe ich noch oft Hindernissen gegenüber – mal liegt es am Kunden, der das Projekt doch nicht verwirklichen möchte, mal daran, dass mein Design seiner Zeit voraus ist.

Was tun, wenn einem das ultimative Werk geglückt ist, in dem alles gesagt/ausgedrückt wurde und das dazu noch ungemein erfolgreich ist sowie vielleicht sogar mit zahlreichen Auszeichnungen geadelt wird? Wie geht es danach weiter oder ist der Höhepunkt gleichbedeutend mit dem ‚Ende'?
Für mich persönlich gibt es keinen Gipfel! Auch Auszeichnungen interessieren mich nicht mehr sehr. Sie bedeuten einem viel, wenn man seine Karriere beginnt, und das ist auch gut so.

Ist es unter diesem Aspekt überhaupt erstrebenswert, das ultimative Werk zu erschaffen?

Aber klar doch. Es ist schließlich das, was einen jeden Tag antreibt, weiterzumachen!

Karim Rashid

„Ich bin sehr stolz auf ‚GARBO', den ich 1994 für ‚Umbra' entworfen habe. Der kanadische Hersteller hat weltweit Millionen dieses Papierkorbs verkauft und damit bewiesen, dass Amerikaner sich Design wünschen und zwar zu einem Preis, den sich jeder leisten kann. Zur damaligen Zeit war der allgegenwärtige Plastikpapierkorb auf dem Markt ein rechteckiger, schwarzer Eimer. Er hatte überhaupt keinen Charakter. Kurzum: Es gab kaum Alternativen. Ich habe deshalb sofort an ein Objekt gedacht, das wesentlich sinnlicher ist; ein Objekt, das oben weiter ist als unten, um wie ein Mund den Abfall zu umschließen. Dazu integrierte Griffe, die höher platziert sind, damit das Teil handlicher ist. Ein Design kann also sehr wohl künstlerisch und konzeptionell sein, aber es muss immer perfekt funktionieren!"

FRANCIS ROSSI

SÄNGER/GITARRIST/KOMPONIST (GROSSBRITANNIEN)

„Wir prostituieren uns bei jeder sich bietenden Gelegenheit!“

„Pictures Of Matchstick Men“ (1968), „Down, Down“ (1974), „What You're Proposing“ (1980) – drei der vielen Hits, die Francis Rossi (mit)geschrieben hat. Der Sänger/Gitarrist (* 29. Mai 1949, London) ist Gründungsmitglied der 1967 formierten Status Quo. Sie zählen zu den langlebigsten und mit rund 120 Millionen verkauften Tonträgern weltweit erfolgreichsten Rockgruppen, spielten bislang über 6.000 Shows vor insgesamt 25 Millionen Zuschauer, eröffneten am 13. Juli 1985 das „Live Aid“-Spektakel im Londoner Wembley Stadium und sind im „Guinness-Buch der Rekorde“ gelistet (vier ausverkaufte Konzerte in vier englischen Großstädten binnen elf Stunden elf Minuten am 21. September 1991). Die Band hat 2013 ihre 100. Single veröffentlicht, war mit den Auskoppelungen länger in der englischen Bestsellerliste platziert als The Beatles! Ihre mehr als 30 Studio-Alben sind über 500 Wochen in den britischen Charts gelistet gewesen. >>>

Francis Rossi zeichnet als (Co-)Komponist/Autor für die meisten Status-Quo-Songs verantwortlich. „Rockin' All Over The World" (1977) sowie „In The Army Now" (1986) – die zwei wohl bekanntesten Status Quo-Hits – stammen allerdings nicht aus seiner Feder! Am 31. Dezember 2009 wurde Francis Rossi in Anerkennung seiner großartigen musikalischen Leistungen und seines herausragenden wohltätigen Engagements in den „Order of the British Empire" aufgenommen. Er hat acht Kinder und lebt mit Eileen, seiner zweiten Ehefrau, auf einem Anwesen in der südenglischen Grafschaft Surrey.

Web: www.statusquo.co.uk

„Wahre Intuition ist eine Eigenschaft wirklich talentierter Menschen. Dazu zähle ich mich nicht", sagt Francis Rossi augenzwinkernd „Ich schreibe schließlich keine großartigen Lieder, sondern eher Pop-Miniaturen und kann mich sehr, sehr glücklich schätzen, dass diese den Menschen gefallen und gekauft werden." Wenn jemand auf seine Intuition verweist, klingt das für ihn mitunter wie „Schaut her, ich bin etwas Besonderes." Manchmal ist eine gute Idee auf Intuition zurückzuführen, manchmal trifft aber auch schlichtweg das Sprichwort „Not macht erfinderisch" zu. Der gebürtige Londoner, der den Spitznamen „The Gomorr" (Grand Old Man Of Rock'n'Roll) trägt und dessen wächsernes Abbild zu Madame Tussaud's ‚Rock Legends Hall Of Fame' gehört, verweist dabei auf eigene Erfahrungen. „Gerade dann, wenn mir nichts einfällt, steht bisweilen ein Projekt an, an dem gearbeitet werden muss. Ich stelle mich ihm und lege los. Habe ich dann eine Idee, kommt eine zur anderen. Das bedeutet natürlich nicht, dass alle immer gut sind, aber bisweilen muss etwas einfach realisiert werden, auch wenn es sich schlussendlich als Müll erweist." Danach geht es ohnehin wieder weiter und etwas Neues wird folgen. Im Falle einer Blockade rät Rossi als Profi, alles liegen zu lassen und zu versuchen, den Kopf frei zu bekommen. „Anschließend klappt's wieder. Überhaupt bin ich der Überzeugung, dass je größer der kreative Output ist, desto höher die Wahrscheinlichkeit, dass sich darunter auch etwas Verwertbares befindet."

„Die Gunst der Stunde nutzen, denn die Quelle der Kreativität kann plötzlich versiegen!"

Dass manche Orte eine magische Wirkung besitzen, welche die Kreativität anregen, diese Erfahrung hat der sehr kommunikative, humorvolle Gitarrist/Sänger selber schon ge-

macht. „In dem Haus, in dem ich 34 Jahre lang gewohnt habe, hatte ich ein Musikzimmer im Obergeschoss und dorthin habe ich mich jeden Abend für zwei Stunden zum Spielen sowie Üben zurückgezogen." Über einen Zeitraum von drei, vier Wochen erlebte er während mehrerer Jahre Folgendes: „Im Zeitfenster zwischen zwanzig nach zehn und 23 Uhr fiel mir da immer etwas ein, das richtig gut war." Einen anderen Aspekt findet Kreuzworträtsel-Fan Rossi in diesem Kontext ebenfalls interessant: „Gerade im Stadium des leichten Schlafes arbeitet das Gehirn unaufhörlich an dem weiter, womit ich mich gerade beschäftige. Wenn ich tagsüber im Studio an Liedern bastle, nach Hause komme und mich in's Bett lege, geht es in meinem Kopf weiter. Die ganze Nacht lang. Das kann eine echte Qual sein, bis ich endlich zur Ruhe komme!"
Kreative Phasen zu haben, ist für Francis Rossi selbstredend etwas höchst Befriedigendes. Es gilt, die Gunst der Stunde zu nutzen, „denn die Quelle kann plötzlich versiegen. Für Monate oder gar Jahre. Ich muss etwas komponieren, aber nichts geht. Keine Ahnung, wo ich anfangen soll. Die gespielten Akkordfolgen habe ich schon unzählige Male verwendet, alles bereits gehört – wenn nicht von mir, dann in Liedern aus den Fünfziger oder Sechziger Jahren. Plötzlich fällt mir aber eine klitzekleine Besonderheit auf, die mich begeistert, weil sie sich von allem Anderen abhebt. Die wird dann ausgearbeitet."

Wie zwischen guten und schlechten Ideen entschieden werden kann beziehungsweise welche Idee es wert ist, weiterverfolgt zu werden – dafür hat der versierte Entertainer keinerlei Empfehlungen parat. Überraschend für jemanden, der Patience legt, die bekanntlich vorausschauendes Denken trainieren. Seine Erklärung: „Früher wusste ich, welche Idee das Potential hatte, etwas Großartiges zu werden. Ich konnte ziemlich genau vorhersagen, welcher unserer Songs sich in den Top 5, Top 10 oder Top 20 platzieren würde." Diese Fähigkeit besteht bei ihm nach wie vor, doch sie bezieht sich auf Parameter, die vor allem in der Vergangenheit maßgeblich waren und kann deshalb heute bisweilen zu Fehlurteilen führen: „Damals gab es nur wenige Radiostationen und Fernsehsender. Heutzutage sind es jedoch so viele und dazu kommt noch das immense Angebot im Internet, dass keiner mehr weiß, woran sich die Konsumenten orientieren. Dieser Umstand bedeutet nicht, dass die individuelle Intuition oder das kreative Werk minderwertig sind, sondern führt vielmehr zur Frage: Früher gab es weitaus weniger Radio- und Fernsehsender. Heute sind es so viele, dass wir gar nicht mehr wissen, auf welchen sich die Leute so rumtreiben. Das heißt aber nicht, dass deine Intuition irgendwie schlechter wäre oder ein Lied an sich weniger gut; die eigentliche Frage ist doch: Wie bringe ich meine Musik an die Menschen ran?"

„Wer heutzutage mit dem richtigen Marketing aufwarten kann, schafft es vermutlich nach oben!"

Ungeachtet der Tatsache, dass Status Quos Tonträger in dreistelligen Millionen-Stückzahlen verkauft worden sind, ist Francis Rossi der Ansicht, „dass es die Erfolgsformel schlechthin nicht gibt. Man kann nur spekulieren und dieses Ziel anstreben, doch eine Garantie gibt es keinesfalls. Denn, wie sooft geschehen, wird auch etwas erfolgreich, das nicht die dafür bislang gängigen Kriterien erfüllt. Warum dem so ist, bleibt ein Mysterium." Zur Untermauerung seiner Äußerung hinsichtlich der Musikbranche verweist er, der mit seinen Alleinunterhalterqualitäten stets für reichlich Lacher und Kurzweil sorgt, auf die international im TV ausgestrahlte Castingshow „The X Factor". „In der Jury und an den dazugehörigen Schaltstellen im Hintergrund sitzen erfahrene Leute. Sie glauben, genau zu wissen, welcher Künstler auf welchem Weg erfolgreich wird und bereiten den perfekten Boden für die optimale Breitenwirkung. Es hat sich allerdings gezeigt, dass sogar sie danebenliegen können." Diese Unwägbarkeit macht für den begeisterten Puzzlespieler einen der Reize der Musikszene aus. „Leider hat sie schon lange nichts mehr mit Kunst zu tun, sondern ist eine Industrie. Es ist aber ein logischer Werdegang, dass das, was in den Sechzigern und Siebzigern entstand, in purem Kapitalismus mündete. Wer heutzutage mit dem richtigen Marketing aufwarten kann, schafft es vermutlich nach oben. Nehmen wir nur Lady Gaga. Sie sah in ihrem Fleischkleid, das sie bei den ‚MTV Video Music Awards' 2010 trug, zwar nicht besonders gut aus, sorgte aber global für Furore und damit für Aufmerksamkeit sowie Interesse an ihrer Musik."

Status Quo hingegen sind der Inbegriff einer hart arbeitenden Formation. Seit ihrer Gründung haben sie weltweit über 6.000 Konzerte gegeben. „Wenn wir auf Tournee sind und mir geistern in unserem Bus Melodien oder Gitarren-Grifffolgen durch den Kopf", verrät ihr federführender Komponist, „nehme ich sie in der akustischen Notizbuchfunktion meines iPhones auf. Bei Bedarf höre ich mir diese Sound-Skizzen an und schaue, ob sie mich weitergehend inspirieren. Ist das der Fall, entsteht daraus ein Stück. Trifft es dann auch in der Band und unserem Umfeld auf einhellige Begeisterung, bedeutet das aber noch gar nichts. Ist es veröffentlicht, kann sich nämlich immer noch Ernüchterung einstellen, wenn es im Radio läuft und sich als nicht so gut wie erhofft erweist."

Dass das eigene Werk beim Publikum stets gut ankommt, ist dem Macher wichtig – in der Regel zumindest. „Ich bin froh, mir jedoch den Luxus leisten zu können, dass es mir bei einigen Liedern egal ist, ob sie anderen Leuten gefallen oder nicht", offenbart Rossi. „Dabei verhält es sich wie mit eigenen Kindern. Die liebt man als ihr Erzeuger einfach, auch wenn andere sagen, sie seien ungezogene Bälger!"

Ob Kunst von Können kommt, weiß der britische Gartenfreund nicht. „Ich selber halte mich persönlich nicht für sonderlich talentiert. Einige der weltweit größten Acts zählen wohl zu den eher weniger Begabten. Es gibt zahlreiche allgemein bekannte Musiker, die definitiv kein Talent besitzen, ihr Instrument nicht wirklich beherrschen. „Nehmen wir nur die Rolling Stones: Das sind keine herausragenden Instrumentalisten, Mick Jagger kein großartiger Sänger! Sie haben allerdings die Gabe, fantastische Songs mit einer ganz speziellen, emotional packenden Ausstrahlung zu interpretieren!" Künstler aus dem Genre der Klassischen Musik sind im Gegensatz zu den meisten ihrer U-Musik-Kollegen richtig ausgebildet und können Noten lesen. „Aber ein Virtuose kann nicht zwangsläufig ein gutes Lied schreiben oder garantiert beste Unterhaltung. Wer sich solche Ausnahmekünstler anhört, wird primär von ihrer Brillanz beeindruckt, der Spieltechnik, der Geschwindigkeit. Doch nach drei, vier Liedern bleibt sonst nicht viel übrig."
Francis Rossi, der als Sohn eines italienischen Speiseeisherstellers/-verkäufers Nudelgerichte und Rotwein liebt sowie als typischer Engländer Tee favorisiert, arbeitet auf der Bühne oder im Studio mit Kollegen. Deshalb versteht er sich als Teamworker. Bestimmte Bedingungen sollten jedoch gewährleistet sein: „Ich möchte das letzte Wort haben", räumt er ein. „Außerdem sollte das Gegenüber nachempfinden können, was man will, denn sonst kommt es nur zu Spannungen! Wenn ich mit jemandem zusammenarbeite, fühle ich mich immer so unsicher, dass ich noch einen Dritten brauche, an dem ich das Ergebnis dann ausprobiere."

„Ein Abgabetermin sorgt dafür, dass man aktiv werden und das Ziel erreichen muss!"

Rossi nimmt kein Blatt vor den Mund und erweist sich wegen seines mit viel Humor vorgetragenen Erfahrungsschatzes einerseits und seiner erstaunlich ausgeprägten Fähigkeit zur Selbstkritik andererseits als außergewöhnlich amüsanter Gesprächspartner. So hält er auch nicht damit hinterm Berg, dass seine Karriere von langen Kokain- und Alkohol-Exzessen begleitet war. Inzwischen verhält sich der kreative Musiker aber gesundheitsbewusst (täglich ins Fitnessstudio, Schwimmen, 100 Liegestütze). Laut eigener Aussage war er noch nie damit konfrontiert, dass es ihm bei einem nahenden Abgabetermin an Intuition, Inspiration oder Ideen mangelte. „Für gewöhnlich sorgt die Deadline dafür, dass man aktiv sein und das Ziel erreichen muss. Ich weiß, dass ich binnen 15, 20 Minuten etwas abliefern kann. Es mag vielleicht nicht gut sein, schlecht ist es aber ebenfalls nicht. Einige meiner größten Erfolge waren binnen weniger Minuten komponiert." Bei anderen wiederum hat es ewig gedauert. Seit einigen Jahren ist der Tontaubenschütze jedoch an dem Punkt angelangt, an dem er sich selbst nicht mehr unter Druck setzen will. „Ich nehme mir Zeit und beobachte, wie sich etwas entwickelt. Konkret erinnere ich mich an ein Lied, an dem ich nahezu zwei Jahre rumgepuzzelt habe. Das ist nur Stück für Stück gegangen. Es gab keinen Grund, schnell zum Ende zu kommen." Als im Sternzeichen Zwilling Geborener ist es für ihn typisch, zwischen Pro & Contra hin- und hergerissen zu sein. Deshalb folgt direkt nach diesem ersten Statement gleich eine gegensätzliche Überlegung: „Vielleicht ist es aber gut, einen Anlass zu haben, damit etwas vorwärts geht. Wie viele andere Menschen, lasse ich gerne alle Viere gerade sein. Erst wenn ich etwas tun muss, kommen die Dinge in's Rollen."

Status Quo polarisieren. Während sie in Großbritannien den Status einer nationalen Institution innehaben und nicht nur dort von ihren Fans heiß und innig geliebt werden, werfen ihnen die Gegner konstant vor, sich stilistisch in einem sehr engen Rahmen zu bewegen und ihren Gute-Laune-Boogierock nach einem nur minimal variierten Strickmuster zu fabrizieren. Diese Kritik kennt Rossi zur Genüge und geht deshalb offen damit um: „Ich werde oft gefragt, warum wir immer wieder Songs schreiben, von denen einer wie der andere klingt. Ganz einfach: Weil es den Leuten gefällt!" Ausschlaggebend dafür ist, so der Koi-Karpfen-Sammler, das Naturell des Menschen: Der will von dem, was er gerne mag, immer mehr. „Wenn etwas erfolgreich ist und die Nachfrage nach einem Nachschlag vom Gleichen besteht, sagt nur eine sehr integere Person: ‚Nein, ich kann nicht nochmal das Gleiche machen`. Falsch! Natürlich kann man das!" Diesen Bedarf zu erfüllen, ist logisch, allseits üblich. Sonst gäbe es bei Filmen keine Fortsetzungen von Kassenknüllern. Wenn jemand behauptet: ‚Ich will nicht immer und immer wieder dasselbe präsentiert bekommen', dann antworte ich: ‚Doch, genau das willst du!' Schließlich schauen wir uns ja am liebsten jene Filme an, in denen grundsätzlich der Gute gewinnt – auch wenn uns klar ist, dass das der Wirklichkeit nicht entspricht. Wenn etwas beim Publikum ankommt, dann gibt es Teil 2 davon, schließlich wäre alles andere eine geschäftlich unkluge Entscheidung." Inwiefern nun das zweite Kapitel schlicht ein Recycling-Produkt des ersten darstellt, lässt sich nur bei differenzierter Betrachtung entscheiden: „Alles Musikalische ist eigentlich irgendwie ‚recycelt'; aber wenn der Song, der Film oder was auch immer toll ist, interessiert das weder mich noch irgendjemand anderen. Weil es nur zwölf Noten gibt, hat jeder Komponist irgendwie schon mal das wiederaufbereitet, was ein anderer vor ihm geschrieben hat. Aber er tut es für das Empfinden des jeweiligen Konsumenten vielleicht auf eine ganz spezielle Weise." Gerade in der Musik, meint der unprätentiöse Künstler, ist oft überhaupt nicht klar, warum dem Zuhörer etwas gefällt. Ihre Anziehungskraft, so seine Vermutung, liegt wohl darin, dass sie auf fundamentale, um nicht animalische Weise zu sagen, das Wesen des Menschen berührt. Unterm Strich geht es genau genommen nur darum: Ist die Melodie ansprechend – ja oder nein? In diesem Zusammenhang fällt ihm ein Ratschlag aus seiner Kindheit ein: „Ein Lied ist dann perfekt, wenn es Leute wie der Briefträger singen oder pfeifen können…"

„Erfolg ist nicht absolut, ich aber strebe nach Absolutem!"

Eingängigkeit und oft simple Strukturen sind Markenzeichen der Status-Quo-Lieder; im Einklang damit steht, dass ihre Interpreten ein bodenständiges, volksnahes Image pflegen und das Musterexemplar einer „People's Band" darstellen. „In all den Jahren haben wir allerdings auch schon Mittelmäßiges abgeliefert", räumt der passionierte Jeans- und Turnschuhträger ein. Dazu zählt seiner Meinung nach „Again And Again", ihre Hit-Single aus dem Jahr 1978. „Kein Künstler kann konstant ausschließlich Erstklassiges leisten". Insofern stellt Status Quo keine Ausnahme dar. „Auf unseren Alben gibt es großartige Momente, aber ebenso jede Menge Mist. Eine solche Einschätzung ist freilich immer abhängig vom persönlichen Geschmack", weiß Francis Rossi. „Etwas, das ich toll finde, hält ein Anderer für Müll. In diesem strikten Schubladendenken, etwas ist entweder gut oder schlecht, liegt das Problem. Richtiger wäre zu sagen, dass es einem persönlich nicht gefällt, anstatt es gleich abzukanzeln oder zu verurteilen – nur, weil es dem eigenen Selbstverständnis folgend, nicht gemocht werden sollte. Genauso verkehrt ist es, etwas, das man mag, mit dem Prädikat ‚gut' zu versehen!" Dass Schönheit im Auge des Betrachters liegt, damit hadert der Hundebesitzer: „Als ich jünger war, dachte ich mir: Wenn du erfolgreich bist, werden dich alle mögen. Aber Erfolg erkennen, wie ich erfahren musste, nicht alle an. Es wird sich stets jemand finden, der der Ansicht ist, dass dein kommerzieller Volltreffer für ihn bedeutungslos ist. Je älter ich werde, umso mehr verdrießt mich das. Ich strebe nach dem Absoluten! Ich möchte das Werk kreieren, das jedermann liebt! Das gibt es aber nicht und wird es wohl auch nie geben – egal, ob es sich um Musik, Film, Buch, Kunst oder was auch immer handelt!"

„Konstant Erfolg zu haben, ist schwieriger, als diesen Status einmal zu erreichen!"

Wenngleich ihre Gegner sie als ‚unkreativste Gruppe der Welt' titulieren und in den „Abba des Heavy Metal" (Melody Maker) ein schier unerklärliches Phänomen sehen, spricht der mittlerweile rund ein halbes Jahrhundert andauernde Erfolg für Status Quo. „Erfolgreich zu sein, sich breiter, positiver Resonanz zu erfreuen und wie wir mit einem ‚World

Music Award' oder ‚BRIT Award' ausgezeichnet zu werden, ist super – einerseits", offenbart Francis Rossi. „Andererseits ist das Ganze – zumindest in meinen Augen – auch frustrierend" und weist im selben Atemzug auf die seiner Ansicht nach größte Bürde hin: „Es stellt sich sehr schnell die Frage: Was kommt danach? So ist unsere Gesellschaft. Anstatt mit dem einmal Erreichten zufrieden zu sein, muss es immer weitergehen." Paradox und kurios, dass angesichts des Leistungsdenkens gleichzeitig propagiert wird, ganz bewusst im Hier und Jetzt zu leben, während in Wirklichkeit das Streben nach dem nächsten Ziel und Machen, Machen, Machen angesagt ist." Nicht zu vergessen: „Konstant Erfolg zu haben, ist viel schwieriger, als diesen Status einmal zu erreichen. Ist der Gipfel erklommen, dann kann es eigentlich nicht noch besser werden! Allerdings sind da immer wieder Leute, denen gelingt es, auf den vorherigen Erfolg noch einen draufzusetzen." Das ist jedoch die viel zitierte Ausnahme, die die Regel bestätigt. „Wer nicht zu diesen Glücklichen gehört, muss einfach erneut versuchen, den Gipfel ein zweites Mal zu erstürmen."

Rossi selbst ist ein Getriebener. Darauf lässt folgende Aussage schließen: „Ich hatte jede Menge Bestseller, doch genug ist das nicht! Wer mich als Zwanzigjähriger gefragt hätte, ob 40 Hit-Singles ausreichend sind, dem hätte ich geantwortet: ‚Natürlich'. Stimmt aber nicht!" Status Quo haben seit 1968 über 100 Singles veröffentlicht. Mehr als 60 davon sind Erfolge gewesen und Status Quo erhielten dafür am 1. September 2005 im „Guinness-Buch der Rekorde" den Eintrag „meiste Hit-Singles in den UK-Charts". Ist ihm eine derart hohe Trefferquote nicht genug? „Ich denke nicht! Keine Ahnung, ob die Ursache für diese Unersättlichkeit in der Unsicherheit oder dem Sich-immer-wieder-beweisen-Wollen eines darstellenden Künstlers liegt."

Dass der Eine Erfolg hat und der Andere trotz gleicher Begabung nicht, hängt nicht vom Talent ab. „Es ist schlichtweg unvorhersagbar und unerklärlich." Um seine Behauptung zu belegen, verweist der Co-Buchautor („XS All Areas"/„Status Quo: Die Autobiographie") und Hobby-Filmschauspieler („Bula Quo") auf die Spice Girls. „Keines der Mädchen in dieser Girlgroup war besonders attraktiv, konnte toll singen oder sich gut bewegen. Trotzdem sorgten die fünf weltweit für Furore, verkauften 53 Millionen Tonträger. Das Einzige, was ich daran fantastisch fand, war die Tatsache, dass sie aufgrund des Fehlens von Talent das System ad absurdum geführt und es mit purem Marketing zur Mega-Nummer gebracht haben." Wirklich begabte Künstler sind seiner Meinung nach weder im Fernsehen zu sehen, noch im Radio zu hören und stehen auch auf keiner Bühne. „Sie sind in ihrem privaten Umfeld aktiv." Wenn es nur um Kunst an und für sich ginge, dann wäre Talent relevant, doch im Showbusiness ist dies nicht der Fall!

„Im Gegensatz zu manchen Künstlern, die integer und deshalb in Vergessenheit geraten sind, prostituieren sich Status Quo bei jeder sich bietenden Gelegenheit!", gibt Rossi unumwunden zu. „Jegliche Möglichkeit, die uns am Leben hält und etwas bringt, nehmen wir wahr." Zwei Beispiele für die übergreifende Vermarktung in unterschiedlichen Bereichen: Die Band hat ihre Tracks „Down, Down" und „Whatever You Want" für die Werbekampagne der australischen Supermarktkette „Coles" den Kundenwünschen entsprechend in Richtung „Sonderangebote" sowie „großes Warensortiment" umgetextet; bei der englischen „Wychwood Brewery" wurde eine eigene Biermarke namens „Piledriver" herausgebracht. Wer dermaßen geschäftstüchtig ist, dem bleiben Enttäuschungen jedoch nicht erspart. „Manchmal machen wir etwas", gesteht Francis Rossi ein, „bei dem wir im Rückblick feststellen, dass es ein Fehler gewesen ist." Das ist für ihn allerdings kein Problem, denn es steht ja bald die nächste Herausforderung an. „Fallen wir hin, rappeln wir uns eben wieder auf und machen weiter. Keine Ahnung, was uns über all die Jahrzehnte angetrieben hat. Aber ich wüsste auch nicht, was ich jenseits der Musik hätte machen sollen. Sie hat mir Zielstrebigkeit vermittelt und mich mit Erfolgserlebnissen belohnt, kurz: Sie hat mir mein Leben geschenkt!"

Francis Rossi

„What You're Proposing" (VÖ: 3. Oktober 1980, Single-Chartsplatzierungen: UK – 2, Schweiz – 2, Niederlande - 4, Schweden – 3, Österreich – 4, Deutschland – 3, Belgien – 7, Norwegen 4, Irland – 2, Australien – 12, Neuseeland - 10)

"In einem meiner ersten Heimstudios besuchte mich damals ein Typ, der ‚Cosmic Cowboy' genannt wurde. Er baute alle möglichen verrückten Gitarren. Ich wusste nicht, dass er mich stets dann kontaktierte, wenn er knapp bei Kasse war, um eine seiner Gitarren zu verkaufen und danach schnell wieder zu verschwinden. So kam ich in den Besitz eines Modells namens ‚Fly'. Diese Gitarre testete ich sofort im Studio und setzte, warum auch immer, einen Kapodaster auf den vierten Bund. Ich fing zu spielen an, es gefiel mir. Die Klänge erinnerten mich an Gospels oder ein Lied der Crystals wie ‚And Then He Kissed Me'. Am Anfang spielte ich noch ganz langsam, doch dann beschleunigte ich das Ganze. So entstand das Intro von ‚What You're Proposing'. Die folgende Grundmelodie fiel mir rasch ein, wenngleich noch der Refrain fehlte. Als ich das beieinander hatte, ging ich zu Bett. Am nächsten Morgen kam Bernie Forst, mein damaliger Co-Autor, mit seiner Familie vorbei. Alles war ziemlich chaotisch. Ich erzählte ihm in dem ganzen Durcheinander die Geschichte vom Vorabend und ließ ihn anhören, was ich aufgenommen hatte. Ihm gefiel es, er lehnte sich an das Küchenbüffet und hatte den gesamten Songtext zum Thema ‚Wenn einem etwas vorgeschlagen wird' in weniger als zehn Minuten fertig."

Der Text zum Song "What You're Proposing"
war „in weniger als zehn Minuten fertig".

unten:

Fixpunkt bei Status Quo ist neben Francis Rossi auch Gruppen-Mitgründer Rick Parfitt (links). Ende 2016 war die britische Bandinstitution unter dem Motto „The Last Night Of The Electrics" live unterwegs. Es ist ihre letzte Tournee gewesen, bei der diese Musiker ihren Boogierock auf E-Gitarren gespielt haben.

STEVEN J. SASSON

ERFINDER (USA)

„Aus Misserfolg kann man viel lernen!"

Eine Digitalkamera zu nutzen, entweder als Bestandteil des Smartphones oder als separaten Apparat, ist für Millionen Menschen selbstverständlich. Wer das Ganze erfunden hat und welch kuriose Geschichte dahinter steckt, wissen die wenigsten. Steven J. Sasson heißt jener Mann, dem die Welt die allererste DigiCam zu verdanken hat. ›››

Der am 4. Juli 1950 geborene Sohn eines norwegisch-amerikanischen Ehepaares machte 1973 seinen Master in Elektrotechnik am „Rensselaer Polytechnic Institute" in Troy/New York und arbeitete anschließend bei der „Eastman Kodak Company". Dort erhielt er den Auftrag, eine elektronische Kamera mit lichtempfindlichen, elektronischen Bauelementen (CCD-Sensoren) zu konstruieren, die ursprünglich zur Datenspeicherung entwickelt worden waren. Der funktionstüchtige Prototyp war im Dezember 1975 fertig – ein 3.6 Kilogramm schweres, tragbares Teil von der Größe eines Toasters. Es machte Schwarz-weiß-Fotos, die auf einer Bandkassette gespeichert und auf einem Fernsehmonitor dargestellt wurden.
Als Sasson 1976 seine revolutionäre Erfindung hausintern den Managern vorstellte, erntete der gebürtige Brooklyner statt Euphorie nur Desinteresse und ihm wurde sogar untersagt, über seine Erfindung zu sprechen. Seine Innovation ließ die Firma zwar 1978 patentieren, allerdings auch im Safe verschwinden! Grund: Der damals weltgrößte US-Foto-, -Film- und -Kamerakonzern befürchtete, dass ihm das bahnbrechende Projekt, über das eine US-Tageszeitung erstmals am 16. Oktober 2001 berichten sollte, sein zentrales Geschäft zerstören würde. Eine folgenschwere Fehleinschätzung: Konkurrenten brachten Digitalkameras auf den Markt, machten gigantische Geschäfte; die „Eastman Kodak Co." indes, die mit der Lizenzierung des Patents noch lange Zeit Milliarden verdiente, meldete im Januar 2012 Insolvenz an. Das Original der ersten Digitalkamera ist im „National Museum of American History" in Washington ausgestellt – in der Nähe von Thomas Edisons Glühbirne, des ersten Apple-I-Computers und eines Prototyps des Mobiltelefons.
US-Präsident Barack Obama ehrte Steven J. Sasson bei einer Zeremonie am 17. November 2009 im Weißen Haus mit der „National Medal of Technology and Innovation", der höchsten Auszeichnung für Forscher, Techniker und Erfinder in den USA. Parallel dazu wurde der Urheber einer Innovation, die heute weltweit längst unverzichtbar ist, in die „National Inventors Hall of Fame" aufgenommen. Er, der bis 2009 für „Eastman Kodak" tätig war, schildert seitdem seine Story in Vorträgen rund um den Globus. Der zweifache Vater, dessen revolutionäre Erfindung ihn selber nicht zum Multi-Millionär gemacht hat, lebt mit seiner Ehefrau Cynthia in Rochester (US-Bundesstaat New York). **Web: www.fastcodesign.com/1663611/how-steve-sasson-invented-the-digital-camera-video**

„Eine Vision oder ein Traum sind bei mir nur der Auftakt, aus dem später eine kreative Aktion resultiert. Solche Eindrücke stellen sich mal als Bild dessen dar, was es zu erfinden gilt und mal als visuelle Vorstellung davon, welche Erfahrung der Benutzer mit der Erfindung machen könnte. In beiden Fällen gilt jedoch: Was mir da in den Kopf kommt, brennt sich quasi ins Gedächtnis ein.

„Um eine Idee zu überprüfen, muss man sich vorstellen, wie sie erfolgreich sein, aber auch, wie sie scheitern könnte."

Die Intuition kann sich als ganz klare Vision manifestieren oder im Sinne einer Problemlösung, indem man mit einem ganz neuen Blick an eine alte Herausforderung herangeht. Der nächste Schritt ist dann für gewöhnlich, diese andere Sichtweise immer wieder einzubeziehen, während man über längere Zeit die eigentliche Idee zu modifizieren und zu vereinfachen sucht. Sobald sie gedanklich eine klare Form angenommen hat, sind sämtliche weiteren Bemühungen darauf gerichtet, alles auf Schwachstellen hin zu überprüfen. Das erfordert, die Denkweise zu ändern und sich auszumalen, wie die Idee erfolgreich sein, aber auch wie sie scheitern könnte. Beide Varianten erfordern ein hohes Maß an Vorstellungskraft!

„Frage- und Problemstellungen aus unkonventionellen Perspektiven betrachten!"

Ich habe die Erfahrung gemacht, dass sich bei mir Intuition dann einstellt, wenn ich eine Frage- oder Problemstellung aus einer ganz anderen als der bisherigen Perspektive betrachte! Das setzt allerdings die Bereitschaft voraus, sich selber in diese unbequeme Position zu begeben – eine, die man für gewöhnlich bei der Beschäftigung mit einem Thema nicht einnimmt. Dieser Blickwinkel stellt jedoch die eigene Einseitigkeit bloß und hat zur Folge, ganz anders zu denken. Auf eine derartige Situation passt die Redewendung ‚Nicht das, was man nicht weiß, bringt einen in Schwierigkeiten, sondern das, was man zu wissen meint' und was sich bei näherer Betrachtung dann als falsch erweist. Vielleicht ist der intuitive Augenblick also nichts anderes als eine kurze Flucht vor dem, was man sicher zu wissen glaubt.
Feststehende Fristen sorgen dafür, dass man sich auf das Problem fokussiert. Zudem nötigen sie einen zu höherer Effektivität bei der Suche nach einer Lösung. Kreativ zu arbeiten, heißt unter anderem: Gleichzeitig auf das Problem konzentriert, aber ebenso aufgeschlossen für neue Lösungswege zu sein. Viel zu oft läuft es unter Druck doch fol-

gendermaßen: Wirklich gute, neue Resultate werden aufgegeben, weil zu wenig Zeit vorhanden ist, um sie auszuarbeiten.
Die Quelle für Inspiration liegt, meiner Meinung nach, in der Leidenschaft des Einzelnen begründet. Ich zum Beispiel bin ein Freund der Vereinfachung. Diese Vorliebe bestimmt auch mein Denken. Ich muss ehrlicherweise zugeben, dass sich Ideen bei mir nur ganz selten ‚einfach so' einstellen. Für gewöhnlich kommen sie, wenn ich eine Fragestellung aus einer unkonventionellen Perspektive betrachte.

„Ein guter Einfall braucht den Reifeprozess."

Hervorragende Ideen zeigen sich daran, dass sie Bestand haben – selbst dann, wenn sie einer eingehenden Prüfung unterzogen sowie mehr und mehr auf den Punkt gebracht werden. Ein guter Einfall braucht möglicherweise viel Zeit, um zur Reife zu gelangen – im Fall der Digitalfotografie lagen 30 Jahre zwischen Erfindung und Marktreife – aber er verliert nichts von seiner Qualität, weil er sowohl nützlich, als auch leicht verständlich ist.
Abhängig von den Gegebenheiten, können es beim einen Mal nur wenige Minuten, ein anderes Mal sogar Jahre sein, die ich mich mit einem Geistesblitz herumschlage, bis ich soweit bin, in der Sache kreativ tätig zu werden.

„Wichtig für die Realisierung eines Projekts ist der dringende Wunsch, dass es Wirklichkeit werden soll!"

Bevor man die zur Realisierung eines Projekts erforderlichen Schritte einleitet, muss der dringende Wunsch vorhanden sein, dass es Wirklichkeit wird. Das Potential muss spürbar sein: Eine großartige Idee 'fühlt sich' in der Regel auch großartig an; sie trifft die persönlichen Interessen und berührt die eigenen Leidenschaften. Deshalb wirst Du auch immer wieder auf die Idee zurückkommen, während sie in Deinem Kopf nach und nach reift.
Kreativ zu sein, möchte ich als höchst befriedigend beschreiben. Man wird emotional dafür belohnt, wenn man eine elegante Lösung für ein Problem oder eine Fragestellung gefunden hat.

„Der Denkansatz ist entscheidend, nicht Talent oder Erfahrung."

Der Weg von der Idee bis zu ihrer tatsächlichen Umsetzung ist von Bergen an Arbeit gesäumt. Doch damit nicht genug: Man macht häufiger Erfahrungen der Marke ‚Sack-

gasse', als dass Licht am Ende des Tunnels zu sehen wäre! Erfinder verbringen das Gros ihrer Zeit damit, dass sie falsch liegen. Zu guter Letzt wissen sie mehr darüber, warum etwas nicht funktioniert, als darüber, warum etwas klappt. Während der Arbeit daran, einen Einfall zu realisieren, wird er zwangsläufig durch Kräfte, die man gar nicht auf dem Schirm hatte, beeinflusst. In meinen Augen ist dieser Prozess vom Ursprung bis zur kommerziell verwertbaren realen Umsetzung eine Erfahrung, die einen demütig werden lässt!
In wiefern Kreativität erzwungen werden kann, ist schwer zu sagen. Ich glaube, dass es besser ist, wenn man selbst etwas Bestimmtes erreichen will, als wenn einem dies befohlen wird.
Geht es darum, ein Problem zu lösen, kann ich das am besten alleine, in ruhiger Umgebung. Als hilfreich erweist sich, aufzuzeichnen, was einem in diesem Fall vorschwebt. Ich bin dann voll konzentriert, handelt es sich doch um das zielgerichtete Streben danach, die eigene Vision auf Herz und Nieren zu testen.
Um etwas, das einem in den Sinn gekommen ist, zu testen, ist ein Team wohl das beste Umfeld. Jeder Einfall ist Veränderungen unterworfen und eben diese stellen sich in einer Arbeitsgemeinschaft schneller ein. Zudem bietet eine solche personelle Konstellation einen weiteren Vorteil: Man muss anderen Menschen vertrauen, um mögliche Defizite auf Seiten des Ideengebers auszugleichen. Eine Erfindung macht auf dem Weg von der Idee bis zu dem Punkt, an dem sie Wirklichkeit wird, eine Evolution durch. Ich halte es für einen großen Fehler, wenn Erfinder glauben, sich jeden Schritt während des Entwicklungsprozesses selber ausdenken zu müssen.
Wenn man an die Grenzen des bislang Bekannten stößt, braucht es für den entscheidenden Sprung auf das nächste Level entweder einen innovativ denkenden ‚Handwerker' oder einen, der genau diese Fähigkeiten nicht besitzt. Entscheidend ist nämlich der Denkansatz und nicht das Talent oder die Erfahrung dessen, der sich darüber den Kopf zerbricht!

„Perfektionsstreben belastet am Anfang nur."

Gefragt, welche Kriterien für einen kreativen Prozess relevant sind, würde ich folgende Aufteilung nennen: 50 Prozent entfallen auf eine disziplinierte Arbeitsethik, 20 Prozent auf Neugierde und der gleiche Anteil kommt der Bescheidenheit zu; Sinn für Humor macht die restlichen zehn Prozent aus. Müsste ich ein ähnliches Diagramm für die persönlichen Beweggründe anlegen, würde ich Selbstverwirklichung an die erste Stelle setzen. Anerkennung und Erfolg sind schließlich von externen Faktoren abhängig und stellen sich möglicherweise nie ein. Ich habe diese Reihenfolge aus gutem Grund gewählt, denn meine persönliche Hauptmotivation ist, dass meine Vorstellung Wirklichkeit wird. Da geht es mir als Wissenschaftler wohl genauso wie einem Künstler. Über Perfektion mache ich mir übrigens keine Gedanken, denn dieser Anspruch belastet am Anfang einen neuen Einfall nur. Berufserfahrung und ein professioneller Ansatz sind hilfreich, um sich mit einer neuen Idee auseinander zu setzen und sie zu entwickeln. Um diese selbst hervorzubringen, dazu ist derartiges Knowhow nicht wirklich hilfreich.

Erfinder verbringen ihre Zeit damit, sich voll auf ihr Thema zu konzentrieren anstatt auf sich selbst oder darauf zu achten, wie sie als Person wahrgenommen werden. Deshalb sind Forscher auch bekannt dafür, schlecht angezogen zu sein.

Ob nun ein junger Mensch aufgrund seiner Frische kreativer ist als ein älterer, der mit seiner Erfahrung punkten kann, lässt sich nicht generell beantworten. Ich finde, dass Youngster eher vor Ideen sprühen, während Oldies Einfälle besser ausloten und testen können.

Apropos Ideen: Ich archiviere neue Einfälle in etwas, das ich ‚mein mentales Regal' nenne. Dort speichere ich sie ab, wenn ich ihnen im Moment nicht die gewünschte Aufmerksamkeit widmen kann. Und ja, ich habe ältere Leitmotive schon mal wieder aufgegriffen, weil sich die Umstände oder meine Betrachtungsweise geändert hatten.

Fortschrittliche Vorstellungen müssen bestmöglich kommuniziert werden – gerade dann, wenn sie ihrer Zeit voraus sind. Deshalb ist es wichtig, genau daran zu arbeiten, dass der eigene Einfall für andere Menschen verständlich wird, denn sonst droht die Idee nirgendwohin zu führen.

Damit es mit einer eigenen Kreation weitergeht, muss man an einem bestimmten Punkt einen Schlussstrich ziehen, zum Ende kommen. Dann kann es mit der kommerziellen Auswertung weitergehen. Neue Aspekte eines Projektes werden im nächsten Durchlauf in die Tat umgesetzt. Anders ausgedrückt: Die Evolution des Ganzen läuft auch hier in einzelnen Schritten ab.

„Ein Einfall verändert sich, sobald er auf die Realität trifft!"

Derjenige, der etwas noch nie Dagewesenes vorstellt, ist gut beraten, flexibel zu sein. Oftmals ist es doch so: Man malt sich die Zukunft dessen, was man erschaffen hat, in den schönsten Farben aus – auch hinsichtlich der Frage, welche Wirkung das Werk haben wird. Aber das ist stets nichts anderes, als eine höchst individuelle Auslegung, um Andere für die eigene Idee zu begeistern. Die Wirklichkeit sieht nämlich eher folgendermaßen aus: Ein Einfall verändert sich, sobald er auf Realität trifft! Dieser Entwicklungsprozess sollte von Anfang an bedacht werden, wenn eine Idee dargestellt wird.

Je erfolgreicher sich ein Gedanke in seiner Umsetzung erweist, desto häufiger wird er auch recycelt. Das liegt in der Natur der Sache.
Um im Erfolgsfalle dennoch gegenüber Kritik aufgeschlossen zu bleiben, ist es empfehlenswert, sich mit den aus ihr resultierenden Fragen und Herausforderungen anzufreunden. Kritik ist das Zeichen schlechthin, dass sich Außenstehende mit dem Thema auseinandersetzen.
Ich kann problemlos zugeben, schon mal etwas abgeliefert zu haben, das nur mittelmäßig, aber dennoch erfolgreich gewesen ist. Es war allerdings zu etwas gut. Genau das hat es dann jedoch, meiner Ansicht nach, auch gerechtfertigt.
Misserfolg oder Ablehnung werden meiner Meinung nach völlig unterbewertet. Aus dem Versagen kann man nämlich sehr viel lernen! Man sollte das Scheitern deshalb nicht als allgemeingültiges Urteil verstehen, sondern vielmehr als Möglichkeit, es beim nächsten Mal besser zu machen!
Erfolg bietet optimale Voraussetzungen dafür, weitere Anläufe zu starten. Renommée allerdings steht der Weiterentwicklung im Weg, sobald die Angst vor dem Misserfolg eine maßgebliche Rolle spielt! Vielleicht liegt es genau daran, dass junge Erfinder sehr effektiv arbeiten, weil sie nicht die Last eines guten Rufs mit sich herumschleppen."

Steve Sasson

„Mein ‚Meisterwerk' ist ganz klar die Erfindung der Digitalkamera! Ich war hoch motiviert, weil ich wissen wollte, ob ich eine Kamera würde bauen können, die nur aus elektronischen Bausteinen besteht. Bei der weder ein Film noch Fotopapier zum Einsatz kommen würden und der Benutzer am Schluss doch ein Bild der Aufnahme würde sehen können. Zusätzlich trieb mich die Frage an, ob ich eine Kamera würde erschaffen können, in der keine mechanischen Bauteile enthalten wären. Beides war zum damaligen Zeitpunkt im Bereich der Fotografie nicht möglich. Verglichen mit dem, was es zu jener Zeit gab, schien mir mein Bestreben die elegantere und effizientere Methode zu sein. Kurz gesagt: Vereinfachung und Verschlankung waren also meine Antriebskräfte."

GEZA SCHÖN

PARFÜMEUR (DEUTSCHLAND)

„Ein kreatives Werk zu beenden, ist beinahe schwieriger, als es zu beginnen!"

Revolutionär und Rebell der Duftwelt – nicht nur in seiner Heimat Deutschland, sondern weltweit! Die radikalen, unkonventionellen Kreationen von Geza Schön ignorieren Markt- und Industriezwänge, haben Wahrnehmung und Zusammensetzung von Parfüms gleichermaßen tiefgreifend geändert. Seine Innovation 'Molecule 01' enthält nur ein einziges Aroma-Molekül: Iso E Super. Was nach einer Treibstoffmarke klingt, ist ein rein synthetischer Duftstoff. Er wurde 1973 patentiert und ist zusammen mit diversen anderen Zusätzen in vielen Parfüms (wie beispielsweise Lancômes „Trésor" und Diors „Fahrenheit"), Deos, Seifen, Shampoos enthalten. Schön jedoch isolierte ihn, was zur Folge hatte, dass die chemischen Bestandteile dieses Mono-Dufts erst so richtig zeigen können, was in ihnen steckt. >>>

Seine olfaktorischen Charakteristika: subtil-dezent, samtig-weich, leicht süßlich und zedernholz-artig, äußerst anziehend und lange anhaltend. Das Odeur entfaltet sich bei jeder Person (durch die Wärme der Haut) anders, macht es facettenreich und wandlungsfähig. Dennoch bietet es einen hohen Wiedererkennungswert, große Strahlkraft und unterstreicht die natürliche Duftsignatur eines Menschen, ohne einem Parfüm zu ähneln. Hochdosiert sorgte das Wundermittel rasch für Furore, geriet in den Fokus Prominenter: Naomi Campbell, Madonna, Kate Moss zählen zur internationalen Klientel, die kistenweise jene modern-luxuriös anmutenden Flakons mit dem augenfälligen Binärcode-Designelement ordert, welche von der preisgekrönten Londoner Agentur „MeCompany" gestaltet wurden.
Geza Schön (* 2. März 1969) begeisterte sich schon als Kind für Düfte, konnte im Teenageralter hunderte von ihnen blind namentlich zuordnen. Nach einem Praktikum begann der Sohn eines Kunsterziehers und einer Kindergärtnerin im Januar 1992 bei „Haarmann & Reimer" (auch bekannt als „H & R", ging 2003 in der „Symrise AG" auf) die Ausbildung zum Parfümeur. Zwölf Jahre arbeitete Schön bei dem Duftstoff- und Aroma-Anbieter. Dann kündigte der gebürtige Kasseler. Grund: Er war desillusioniert von der zunehmenden Kommerzialisierung dieser Branche, fühlte sich in seiner Kreativität limitiert.
Geza Schön gehört zwar zur Gruppe der rund 500 Parfümeure weltweit, hat dort aber einen Sonderstatus. Nur eine Handvoll von ihnen ist, wie er, freiberuflich tätig. So kann der Bewunderer von Joseph Beuys, Gerhard Richter und Jeff Wall einerseits als ‚Consultant Perfumer' Aufträge annehmen, sich aber andererseits auch in interessanten Kunstprojekten engagieren und unkonventionelle Ideen realisieren. Beispielhaft dafür: Schöns Kooperation mit Wolfgang Georgsdorf. Der österreichische Regisseur, Zeichner, Maler, Bildhauer, Musiker und Autor hat eine elektronische Geruchsorgel namens 'Smeller' realisiert, zu welcher der deutsche Duftdesigner 64 Geruchssequenzen beisteuerte. 2004 arbeitete Schön anlässlich der „3. Berlin-Biennale für zeitgenössische Kunst" mit Sissel Tolaas, einer norwegischen Konzeptkünstlerin und Geruchsforscherin/-archivarin. Die Zwei übersetzten unter dem Titel „Without Borders – Nosoeawe" die Düfte von vier Stadtteilen der deutschen Hauptstadt in eine Parfüm-Installation. 2009 kam seine „The Beautiful Mind Series" auf den Markt. Sie entstand in Teamwork mit Menschen, die sich leidenschaftlich Dingen widmen, die jeder (!) erlernen kann. Zu ihnen gehören Christiane Stenger, Juniorenweltmeisterin im Gedächtnissport und jüngster 'Grandmaster Of Memory', oder die russische Primaballerina Polina Semionova („American Ballet Theatre"). Anlässlich des 20. Todestages von Klaus Kinski entstand eine dekadent-extravagante, männliche Duft-

Hommage an den exzentrischen, für seine emotionalen Ausbrüche bekannten Schauspieler („Aguirre, der Zorn Gottes", „Nosferatu", „Woyzeck", „Fitzcarraldo"). 2012 folgte „Paper Passion". Das von dem Magazin „Wallpaper" und dem Göttinger Verleger Gerhard Steidl inspirierte ‚Perfume For Booklovers' riecht nach frisch gedruckten Büchern und liegt als skulpturales Konzept in einem ausgestanztem Buchblock (Design: Karl Lagerfeld). Einzigartig auch Geza Schöns Kreation im Jahr 2014: Für die Ausstellung der Werke von Odilon Redon komponierte der Weitgereiste (Argentinien, Asien, Frankreich, Großbritannien, USA) ganz spezielle Duftproben: „Dark" reflektiert olfaktorisch die als „Noirs" bekannte frühe, dunkle Phase des französischen Graphikers und Malers des Symbolismus. 2016 kooperierte Geza Schön erneut mit Wolfgang Georgsdorf. Zusammen untermalten sie Edgar Reitz monumentalen Film „Die andere Heimat – Chronik einer Sehnsucht" mit Gerüchen. Die Weltpremiere des Duftkinos fand am 17. Juli in Berlin beim „Osmodrama" statt, dem ersten Festival für Geruchskunst.
Schön arbeitet als unabhängiger Parfümeur mit dem Dufthersteller „IFF - International Flavors & Fragrances" (Erfinder/Patentinhaber von Iso E Super), der international zur Spitzengruppe der Branche gehört. Bereits 2006 gründete er das Label „Escentric Molecules", dessen Slogan ‚Radikal. Puristisch. Einzigartig. Escentric Molecules zelebriert das Kreieren von Parfüm als Kunstform der Chemie' lautet. Unter diesem Namen erscheinen seitdem die Kreationen des „Duftdesigners auf molekularer Mission", der von den rund 800 Duftessenzen in seinem Labor hauptsächlich ein Set von 120 bis 150 immer wieder als Basis verwendet. Seine Schöpfungen sind allerdings nicht für den Massen-, sondern Nischenmarkt konzipiert – für Personen mit (Geruchs)Sinn und dem Anspruch auf das Besondere, Individuelle.
Geza Schön lebt und arbeitet in Berlin. **Web: www.escentric.com**

„Auslöser für Ideen oder Inspirationsquellen können in meiner Branche ganz unterschiedlich sein – zum Beispiel ein Naturprodukt. Bei einem meiner Parfümprojekte war es ein peruanischer Pfefferbaum (‚Schinus Molle'), den ich zu Hause hatte, weil ich den Duft sehr mag. In der Entwicklungsphase bin ich immer wieder hingegangen, habe gerochen, die Blätter zerrieben und mich von dem einzigartigen pfeffrig-grünen Duft einfangen lassen. Da war die Duft-Idee dann schon sehr konkret, und ich hatte eine

klare Vorstellung von dem entstehenden Parfum im Kopf.
Auch klassische Duftakkorde können Kreativität auslösen – indem man einen etablierten Duft wie beispielsweise ‚Shalimar' von ‚Guerlain' neu interpretiert und modernisiert – so wie es die Mode, Film oder Kunst im Grunde ja auch machen.
Eine weitere Inspirationsquelle sind für mich persönlich Reisen. Ich liebe es, mich in eine neue, fremde Umgebung zu begeben und dort eine andere Sinnlichkeit zu erleben. Orte, deren Kultur, Klima, Texturen, Menschen, Natur oder Nahrungsmittel sich von den unsrigen unterscheiden, sind voller neuer, spannender Gerüche. So ist in meine Kreation ‚GS01' für ‚biehl. parfumkunstwerke'/Berlin meine gesammelte Duft-Erinnerung an Asien eingeflossen: Ich bin in den 1990er Jahren mit dem Rucksack durch Indonesien und Thailand gereist. Diese seltsam entspannende Kombination von Cumin (Kreuzkümmel), Limette, Chili und dem allgegenwärtigen Duft von Basmatireis ist mir noch heute total präsent.
Eine befreundete Künstlerin sagte einmal: ‚Ein glücklicher Künstler kann kein guter Künstler sein.' Das sehe ich ganz anders. Die Stimmung muss positiv sein. Wenn ich in irgendeiner Form belastet bin, kann ich nicht kreativ sein. Wer will denn schon in meinen Parfüms den ‚Ausdruck von Traurigkeit' riechen? Ein Maler, ein Komponist mögen ihre seelische Verfassung in ihre Werke tragen dürfen – einen depressiv anmutenden Duft aber will niemand.
Ungestört, in Ruhe und entspannter Verfassung, am liebsten alleine, kreiere ich die weitaus besseren Düfte. Manchmal aber hilft der Termindruck dabei, mit einer Kreation zum Abschluss zu kommen, sich entscheiden und festlegen zu müssen.
Wenn ein Abgabetermin vorgegeben, aber keine Inspiration vorhanden ist, haben wir Parfümeure es im Vergleich zu anderen Künstlern gut: Wenn sie fehlt, können wir auf Bewährtes zurückgreifen. Es gibt die so genannte ‚library', die Bibliothek, in der sämtliche irgendwann einmal entstandene Duftkreationen archiviert werden. Meist stellt sich dann beim Riechen der ‚fertigen' Düfte auch die Inspiration für die neue Kreation wieder ein...
Der Beruf des Parfümeurs erfordert ein ganz besonderes kreatives Talent – wer das nicht hat, sollte besser die Finger davon lassen. Aber natürlich helfen auch hier handwerkliche Präzision und Erfahrung.
Bei der Kreation eines Duftes kann mir im Grunde niemand wirklich helfen. Im Laufe der Entwicklung hole ich mir jedoch gerne Feedback und Anregungen von Menschen, deren Urteil ich vertraue. Wie schlussendlich Spreu und Weizen von einander zu trennen sind, kann man in der Parfümerie ziemlich leicht herausfinden: Man lässt den Duft einfach vorher von anderen Menschen, wie zum Beispiel Kollegen oder Kunden, riechen und erfährt relativ schnell, ob die Idee ankommt. Die Gespräche mit Experten wie den Evalua-

toren (Bewerter/Gutachter) und der professionelle Austausch mit geschätzten Kollegen sind für meine Arbeit sehr wertvoll.

„Eine gute Idee vergisst man nicht. Hat man sie vergessen, war sie nicht gut genug!“

Ich glaube, dass es in kaum einer anderen kreativen Disziplin so gute Möglichkeiten gibt, sich kreativ auszuleben und auch einmal etwas zu trauen. Wir Parfümeure kennen uns mit dem Geruchssinn einfach so viel besser aus als der ‚normale' Mensch. Sehen und hören können wir alle gleichermaßen gut, da vermag sich jeder ein Urteil zu bilden. Wir Parfümeure haben das Privileg des besonders geschärften Geruchssinns. Deshalb können wir visionär oder auch revolutionär sein. Mein Duft ‚Molecule 01' ist dafür ein gutes Beispiel. 1990, als ich ihn kreiert habe, galt die Regel: Ein Parfüm muss komplex, also aus möglichst vielen Einzelkomponenten zusammengesetzt sein. Diese Vorgabe habe ich kurzerhand auf den Kopf gestellt, indem ich nur einen einzigen synthetischen Duftstoff eingesetzt habe. Ich hatte die Vision, dass genau das den Zeitgeist treffen könnte. Den Praxistest habe ich unfreiwillig auch gleich mitgeliefert: Ein Freund trug eine Laborprobe des Duftes abends in einer Bar – und wurde direkt von einer Frau angesprochen, welches Parfüm er trage, sie habe noch nie zuvor etwas so Wunderbares gerochen...
Einfälle mit Substanz, dieser Ansicht bin zumindest ich, müssen nicht gleich festgehalten werden. Eine gute Idee vergisst man nicht. Hat man sie vergessen, war sie einfach nicht gut genug!
Ob eine Eingebung die Substanz zu etwas Großem hat, das spürt man. Es ist die Mischung aus Intuition und Erfahrung, die einen da ein sicheres Gespür entwickeln lässt. Wenn ich mit einer Idee schwanger gehe, dann kann es von null Sekunden bis ewig dauern, bis diese soweit ausgereift ist, dass ich an ihre kreative Umsetzung gehen kann. Manchmal muss ich mich noch im selben Moment hinsetzen und mit dem Komponieren beginnen, in dem die Idee aufkommt. Bisweilen aber kann es auch Jahre dauern, bis die Zeit für eine Kreation gekommen ist.
‚Alles beginnt mit Sehnsucht', diesem Ausspruch der Nobelpreisträgerin Nelly Sachs stimme ich zu. Kreative Menschen treibt die Sehnsucht an, etwas erschaffen zu wollen; die Sehnsucht nach etwas Neuem, Anderen.
Kreativ tätig zu sein, beinhaltet Magie und Schmerz. Während des Schaffensprozesses ist da diese Spannung, Magie, ohne die ich nicht arbeiten könnte und die mich beflügelt. Wenn ich keine Spannung wollte, wäre ich bei der Post. Schmerz setzt dann ein, wenn das Ergebnis nicht gut genug ist, die eigenen Erwartungen und Ansprüche nicht erfüllt.

„Optimal für Kreativität ist die richtige Mischung: Müßiggang plus Struktur, basierend auf Erfahrung.“

Während manche Kreative berichten, dass sie den Schaffensprozess wie in Trance erleben, kenne ich einen solchen Zustand nicht. Ich bin dann immer voll da, sprichwörtlich ‚bei Sinnen'.
Optimal für Kreativität ist die richtige Mischung: Müßiggang plus Struktur, basierend auf Erfahrung. In diesem Kontext erwähnenswert ist die Überlegung, ob Alter und Lebenserfahrung der frischen Kreativität der Jugend vorzuziehen wäre oder es sich umgekehrt verhält. Nun, die Jugend bringt die Unbedarftheit mit, einfach mal etwas auszuprobieren, sich zu trauen, die eigene Kreativität spielerisch einzusetzen. Mit dem Alter aber macht Erfahrung den Mangel an Unverbrauchtheit allemal wett.

„Sich immer wieder selbst kritisch zu hinterfragen, ist wichtig für die persönliche Entwicklung.“

Dass sich zuerst verworfene Ideen im Nachhinein als gut erweisen, ist in meiner Branche häufig der Fall. Bei der Duftentwicklung kommt es oft vor, dass die für ein Auftragsvergabeverfahren zunächst aussortierten Düfte zu einem späteren Zeitpunkt für ein ganz anderes Projekt durchaus passend und richtig sein können.
Es gibt Düfte, die habe ich auf dem Papier entwickelt und noch nicht einmal selbst gerochen, aber sie waren trotzdem erfolgreich. Andere, an denen habe ich fünf Jahre lang gearbeitet, wurden dann trotzdem nicht genommen. Es gibt hier also keine universelle Erfolgsformel, alles ist möglich.
Kreatives Schaffen ist für mich persönlich gar nicht anders denkbar als mit Aufrichtigkeit und Authentizität. Selbstzweifel ist mir ein zu starkes Wort. Ich glaube nicht, dass Künstler so weit gehen müssen. Aber sich selbst immer wieder kritisch zu hinterfragen, das halte ich für wichtig für die persönliche Entwicklung.
Kreativität bedeutet, zumindest für mich, manchmal Schweiß. Niemals Tränen. Sie macht ganz eindeutig Spaß! Und ihre wirkliche Befriedigung bringt nur die Kombination aus Selbstverwirklichung, künstlerischer Anerkennung und kommerziellem Erfolg. Mein persönlicher Antrieb ist übrigens die Freude daran, etwas Neues zu erschaffen.

„Erfahrung und Professionalität können nur temporär über mangelnde Kreativität hinwegtäuschen."

Der Feststellung, dass ein allzu perfektes Werk seelenlos ist, teile ich auf keinen Fall. Ich mag Perfektion! Am Beginn einer Duftkreation spielt sie naturgemäß noch keine Rolle, da wird zunächst ein neuartiger Grundakkord entwickelt. Später aber, bei der Weiterentwicklung des Dufts, geht es sehr wohl um Perfektion – um die perfekte Abstimmung und Dosierung der Ingredienzien, um ein perfektes Ganzes.
Die Routine beeinflusst die Kreativität mal mehr, mal weniger. Das variiert je nach Aufgabenstellung. An schlechten Tagen kann man sich mit Routine über die Runden retten, an guten ist sie fast störend, weil man für wirklich aufsehenerregende Kreationen aus den eigenen Routinen ausbrechen und gewohnte Pfade verlassen muss. Erfahrung und Professionalität können nur temporär über mangelnde Kreativität hinwegtäuschen. Das geht aber bloß solange gut, bis es irgendjemand jemand merkt. Vor sich selbst besteht man so jedoch keinesfalls!
Es gibt den bekannten Aphorismus ‚Kunst kommt von Können'. Dazu meine ich: Begabung ist wie ein fruchtbarer Boden, auf dem etwas wächst – wenn denn jemand das Richtige sät. Wächst ein Mensch in einem kreativen Umfeld auf, leitet ihn jemand an, bekommt er die nötige Freiheit, sich auszuprobieren, und die richtigen Materialien an die Hand, dann sind alle Voraussetzungen für Kreativität geschaffen.
Wenn ich nicht mit meinem Vater aufgewachsen wäre, wäre ich heute wohl nicht Parfümeur...

„Beim kreativen Arbeiten sollte das Handwerk in den Hintergrund treten und sich der Intuition unterordnen."

Handwerkliches Können hat in der Parfümerie einen sehr hohen Stellenwert. Beim kreativen Arbeiten kann und sollte es in den Hintergrund treten und sich der Intuition unterordnen. Für eine gelungene Gesamtkreation ist aber solides Handwerk unerlässlich. Eine Komposition von Rohstoffen, die ich mir auf dem Papier ausdenke, welche jedoch beim Zusammenmischen fürchterlich riecht, macht keinen Sinn. Das ist wie beim Kochen: Man kann die wahnwitzigsten, exotischsten Zutaten verwenden und dabei ganz kreative, neue Wege gehen – am Ende des Tages kommt es auf das Handwerk an, damit alles zueinander passt und ein Gericht entsteht, das den Menschen schmeckt.

„Wer satt ist, bewegt nichts mehr!“

Sich künstlerisch treu zu bleiben, aber innovativ zu sein, ohne seinen Stil zu verleugnen und sich dennoch neu zu erfinden – das ist tatsächlich die große Kunst! Wir Parfümeure vollziehen jeden Tag genau diesen Spagat. Jeder von uns hat seine ganz eigene Handschrift. Dennoch wird von uns stets etwas Neues, ganz Besonderes, nie zuvor Dagewesenes erwartet. Wie bei vielen anderen Dingen im Leben auch hilft hier, offen zu bleiben, neugierig, selbstkritisch. Weder persönlich noch fachlich stehenzubleiben. Sich nicht auf seinen Erfolgen auszuruhen, sondern mit jedem Werk immer wieder das Beste aus sich herauszuholen. Hungrig zu bleiben. Wer satt ist, bewegt nichts mehr!

„Eine gute Idee kann immer warten, bis ihre Zeit gekommen ist.“

Seiner Zeit voraus zu sein, konzeptionell und intellektuell, ist erstrebenswert. Ziel muss allerdings stets sein, die Menschen zu erreichen, für die man ein Produkt kreiert. Parfümerie ist nicht Kunst um der Kunst willen. Sie soll die Menschen berühren, ihren Alltag bereichern, gefallen – ohne bloß gefällig zu sein. Das ist die Herausforderung. Im Übrigen bin ich überzeugt, dass eine gute Idee immer warten kann, bis ihre Zeit gekommen ist. Den Punkt, an dem der kreative Prozess abgeschlossen ist und das Produkt freigegeben werden kann, entscheide ich als Parfümeur selbst. Bei aller Freude an intensiver kreativer Arbeit: Irgendwann muss Schluss sein! Ein kreatives Werk zu beenden, ist beinahe schwerer, als es zu beginnen!

„Recycling von Erfolgsbewährtem langweilt!“

Für manche mag Recycling von etwas Erfolgsbewährtem relevant sein, für mich persönlich stellt es keine Versuchung dar. Im Gegenteil: Es langweilt mich. Bei Auftragsarbeiten ist aber mitunter genau das gefragt.

In der Parfümerie spielt der Zufall für den breiten Zuspruch keine Rolle, denn beim Riechen gibt es keine Zufälle. Düfte polarisieren meistens: Entweder man mag einen Duft oder nicht. Dazwischen gibt es kaum Graustufen. Erfolg hat, wer olfaktorisch überzeugt. Wenn man Dinge für Menschen kreiert, muss man diese Menschen kennen und verstehen. Bei Parfüms spielen Trends, Lebensgewohnheiten, Stimmungen und Zeitgeist eine große Rolle. Die Parfümkunst ist kein Selbstzweck. Dazu passt ein Satz, den der russische Komponist Mussorgski gesagt haben soll: ‚Kunst ist ein Mittel für das Gespräch mit den Menschen'.

Wie man es schafft, trotz Erfolg offen für Kritik zu bleiben – das kann ich nicht beantworten. Ich bleibe es.
Habe ich schon Mittelmäßiges abgeliefert, bin damit selber unzufrieden gewesen – und habe trotzdem Erfolg gehabt? Ohne Umschweife: ja!
Die Angst vor dem Versagen oder davor, dass die Erfolgsserie reißt und der Absturz erfolgt – dergleichen kenne ich nicht. Sie wäre ein schlechter Ratgeber für einen Künstler, weil sie lähmt und blockiert.

„Durchhalten! Entspannt bleiben! Misserfolge sind eine wichtige Voraussetzung persönlicher Weiterentwicklung.“

Mein Rat, wie mit Misserfolg umzugehen ist und ob es Priorität hat, sich nicht entmutigen zu lassen, weil Erfolg eventuell erst später kommt: Auf jeden Fall durchhalten! Entspannt bleiben! Sich befreien von diesem typisch deutschen Denken, dass, wer scheitert, ein Versager ist. Misserfolge sind eine wichtige Voraussetzung persönlicher Weiterentwicklung.
Wer nun das Werk geschaffen hat, in dem alles gesagt worden ist und mit Mega-Erfolg geadelt wurde, braucht nicht zu glauben, dass der Höhepunkt gleich das Ende darstellt. Es geht ganz sicher weiter. Immer.

Es mag als höchst erstrebenswert gelten, etwas zu erschaffen, das als das Nonplusultra gilt. Aber wer entscheidet eigentlich, was ein ‚ultimatives Werk' ist? Ich will mit jeder Kreation das Beste erschaffen. Ziel ist ja nie die Mittelmäßigkeit!"

Geza Schön

„Will man meine Arbeiten auf einen Nenner bringen, ist es wohl der der Reduktion. Mein Duft ‚Molecule 01' verhält sich zu Parfum wie Bauhaus zu Barock!"

RICHARD STARZAK
ALIAS RICHARD GOLESZOWSKI
ANIMATIONSFILMREGISSEUR/DREHBUCHAUTOR (GROSSBRITANNIEN)

„Ohne schmerzliche Lebenserfahrungen ist Kreativität unmöglich!“

Der Clip zu Peter Gabriels einzigem US-Nummer-Eins-Hit „Sledgehammer“, laut TIME-Magazin „eines der besten Musikvideos aller Zeiten“; vor allem aber die Abenteuer der Knetmasse-Figur „Shaun, das Schaf“, international bestens bekannt aus Fernsehen und Kino: Das sind nur zwei wichtige Referenzen aus der Vita des englischen Animationsfilmregisseurs und Drehbuchautors Richard "Golly" Goleszowski. Damit dieser Zungenbrecher seinen beiden Kindern in ihrem Leben keine Probleme bereitete, benannte er sich in Richard Starzak um. >>>

Nach Abschluss seines Studiums der Bildenden Künste am „Exeter College of Art and Design" spezialisierte sich der Sohn polnischer Immigranten (* 3. April 1959) auf Trickfilme und arbeitete neun Jahre lang bei den „Aardman Studios" in Bristol. Die Filmproduktionsgesellschaft ist international eine Größe im Bereich arbeitsaufwändiger Animation von Figuren aus Plastilin sowie Stop-Motion-Effekte, wie sie bei ihrem Oscar-Preisträger „Wallace & Gromit" oder dem Kinostreifen „Chicken Run" zum Einsatz kamen. 1992 machte Golly sich selbständig, war unter anderem in Neuseeland tätig, erhielt für seine Regiearbeit am amüsanten Animationsdreiteiler „Robbie, das Rentier" 19 internationale Preise. Zurück bei Aardman war das Multitalent (Malen, Ukulelespielen, Boomerangwerfen) als Creative Director verantwortlich für Regie und diverse Drehbücher um die Knetfigur „Shaun, das Schaf" (Start: 2007). Die erste Kinderfernsehserie des Studios wurde in 170 Länder lizenziert und kommt zwar ohne Dialoge aus, begeistert Groß und Klein aber umso mehr mit Komik, Slapstick, Charme, englischer Exzentrik, Detailreichtum oder ihren Anspielungen auf Kinoklassiker. Statt der bislang fünf bis sieben Minuten kurzen TV-Episoden entwickelte Mr. Starzak für seinen Schützling und dessen Gefährten 2015 den 85 Minuten langen „Shaun, das Schaf – Der Film".
Der geschiedene Vater eines Sohnes und einer Tochter lebt in der Nähe von Bristol.

Web: www.aardman.com

„Beim Schreiben eines Drehbuches verarbeitet der Autor Ideen, die er selber gerne auf der Leinwand sehen würde – seien es die Geschichte, die Handlung oder der Witz. Inspirationen dazu kommen zumindest mir, indem ich rumkritzle oder Zeichnungen anfertige. Weitere Einfälle habe ich während des gesamten Schaffensprozesses. Selbst in den letzten Tagen des Drehs von ‚Shaun, das Schaf' wurden die Schlussszenen immer wieder überarbeitet. Wie groß in solchen Kreativ-Momenten der spirituelle, übersinnliche Anteil ist, vermag ich nicht zu beurteilen. Fest steht: Es wird auf jenen Teil des Gehirns zugegriffen, in dem alle abgespeicherten Ideen gesammelt sind. Damit der Grips fokussiert wird, ist ein fixer Abgabetermin wichtig. Am Anfang eines Projektes ist es gut, viel Zeit und Autonomie zu haben, um alle Ideen durchspielen zu können – ganz gleich, wie grotesk sie zunächst erscheinen. Dabei hilft es, sich in einem Umfeld zu bewegen, in dem man den Leuten vertrauen kann. Die unmittelbare Umgebung sollte zudem so gestaltet sein, dass Unterbrechungen und Ablenkungen weitestgehend ausgeschlossen sind. Genau dies ist in den eigenen vier Wänden nicht gewährleistet.

„Eine gute Idee sollte simpel sein!“

Die primäre Inspiration und Motivation liegt für mich darin, eine Geschichte zu erzählen, die das Publikum zum Lachen bringt und auch ein bisschen zu Tränen rührt. Die Ideen dazu kommen nicht auf magische Weise aus dem Äther. Ich kann nur empfehlen, alles gut auszudiskutieren. Hakt die Story an einer Stelle, fällt mir der Standardspruch meines Co-Autors Mark Burton für solch eine Situation ein. Seiner Meinung nach soll man dermaßen lange auf den PC-Monitor starren, bis – sinnbildlich gesprochen – die Stirn im krampfhaften Bemühen darum, eine Lösung zu finden, zu bluten anfängt. Die Spreu vom Weizen zu trennen, ist eine Frage der Intuition. Damit eine Idee das Prädikat ‚gut' erhält, sollte sie einfach gestaltet sein – also so, dass die meisten Menschen, die selber schon mal etwas Ähnliches erlebt haben, sich damit identifizieren können.

Zudem bin ich der Meinung, dass man ohne schmerzliche Lebenserfahrung, also etwas, das einen wirklich mitgenommen hat, nicht kreativ sein kann! Und generell ist mir aufgefallen, dass kreative Menschen auf die eine oder andere Art ein bisschen verrückt sind.

Relevante Gedanken halte ich schriftlich fest. Beim Durchblättern meiner Notizen stoße ich oft auf etwas, das ich bereits vergessen hatte oder bislang noch nicht umsetzen konnte. Ob ein Einfall das Potential hat, wirklich großartig zu sein, erkenne ich allerdings nicht auf Anhieb. Wie lange ich über eine Idee brüte, kann ich nur schwer beantworten, denn dieses Sich-den-Kopf-Zerbrechen ist Teil der Arbeit. Ja, man muss es wirklich mögen, drei Jahre an einem Film zu basteln, dessen Laufzeit 85 Minuten beträgt! Der Schaffensprozess bei einem Projekt dieser Größenordnung macht überwiegend wirklich Spaß. Natürlich ist es ein Knochenjob, bis die Story rund läuft. Man muss konstant Hochleistung bringen. Während des Verfassens des Drehbuchs und später bei der Produktion auftauchende Probleme zu lösen, ist auch nicht ohne, aber höchst befriedigend.

„Umgib' dich mit talentierten Leuten!“

Wer den Werdegang eines Vorhabens vom Ursprung bis zur Verwirklichung betrachtet, wird feststellen: Es müssen jede Menge Vorschläge gesammelt und entwickelt werden. Der schwierige Teil besteht darin, dass sie alle zu einander passen sollen – nur um am Schluss dann doch das Gros davon wieder zu streichen! Insofern haftet derartiger Kreativität nichts Magisches an, weil es sich schlicht um harte und äußerst gründlich zu erledigende Arbeit handelt. Hier gilt einmal mehr das Motto ‚Ohne Fleiß, kein Preis'. Eine wesentliche Qualifikation, um das Ganze überhaupt machen zu können, liegt in der Dis-

ziplin, wenngleich auch Freiraum zum Nachdenken, Grübeln und Diskutieren vonnöten ist. Dabei räume ich der Sachkenntnis einen hohen Stellenwert ein.
Etwas besonders gut zu können, ist bei all dem ein maßgeblicher Baustein. Ich halte es jedoch für schwierig, zwischen Talent, Intuition und Kreativität zu gewichten, da sie sich überschneiden. In der Firma, in der ich tätig bin, haben wir einen großen Fundus an Leuten mit Begabung und Erfahrung. Das ist in dieser Branche von essentieller Bedeutung, weil ein Animationsfilm nicht von einer Person alleine auf die Beine gestellt werden kann, sondern eine ganze Reihe von Leuten beteiligt ist, von denen Einer dem Anderen hilft. Dazu passt ein Ausspruch von Chuck Jones perfekt. Der amerikanische Zeichner und Trickfilmregisseur, der unvergessene Charaktere wie Bugs Bunny oder den Roadrunner erschaffen hat, empfahl: ‚Umgib' dich mit talentierten Leuten!'. Daran halte auch ich mich.

„Bestechende Einfachheit zu erreichen, fällt schwer."

Teamwork gehört für mich zum Tagesgeschäft. Damit das funktioniert, müssen folgende Kriterien erfüllt sein: Einerseits an das zu glauben, was man selber kann und authentisch zu bleiben, andererseits seine Kollegen nicht von oben herab zu behandeln. Während es in manchen Bereichen durchaus darauf ankommt, die Magie des Moments einzufangen, sind in meinem Metier Reifezeit sowie Langsamkeit in der Umsetzung und Ausarbeitung von grundlegender Bedeutung. Am Wichtigsten ist für diesen Entstehungsprozess, alles Unnötige zu entfernen! Die besten Filme haben, getreu dem Sprichwort ‚Weniger ist mehr', eine bestechende Einfachheit. Genau diese zu erreichen, fällt allerdings sehr schwer.

„Bei einer Bruchlandung nicht das Selbstvertrauen verlieren, sondern aus den Fehlern lernen und sich zusammenreißen!"

Die Frage, zu welchem Zeitpunkt ein Werk wirklich abgeschlossen ist, kann nicht beantwortet werden. Der durch 'Toy Story', ‚Das große Krabbeln', ‚Die Monster AG', ‚Findet Nemo' und ‚Cars' bekannte amerikanische Trickfilmregisseur John Lasseter sagte einmal: ‚Filme sind nie fertig, sie werden nur veröffentlicht.' In diesem Ausspruch, der auch auf viele andere kreative Tätigkeiten zutrifft, liegt viel Wahres. Ob etwas dann auch von Erfolg gekrönt sein wird, kann niemand vorhersagen. Weil dem so ist, sollte man sich im Vorfeld auch gar nicht den Kopf darüber zerbrechen, sondern ganz bewusst im Hier und Jetzt leben! War's dann trotz aller Mühen und Hoffnungen ein Schuss in den Ofen, kann ich nur empfehlen, der in Frank Sinatras Song-Titel verpackten Aufforderung ‚Pick Yourself Up' zu folgen und sie der eigenen Persönlichkeit entsprechend ummünzen: Dann muss man wieder aufstehen, den Staub abklopfen und von vorne anfangen. Man darf sein Selbstvertrauen nicht verlieren, sollte aus den Fehlern lernen und sich zusammenreißen!"

Richard Starzak

„Meine beste und bekannteste Arbeit ist ‚Shaun, das Schaf – Der Film'. Schon über sehr lange Zeit hatte ich mir gewünscht, mit den darin vorkommenden Charakteren eine komplexere, längere Geschichte zu erzählen."

DEMIS VOLPI

CHOREOGRAPH (ARGENTINIEN/DEUTSCHLAND)

„Ein Künstler kann seiner Zeit nicht voraus sein; er schafft immer aus seiner Zeit heraus!“

Auftragsarbeit für das „American Ballet Theatre“ in New York, eine der drei wichtigsten Ballett-Kompanien der USA. Haus-Choreograph am „Stuttgarter Ballett“, das weltweit zu den führenden Ensembles zählt. Auszeichnung für die beste neu geschaffene Choreographie beim „Erik-Bruhn-Wettbewerb“ 2011 in Toronto. Prämierung für das „Beste Tanzstück des Jahres 2012“ durch den chilenischen Kunstkritikerkreis. „Tanzpreis Zukunft“ (2014 verliehen vom „Deutschen Berufsverband für Tanzpädagogik e.V.“). International wie auch in seiner Wahlheimat Deutschland ist der gebürtige Argentinier Demis Volpi im Bereich Ballett gefragt. >>>

Demis Volpi wurde am 12. Dezember 1985 in der Provinz Buenos Aires geboren. Bereits als Vierjähriger begann der mittlere Sohn eines Weinhändler-Ehepaars seine Tanzausbildung. In den nächsten Jahren schulten ihn der renommierte Ballett-Lehrer Wilhelm Burmann sowie die argentinische Ex-Tänzerin Andrea Candela und ihr Landsmann, der Choreograph und Ballettpädagoge Mario Galizzi – beide von der „Escuela de Danza del Instituto Superior de Arte del Teatro Colón", welche er selber auch besuchte. Daran schlossen sich zwei Jahre an „Canada's National Ballet School" in Toronto an. Von 2002 bis 2004 absolvierte Demis Volpi eine Ausbildung an der Akademie der John-Cranko-Schule. In der Spielzeit 2004/05 kam er als Eleve ans „Stuttgarter Ballett" und wurde dort in der darauf folgenden Spielzeit ins Corps de ballet aufgenommen. 2013 beendete Volpi seine Karriere als Tänzer, „um sich auf eine Karriere als Choreograph zu konzentrieren." Seit Beginn der Spielzeit 2013/14 ist das Sprachentalent (spanisch, englisch, deutsch, französisch) Haus-Choreograph des „Stuttgarter Balletts", aber auch überregional und sogar global tätig. „Little Monsters" in Toronto bescherte ihm im März 2011 den Preis für die beste Choreografie. Für großes Aufsehen in der Szene sorgte Volpi, der in seiner Freizeit gerne reist, liest oder Musik hört, mit „Krabat", seinem ersten großen Handlungsballett für das „Stuttgarter Ballett". Er erhält Aufträge von internationalen Ballettkompanien, darunter das „American Ballet Theatre", das „Ballet de Santiago de Chile", das „Lettische Nationalballett" und das „Königliche Ballett Flandern".
Demis Volpi lebt in Stuttgart.

Web: www.demisvolpi.com

„Vor der Intuition muss eine Inspiration stehen. Die Intuition ist dazu da, zwischen vorgegebenen Möglichkeiten zu entscheiden. Es ist aber die Inspiration, die aus dem Nichts etwas entstehen lässt. Ich glaube, dass die Inspiration nichts anderes ist, als die Begrenzung der Möglichkeiten auf ein ganz bestimmtes Minimum. Manchmal empfinde ich die Inspiration als einen hellen Augenblick, in dem irgendwas klickt und plötzlich Sinn macht. Oft sind es schon vorher existente Gedanken, die neu kombiniert und verbunden werden. Was das genau auslöst, bleibt mir ein Geheimnis. Ganz oft finden diese Augenblicke im Zug statt, während ich die Landschaften an mir vorbeiziehen sehe. Vielleicht ist das eine unbewusste Form der Meditation... Es kommt mir vor, als wäre es nur

der Bruchteil einer Sekunde, danach fange ich sofort an zu denken, aber das ist dann schon ein ganz anderer Teil des Prozesses.
Ich schreibe meine Ideen oft auf, aber meistens ist das eigene Gedächtnis ein guter Filter. Welche Gedanken, Ideen oder Impulse haben mich so bewegt, dass sie mich prägen und verfolgen, welche nicht? Das, was bleibt, ist meistens das, was eine größere Kraft in mir auslöst.
Wenn mir die Idee zu einem Stück zum ersten Mal erscheint, wenn sie plötzlich da ist und mich in irgendeiner Form bewegt, fange ich sofort an, darüber zu fantasieren: Wie es entstehen könnte, was es für eine Bedeutung hat, welche Form es braucht. Da zahlt sich Schnelligkeit aus, denn wenn ein Gedanke frisch ist, erzeugt er einen wahnsinnigen Enthusiasmus in mir, dessen Kraftwelle ich gerne reite, um mich von ihm ganz naiv ins Neuland führen zu lassen. Danach braucht es Zeit zum Reifen. Manchmal Jahre. Manchmal dauert es, bis man die richtigen Bedingungen für ein Projekt findet, manchmal ist man einfach noch nicht so weit. Manchmal war es aber auch so, dass es sich sehr schnell angeboten hat, eine Idee umzusetzen. Diese Arbeiten wirkten interessanterweise besonders spontan und direkt.
Wenn ich mich einem Stück zum ersten Mal annähere, mache ich das meistens und am liebsten allein. Dabei entstehen Fragen und Ansätze, die später, wenn ich sie meinem Team gegenüber formuliere, wachsen können. Das Formulieren der Gedanken ist schon in sich ein großartiger Weg, Dinge zum ersten Mal äußern zu müssen. Dadurch entsteht oft eine gewisse Klarheit. Das Team reagiert mit Fragen, anderen Sichtweisen und Anregungen. Dann ist wieder Zeit, allein mit dem Stück zu leben, bis man sich erneut im Team trifft und die Sache weiter wachsen lassen kann.

„Wer lange genug mit einer Idee lebt, merkt oft, was für Potenzial darin steckt. Wer aber ihren Impuls zu lange sitzen lässt, verliert das Schwungmoment.“

Die Intuition ist dazu da, zwischen vorgegebenen Möglichkeiten zu entscheiden. Wer lange genug mit einer Idee lebt, merkt oft irgendwann, was für Potenzial darin steckt. Wer aber ihren Impuls zu lange sitzen lässt, verliert das Schwungmoment. Als Künstler sehe ich es nicht als meine Aufgabe, meine Ideen zu bewerten, sondern meinem Instinkt zu vertrauen. Wenn diese Ideen in mir eine Energie auslösen, dann empfinde ich sie als gültig und fühle mich verpflichtet, sie zu verwirklichen.
Bei jedem neuen Stück muss ich davon ausgehen, dass es wert ist, es entstehen zu lassen. Sonst bräuchte ich es erst gar nicht versuchen! Je größer die Not, etwas zum Leben

erwecken zu müssen, desto besser! Man glaubt jedes Mal, etwas Einzigartiges entdeckt zu haben, das ein Leben verdient hat.

Manchmal beginne ich, an einem Stück zu arbeiten und habe einen Gedanken, der oft zu einfach wirkt, um gut zu sein. Ich arbeite weiter und versuche, diesen Gedanken zu entwickeln. Oft wird er dabei nur verformt. Ich denke, dass das Urverständnis von etwas manchmal stärker und direkter ist, als eine zu durchdachte Idee. Das hat wiederum mit Intuition zu tun.

Ich bin fest davon überzeugt, dass nur, wenn jeder der an einer Produktion Beteiligten versteht, worum es geht und mitdenkt, die beste Form der Umsetzung erzielt werden kann. Ein Theater ist wie eine Uhr. Jedes Rädchen ist von allen anderen abhängig und kann seine Funktion nur sinnvoll erfüllen, wenn alle anderen das auch tun. Jedes Rad ist deshalb wesentlich und unverzichtbar. Bei uns sind diese Rädchen Menschen, ich bin selbst eins davon! Oder vielleicht bin ich die Hand, die die Krone aufzieht, um die Uhr in Bewegung zu bringen? Auf jeden Fall können meine Ideen nur verwirklicht werden, indem sie durch andere Künstler, Handwerker und Mitarbeiter umgesetzt werden. Wenn das Team einmal ein Konzept hat und ein Gefühl für die Richtung, stellen wir es den verschiedenen Gruppen im Theater vor. Dann kann jeder sein eigenes Gefühl für das Stück entwickeln. Natürlich muss immer wieder nachgesteuert werden, aber so kann jeder durch seine Aufgabe dazu beitragen, ohne dass ich jede Einzelheit diktieren muss. Das ist die Motivation. Aufgabenverteilung ist natürlich auch ein wichtiger Punkt, aber der ist in einem Theater schon durch seine Struktur ziemlich klar vorgegeben.

Meine Arbeit beinhaltet die Zusammenarbeit mit vielen anderen Künstlern, in der Konzeptions- sowie in der Schaffensphase. Ich brauche um mich herum Menschen, denen ich vertrauen kann, die die Arbeit hinterfragen, aber nicht mich; die miteinander mit Geduld und Respekt umgehen und für die die Arbeit vordergründiger ist als ihre persönliche Verwirklichung.

Die Intuition ist Teil des Daseins als Mensch. Sie ist, meinem Empfinden nach, immer vorhanden. In meiner Arbeit ist sie besonders wichtig, weil ich beim Choreographieren immer von der Anwesenheit der Tänzer abhängig bin. Ihre Zustände und Gemüter muss ich ständig psychologisch und instinktiv erfassen, um den besten Weg zu finden, eine geistige und künstlerische Verbindung zwischen mir und ihnen zu schaffen. Nur so ist es mir möglich, mich von den physischen Umständen wie zum Beispiel einer lauten Klimaanlage oder der Hitze des Ballettsaals zu befreien, um mich nur auf das Kreative zu konzentrieren. Deswegen ist das Vertrauen zwischen Tänzer und Choreograph der eigentliche Ausgangspunkt jeder Kreation. Dieses Vertrauen müssen wir allerdings ständig befruchten und mit jeder neuen Herausforderung innerhalb eines Stückes neu gewinnen.

Es gibt aber auch immer wieder Momente mit Tänzern, in denen ich mich besonders frei fühle, weil ich spüren kann, wie sie mitkommen, ohne dass ich sie jedes Mal überzeugen muss. Wenn das geschieht, kann ich meine Intuition, befreit von allem anderen, allein auf das Schaffen konzentrieren. Es war bis jetzt immer in diesen Momenten großen Vertrauens und des ‚Sich-zuhause-Fühlens', in denen ich am freisten und kreativsten sein konnte.

Das Spannende an meiner Arbeit ist, dass sie in zwei Welten stattfindet: Die Welt ohne Tänzer, in der ich entweder allein oder im Team über das Stück nachdenke, es endlos im Kopf durchgehe und versuche, es aus allen Winkeln zu betrachten. Eine Welt, in der die Zeit die Länge einer scheinbar endlosen, schlaflosen Nacht haben kann und stillzustehen scheint. Dann gibt es die Welt mit den Tänzern: Eine Welt, die klare Regeln und Uhrzeiten hat, in der die Tänzer ihre Instrumente, ihre Körper, ständig warm halten müssen, um einsatzbereit zu bleiben; eine Welt, in der einem durch die Begegnung mit diesen faszinierenden Wesen allein die Zeit weg zu fließen scheint. Selbst in dieser zweiten Welt ist es allerdings gelegentlich wichtig, sich die Zeit zu nehmen, um Vertrauen zu schaffen, um das ‚Zuhause-Gefühl' zu suchen, um die Zeit anzuhalten. Beide Welten brauchen sich gegenseitig und ergänzen sich wunderbar.

„Ohne die ruhigen Momente des Nachdenkens wären die Entscheidungen, die man im Schaffensprozess trifft, willkürlich statt intuitiv."

Für die künstlerische Arbeit brauche ich einerseits Ruhe, um Gedanken zu Ende denken zu können, aber auch der Termindruck kann eine Hilfe sein, denn er zwingt einen, Dinge irgendwann festzulegen und zu entscheiden. Ohne den Zeitdruck würde man ewig nachdenken, ohne sich jemals in die Aktion zu trauen. Ohne die ruhigen Momente des Nachdenkens wären die Entscheidungen, die man im Schaffensprozess trifft, willkürlich statt intuitiv.

„Wenn die Muse zu verschwinden scheint, muss man sie suchen, Neues wagen und ausprobieren."

Die Intuition ist meistens da, selbst wenn die Kreativität zu verschwinden scheint. Manches erscheint einem als richtig und alles andere eben als falsch. Diese Empfindung ist bei mir sehr stark ausgeprägt und ich kann mir nicht erklären, woher dieses Gefühl kommt. Wenn die Muse zu verschwinden scheint, muss man sie suchen, Neues wagen

und ausprobieren. Ziemlich schnell stellt sich heraus, was nicht in Frage kommt, wo keine Muse dabei ist; dann wird die Suche nach ihr fortgesetzt.
Ich glaube nicht, dass Erfahrung und Professionalität fehlende Kreativität ersetzen können. Über Erfahrung kann ich wenig sagen, weil ich sie noch nicht besitze. In den knapp über dreißig Stücken, die ich bis jetzt gemacht habe, habe ich aber gemerkt, dass ich viel geduldiger geworden bin und dass ich über den Umgang mit meinen Mitmenschen viel gelernt habe. Professionalität, also ein professionelles Verhalten, gehört immer dazu. Wer das nicht mitbringt, sollte draußen bleiben! Allerdings denke ich, dass Kreativität nicht vorgetäuscht werden kann; alle Ideen können nur durch eine Sprache artikuliert werden. Ob diese Sprache Mathematik, Architektur, Musik oder Tanz ist – es bleibt eine handwerkliche Herausforderung, diese Formulierung durchzuführen. Da spielt das Können eine große Rolle.

„Wenn der Zeitdruck zu groß ist, gilt es, zweimal so hart zu arbeiten und sich am Handwerk festzuhalten. Kreativität kann nicht erzwungen werden, aber man kann sie stimulieren."

Wenn der Zeitdruck zu groß ist, gilt es, zweimal so hart zu arbeiten und sich am Handwerk festzuhalten. Kreativität kann nicht erzwungen werden, aber man kann sie stimulieren – in meinem Fall, indem ich mich mit dem Stück immer wieder aufs Neue auseinandersetze: Über das Thema lese, einen Film anschaue, eine Ausstellung besuche oder eine Stadt. Musikhören ist auch ein toller Weg, auf neue Gedanken zu kommen. Ehrgeiz und Effizienz sind wichtige Zutaten. Ich finde Disziplin aber das wichtigste Element, um etwas zu schaffen. Es gibt nämlich manchmal Momente der Schwäche in einem Prozess, da ist es wichtig, sich nicht zu verstecken, sondern härter zu arbeiten.
Ich habe bei jedem Stück das Gefühl, dass ich ganz von vorne anfange, als hätte ich noch nie ein Stück gemacht. Der Schaffensprozess kommt mir jedes Mal einzigartig vor. Das Interessante ist, dass die Menschen um mich herum mich auf meine Verhaltensmuster immer wieder aufmerksam machen. Trotzdem empfinde ich das, was ich durchlebe, als neu und unbekannt. Vielleicht ist dieses unbewusste Verhaltensmuster meine Routine? Ich bin diszipliniert, aber nicht besonders routiniert in meinem Alltag.
Perfektion spielt für meine kreative Arbeit keine Rolle. Ein Stück ist wie ein Wesen. Es hat auch jede Vorstellung einen einzigartigen Charakter. Kein Wesen ist perfekt und dennoch ist es gleichzeitig vollkommen. Meine Stücke gibt es nur, wenn andere Menschen es in Angriff nehmen, sie zu beleben, sonst sind sie nicht vorhanden. Und weil Menschen Wesen sind, kann es das perfekte Stück nicht geben. Im Tanz ist die Perfektion eine Il-

lusion, die dadurch entsteht, dass der Tänzer sie anstrebt und der Zuschauer sie unbedingt miterleben will.
Ein Künstler kann seiner Zeit nicht voraus sein; er schafft immer aus seiner Zeit heraus! Vielleicht ist er der Erste, der es wagt, in eine bestimmte Richtung zu gehen; aber selbst wenn er Außenseiter ist, lebt er in einem bestimmten Kontext, der durch Zeit und Ort definiert wird.
Erstrebenswert sind für mich die Ehrlichkeit, die Originalität und die Gültigkeit eines Werkes. Es ist nicht so, dass ich die Stücke mache, um innovativ zu sein. Einen eigenen Stil suche ich nicht, er wird sich durch sich wiederholende Merkmale in meiner Arbeit sicher über die Zeit herausstellen. Viel wichtiger ist es für mich, jedem Stück eine wahre Identität zu geben, die nur diesem einen Stück gehört. Das bedeutet jedes Mal, das Risiko einzugehen, mit etwas bis dahin Unbekanntem umgehen zu müssen. Gerade diese Gefahr finde ich so spannend. Ich will mich als Künstler selbst nicht bewerten; ich will das, was ich als richtig empfinde, zulassen.

„Solange ein Stück lebt, hört die Arbeit daran nicht auf."

Ein Stück ist ein Lebewesen, das schon im Laufe der Vorstellungen von sich aus mutiert. Man muss diese Entwicklung sorgfältig verfolgen und beeinflussen, damit es in die richtige Richtung wachsen kann. Wenn ein Stück länger nicht gespielt wurde und wieder aufgeführt wird, besteht die Möglichkeit, es mit Abstand noch einmal kritisch zu betrachten und dementsprechend zu verbessern oder zu aktualisieren. Solange ein Stück lebt, hört die Arbeit daran nicht auf.

„Bei einer neuen Kreation darf es nie um Erfolg gehen!"

Es darf bei einer neuen Kreation nie um den Erfolg gehen! Der ist weder zu planen, noch zu kalkulieren. Man kann nur ehrlich mit sich sein und das verfolgen, was man empfindet. Die Arbeit wird immer eine Gruppe von Menschen ansprechen und eine andere eben nicht. Damit muss ein Künstler leben. Er stellt sich doch vor der Öffentlichkeit nackt dar. Das bedeutet ein großes Risiko! Ich empfinde jeden Erfolg – egal, ob es der Brief eines Zuschauers ist, den ich erreicht habe, oder eine Auszeichnung, als Ansporn, meine Arbeit weiterzuführen, zu entwickeln und weiterhin den Mut zu haben, Neues zu wagen.
Überhaupt: Erfolg als solchen müsste man definieren. Ist es Erfolg, dass ein Stück nah an meiner Vision oder Intention gewachsen ist? Dass es ein breites Publikum anspricht? Oder dass es gute Kritiken bekommt? Keiner dieser drei Parameter ist jemals vollkommen

und sie widersprechen sich wiederum untereinander.
Es ist auch schon vorgekommen, dass ich mit einem Werk unzufrieden war und es trotzdem Erfolg hatte. Aber die Frage bleibt: War das wirklich ein Erfolg, wenn es nicht meiner künstlerischen Vision entsprochen hat?

„Man darf sich für seine Arbeit nie entschuldigen!“

Ich denke, auch wenn einem etwas nicht gelingt, muss man dahinter stehen und weiter versuchen, für das Stück ein würdevolles Leben zu gestalten. Der große deutsche Kostüm- und Bühnenbildner Jürgen Rose hat mal während einer Führung durch seine Ausstellung in München gesagt: ‚Man darf sich für seine Arbeit nie entschuldigen!'
Kritik bekomme ich ständig in meinem Beruf und sie widerspricht sich auch ständig. Das wiederum ermuntert mich immer wieder, mich auf meinen inneren Sinn oder Instinkt für ‚richtig oder falsch' zu verlassen. Ich hatte bis jetzt aber immer eine Handvoll anderer Künstler, deren Meinung ich sehr geschätzt und mir zu Herzen genommen habe. Wer diese Menschen sind, verändert sich auch im Laufe der eigenen Entwicklung. Ich finde es sehr wichtig, mir immer ein Korrektiv zu schaffen, dem ich vertrauen kann. Ich versuche, mich bei jeder neuen Arbeit auf das Stück einzulassen. Manchmal verlangen Stücke Dinge von mir, die ich sonst nicht machen würde, aber ich muss dem Stück vertrauen. Dadurch entsteht hoffentlich immer wieder ein originelles Werk.
Während mancher Aufführungen meiner Stücke gab es ein paar Momente, nicht ganze Szenen, bei denen ich – selbst überrascht oder ergriffen – gedacht habe: Dieser Augenblick ist mir gelungen! Das sind eher Ausnahmen. Aber es ist letztendlich das, wonach man strebt.
Ein paar Mal gab es auch Vorstellungen, bei denen eine bestimmte Energie im Raum war, die von der Bühne ausgestrahlt wurde. Ich wusste, dass es den anderen Zuschauern genauso ging, dass sie das auch empfunden haben. Was das ist, bleibt ein Geheimnis. Solche Abende sind der Grund, warum ich mich immer wieder an die Arbeit mache."

Demis Volpi

„'Krabat' ist sicherlich mein populärstes Stück. Im Laufe der Recherche auf der Suche nach Jugendliteratur für ein Stück, das Erwachsene ebenso wie Jugendliche bewegen sollte, stieß ich auf dieses wunderbare Buch von Otfried Preußler. Die Botschaft seiner Geschichte war für mich der Ansporn, dieses Stück zu machen: Die Liebe wird über das Böse siegen und uns davon befreien."

links:
Szenenbild aus „Krabat".

unten:
Demis Volpi (links) mit den Tänzern Elisa Badenes und David Moore bei einer „Salome"-Probe.

PETER WALSH

MUSIKPRODUZENT/TONTECHNIKER (GROSSBRITANNIEN/DEUTSCHLAND)

"Kritik ist immer gut – egal, ob positiv oder negativ!"

Simple Minds' „New Gold Dream" sowie „Penthouse and Pavement" von Heaven 17 - beide in Roger Dimerys Buch „1001 Albums You Must Hear Before You Die" gelistet – Peter Gabriels „Plays Live" und „Secret World Tour" oder die mit einem Latin-Grammy-gekrönte CD „Sereno" von Miguel Bosé: Für all diese Tonträger und noch viele weitere zeichnet Peter Walsh als Musikproduzent und/oder Tontechniker/Toningenieur beziehungsweise für den Audio-Mix verantwortlich. ›››

Peter Walsh (* 8. April 1960) startete seine Karriere in der Musikbranche1978/79 in den „Utopia Studios“ der britischen Hauptstadt. Dort war der Sohn aus einer Showbiz-Familie (Vater: Profi-Gitarrist, Mutter: Tänzerin/Sängerin) bei Aufnahmen solcher Künstler wie Spandau Ballett, The Boomtown Rats oder Stevie Wonder tätig. Sein Durchbruch gelang ihm 1981, damals noch als Assistant Producer, mit dem Debüt-Album „Penthouse and Pavement“ von Heaven 17. Der Live-Mitschnitt „Secret World Tour“ des ehemaligen Genesis-Vocalisten/-Texters Peter Gabriel bescherte Walsh als Audio-Mix-Engineer und Co-Audio-Produzent 1994 einen Grammy in der Sparte „Best Long Format Music Video“. Die lateinamerikanische Variante der höchsten internationalen Auszeichnung für Musiker und Aufnahmeteams erhielt der begeisterte Tennisspieler 2002 für Miguel Bosés „Sereno“ in der Kategorie „Best Male Pop-Vocal-Album“. Am häufigsten (konkret seit 1983) wurde Walsh von Scott Walker, ehemals Mitglied des „Walker Brothers“-Trios (Hit: „The Sun Ain't Gonna Shine Anymore“), engagiert. Der extravagante Sänger vergleicht den Schaffensprozess seiner unkonventionellen Solo-Songs mit dem eines Malers im Bereich der Konzeptkunst. Hat ein Musiker eine derart spezielle Sicht auf sich selbst, erfordert dies besondere Kenntnisse aufseiten des Produzenten. Dieser sollte also nicht nur über Tontechnik Bescheid wissen und die vom Künstler gewünschten Stimmungen in kongeniale Klangbilder übersetzen können, sondern auch über ein gerüttelt Maß an Kreativität und Einfühlungsvermögen verfügen.
Neben seinen vielfältigen Aufträgen als selbstständiger Engineer/Producer/Mixer in Genres von Folk über Elektronik, Indierock, Latin bis Pop oder Punk unterrichtet Peter Walsh als Dozent der deutschen Niederlassung des „Abbey Road Institute“, einem Ableger des durch The Beatles zu internationaler Berühmtheit gelangten Londoner Studios, der sich der Schulung von Tontechnikern widmet.
Peter Walsh hat vier Söhne. Er lebt in Düsseldorf und London.

Web: www.peterwalsh.de

„Intuition innerhalb eines Fachgebietes, denke ich, könnte von einer Generation an die andere vererbt werden. Dafür spricht, dass es allgemein gebräuchliche Redewendungen wie ‚Es liegt an den Genen!' oder ‚Es liegt in der Familie!' gibt.
Es scheint, als böte die Intuition eine Art Wegweiser, der einen auf einen geeigneten Startpunkt hinweist. Am Anfang existiert vielleicht nur eine vage Idee, ein flüchtiges Gefühl. Dergleichen gilt es bereits in einem frühen Stadium zu erkennen. Wenn ich mir die Inspiration zu einer Idee später wieder in den Kopf rufen möchte, besitzt sie allerdings nicht mehr die ursprüngliche Intensität. Insofern ist sie also etwas Spontanes, stellt sich aber zu bestimmten Zeiten ein, wenn man sich wünscht, dass sie kommt. Allgegenwärtig ist sie jedenfalls nicht.
Glücksgefühle sind ebenso Katalysatoren für Kreativität, wie es Traurigkeit sein kann, wobei das Resultat natürlich davon abhängig ist, wie man sich fühlt.
Terminvorgaben sind hilfreich, um ein Projekt abzuschließen; die Kreativität fördern sie aber nicht unbedingt. Es bedarf Zeit und Freiraum, damit sich gute Ideen einstellen und umgesetzt werden können. Ist eine Deadline vorgegeben, aber keine Inspiration vorhanden, kann man sich nur auf die Erfahrung verlassen.

„Gute Ideen sind simpel, leicht verständlich und einfach umzusetzen!"

Bei meinem Job liefern bisweilen ein Demo-Tape oder ein bestimmter Sound die Inspiration zu einer großartigen Idee. Im Frühstadium geht es schließlich nicht um die endgültige Präsentation, hier zählt zunächst nur die Quintessenz einer Idee. Je mehr Erfahrung oder Routine man hat, desto leichter lassen sich solche Ideen anschließend ‚knacken'. Dabei gilt: Je länger man seinen Job macht, desto leichter und schneller läuft dieser Prozess. Und wer beruflich mit Musik zu tun hat, spürt instinktiv, wenn er auf eine revolutionäre Idee oder etwas gestoßen ist, das ein Lied erfolgreich macht. Damit ein Einfall tragfähig ist, sollte er folgende Schlüsselkriterien erfüllen: Er muss simpel sein, leicht verständlich und einfach umzusetzen. Ihn dann zu realisieren, ist für mich sehr wichtig – und zwar unverzüglich, also sofort, nachdem er mir in den Sinn gekommen ist. Anschließend verbringe ich viel Zeit damit, die Idee so lange zu verfeinern, bis ich das Bestmögliche aus ihr herausgeholt habe.
Der Weg vom Einfall bis zur finalen Kreation kann höchst frustrierend sein oder wie am Schnürchen laufen. Das hängt ganz davon ab, wie komplex die Aufgabenstellung ist, wer am Projekt beteiligt ist und wie viel Zeit zur Verfügung steht. Meistens geht es zu Beginn erst einmal darum, den optimalen Einstieg zu finden. Dafür kann es erforderlich sein,

eine Idee erst einmal stärker zu forcieren, bevor sich neue Optionen und Türen eröffnen. Überhaupt muss man sich im Anfangsstadium zunächst in eine bestimmte Stimmung versetzen, wobei man sich idealerweise von allen äußeren Einflüssen möglichst abschottet. Die Arbeitsumgebung spielt für mich eigentlich keine große Rolle. Gerade ein vermeintlich perfekter Ort kann Ablenkung bedeuten und deshalb den Kreativprozess verzögern. Ungeachtet dessen wirken ein See oder das Meer sehr stimulierend auf mich. Nichtsdestotrotz habe ich die Erfahrung gemacht, dass ich mich mitten im Nirgendwo absolut einsam gefühlt habe und dies den kreativen Prozess behindert hat. Anders ausgedrückt: Ich versuche, mich dort aufzuhalten, wo der Ideenfluss angeregt wird. Im Umkehrschluss bedeutet das natürlich, dass man Umgebungen oder Situationen, die eine negative Ausstrahlung haben, zu meiden hat.
Wenn ich kreativ tätig bin, folgt auf einen Energieschub stets ein eher mechanischer Arbeitsablauf. Diszipliniert und strukturiert ans Werk zu gehen, hilft. Ebenso, offen zu sein. Müßiggang hingegen dient der Sache nicht.
Talent ist wichtig, um kreativ zu sein. Außerdem pflichte ich dem Sprichwort ‚Kunst kommt von Können' bei. Zumindest muss man über ein Basiswissen verfügen, um die in einem steckenden Talente anwenden und ausspielen zu können.
Jüngere Leute haben die Fähigkeit, weiter voran zu gehen, ohne sich möglicherweise durch ein Zuviel an Wissen und Erfahrung bremsen zu lassen. Einem älteren, weiseren Menschen fällt es dagegen leichter, Zeit zu sparen und er erkennt auch, wenn er in einer Sackgasse steckt.
Meine Ideen halte ich schriftlich fest, archiviere sie und greife darauf in Phasen, in denen mich die Kreativität im Stich lässt, zurück. Ich weiß, dass viele Kreativschaffende es ebenso halten. Bisweilen werden alte Ideen so wieder aktuell, von denen ich ursprünglich glaubte, sie hätten kein Potential. Doch siehe da: Sie entpuppten sich im Nachhinein als richtig gut. Im Allgemeinen halte ich es jedoch für besser, immer nach vorn zu schauen.

„Für den Kreativprozess sind ein klarer Kopf, positive Perspektiven und gutes Kommunikationstalent nützlich.“

Ob es besser ist, allein oder im Team zu arbeiten – darauf gibt es keine allgemeingültige Antwort. Wenn alle an einem Strang ziehen, kann es klappen. Dann stimmt auch die ‚Chemie'. Aber das ist leider nicht immer der Fall. In einer Team-Konstellation gibt derjenige den Ton an, der das große Ganze im Blick hat.
Aufrichtigkeit, Authentizität, Selbstzweifel spielen eine große Rolle im Kreativprozess, sind dabei aber allesamt nicht unbedingt hilfreich. Wirklich nützlich ist es, einen klaren

Kopf zu behalten, ein positives Ziel vor Augen zu haben plus die Fähigkeit, gut kommunizieren zu können – sowohl, wenn es gilt, sich mit den am Projekt Beteiligten auszutauschen, als auch, wenn es darum geht, den potentiellen Zuhörern eine ganz bestimmte Idee beziehungsweise ein Gefühl zu vermitteln, indem man Instrumente, Texte oder manchmal auch nur einen passenden Sound einsetzt.
Für meine Arbeit sind Kopf und Gefühl zu gleichen Teilen maßgeblich. Kommerzielle Gesichtspunkte spielen nur dann eine Rolle, wenn man an einer Sache arbeitet, die in dieser Hinsicht auch Potential hat. Ob das wirklich der Fall ist, entscheiden allerdings außenstehende Personen.
Befriedigung verschafft mir primär die künstlerische Anerkennung. Auf Rang zwei folgt kommerzieller Erfolg. Den dritten Platz belegt Selbstverwirklichung. Die ausschlaggebende Motivation für meine kreative Tätigkeit ist denn auch, dass ich etwas erschaffen möchte, das andere Menschen zu schätzen wissen. Und natürlich, damit meinen Lebensunterhalt zu verdienen.

„Handwerkliches Können öffnet Tore, durch die Kreativität fließen kann.“

Ich bin in vielfacher Hinsicht Perfektionist. Perfektion kann jedoch unterschiedlich wahrgenommen werden: Die Definition des einen muss nicht unbedingt die des anderen sein! Mein Perfektionismus ist eine persönliche Qualität, um nicht zu sagen: die Voraussetzung dafür, um im Laufe eines Projekts aus jeder Möglichkeit das Optimum herauszuholen. Handwerkliches Können öffnet die Tore, durch die Kreativität fließen kann. Die Arbeit daran, den Schaffensprozess auf sein Ziel hin zu fokussieren, sollte möglichst reibungslos und ungezwungen vonstatten gehen, ihm keinesfalls kreative Grenzen auferlegen.
Insofern schadet es auch nicht, seiner Zeit voraus zu sein – jedenfalls nicht, solange das Publikum mit der eigenen Weiterentwicklung Schritt halten kann.
Der richtige Zeitpunkt, um bei einem Projekt einen Schlusspunkt zu setzen, ist dann gekommen, wenn zu befürchten steht, dass eine neuerliche Überarbeitung all das zerstören könnte, was man bis dahin erarbeitet hat.

„Recycling von Bewährtem sollte immer auch etwas Innovatives beinhalten!“

Bewährtes zu recyceln, diese Versuchung ist groß. Deshalb rate ich dazu, dass die Fortsetzung immer auch etwas Neues beinhaltet. Die Grundelemente können die altbewährten bleiben, doch (quasi als Sahnehäubchen) obendrauf sollte es stets etwas Innovatives geben.

Mit Zufall hat es nichts zu tun, wenn sich die breite Masse für etwas begeistert. Erfolg hängt von viel mehr Faktoren ab, als nur davon, wie eine Person oder ein Produkt wahrgenommen wird. Entscheidend dafür sind richtiges Timing, Marketing plus Promotion. Und es hilft, die Wünsche sowie Bedürfnisse des potentiellen Publikums zu kennen.

Kritik ist immer gut - egal, ob positiv oder negativ. Ob man das Feedback teilt, spielt dabei keine Rolle.

War jemand über einen langen Zeitraum erfolgreich und plötzlich bricht seine Karriere ein, hat das häufig mit einem sich verändernden Zeitgeist und neu aufkommenden Trends zu tun. Viele Erfolgreiche werden zum richtigen Zeitpunkt die Entscheidung treffen, abzutreten oder sich neu zu orientieren. Ausschlaggebend dafür ist vielleicht, dass sie erkennen, wann sie auf einem bestimmten Gebiet alles erreicht haben. Für gewöhnlich tauchen genau diese Leute danach in einem ganz anderen Bereich wieder auf und sind oftmals ähnlich erfolgreich.

Scheitern als solches ist schwer zu kategorisieren. Ist es kommerzieller oder persönlicher Natur? An kommerziellem Misserfolg muss keineswegs der Künstler allein schuld sein, schließlich gibt es viele äußere Einflüsse, die für den Erfolg einer Person oder eines Produktes von Bedeutung sind. Mit persönlichem Scheitern verhält es sich etwas anders - das liegt beispielsweise in der Erkenntnis, aus einer speziellen Möglichkeit nicht das Maximale herausgeholt zu haben.

Für den, der das ultimative Werk geschaffen und dafür sowohl kommerziellen Erfolg als auch Lob von Seiten der Kritik geerntet hat, muss ein solcher Höhenflug nicht den Endpunkt darstellen. Mein Rat in einer derartigen Situation: Das nächste Werk voller Zuversicht, mit dem gutem Gefühl und der Entschlossenheit angehen, dass es wieder genauso gut laufen wird! Es ist nämlich durchaus möglich, dass solch ein (vermeintlicher) Gipfel nur ein Ausgangspunkt für etwas Neues ist. Deshalb ist es erstrebenswert, stets das Beste schaffen zu wollen! Sein Potential absichtlich nicht auszureizen, ist der schnellste Weg, sich aus dem Spiel zu nehmen!"

Peter Walsh

„Es fällt mir schwer, ein spezielles Projekt herauszugreifen, das meine Arbeit am besten repräsentiert. In kommerzieller Hinsicht und was den künstlerischen Erfolg betrifft, habe ich durch meine Produktionen der Alben von The Simple Minds und Peter Gabriel einen bestimmten Status in der Musikbranche erlangt. Dieser hat mir den Weg zu einer langen und sehr vielseitigen Karriere geebnet, sodass ich mit Weltklasse-Musikern wie Scott Walker, Miguel Bosé oder Gilbert O'Sullivan arbeiten konnte.

Meine Inspiration entsteht und wird genährt durch die Künstler und die Musik, mit denen ich zu tun habe. Basis dafür bildet der Wunsch, die Ambitionen des Künstlers zu erfüllen, die von mir als Produzent und letztendlich die des Hörers."

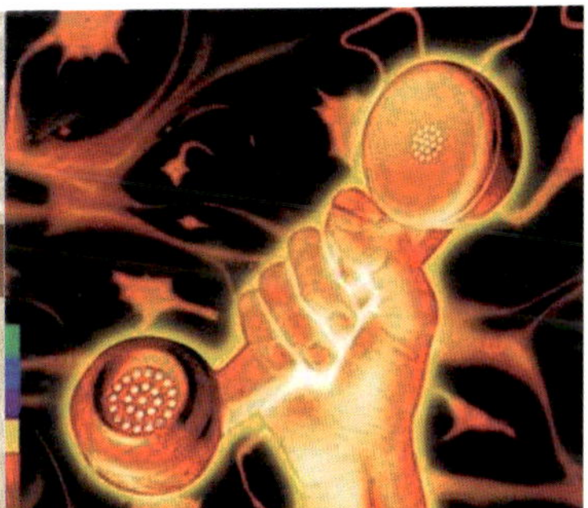

„Chunky Move“: „Durch Projektionen entstehen beim Tanz überraschende Einsichten für den Zuschauer.“

FRIEDER WEISS

VIDEODESIGNER UND INGENIEUR IN DEN KÜNSTEN (DEUTSCHLAND)

„Externe Stimulation oder Inspiration überdeckt oft eigene Ideen; das Resultat wirkt dann wie eine Kopie des Originals!“

Der Musikclip zu Kylie Minogues Hit „Get Outta My Way“. Die Londoner Aufführung der „English National Opera“ von Wagners “Tristan und Isolde” (Bühnenbild: Anish Kapoor). Eine spektakuläre Solo-Tanz-Performance namens „Glow“ in Melbourne/Australien. Philip Glass' Oper „Akhnaten“ in der Inszenierung der „Long Beach Opera“/Los Angeles oder „dynamic huangshan“/Süd-China, die chinesische Variante der in Zusammenarbeit mit dem New-Circus-Rebellen Eike von Stuckenbrok entstandenen „Dummy (Lab)“-Show. Ebenfalls erwähnenswert: Performances zur Markteinführung von Automodellen der Marken Mercedes, VW, BMW. So unterschiedlich diese Veranstaltungen auch sind, eine Gemeinsamkeit haben sie: Frieder Weiss. Der Deutsche, der auf dem bislang weitgehend unbekannten Sektor der interaktiven Video-Live-Produktion tätig ist, setzte alle ins richtige Licht. >>>

Mit „EyeCon" und „Kalypso" hat er gleich zweifach bahnbrechende Software für Bühnen-Interaktion geschrieben. Dank dieser Programme werden die Bewegungen der Performer erfasst und Klang, Licht und Projektion unmittelbar gesteuert. Basis dafür ist eine Infrarotkamera, die wie ein Nachtsichtgerät aufnimmt, was sich auf der Bühne abspielt. Daraus erzeugt Weiss mit Hilfe ausgeklügelter Algorithmen in Echtzeit neue, außergewöhnliche Bilder mit graphischen Mustern, Licht- und Schattenspiel oder Linien. Frieder Weiss (* 7. August 1960) begann seine berufliche Laufbahn als Ingenieur in der industriellen Qualitätssicherung, für die damals Videokameras eingesetzt wurden. Als experimenteller Musiker adaptierte er ab 1992 diese Technik und zweckentfremdete sie zur Ansteuerung von Synthesizern. Aus den frühen interaktiven Versuchen entwickelte sich eine langjährige Zusammenarbeit mit der „Palindrome Inter.media Group", aus der zahlreiche Performance-Konzepte hervorgingen. Für ihre kreative Umsetzung moderner Technologien im Tanzbereich erhielt „Palindrome" viel Anerkennung und zahlreiche Auszeichnungen. Durch die Kooperation mit der australischen Primaballerina Emily Fernandez begann Weiss, sich auf eine enge Verbindung zwischen interaktiven Bildern und dem Körper in der darstellenden Kunst zu fokussieren. Dabei gelang es ihm, Videotechnologie und Projektionen auf der Bühne miteinander zu verschmelzen. Seine Erfindung bescherte ihm den „Green Room Award" für „Design in Dance". Stücke, in denen seine Technik zum Einsatz kommt, sind weltweit auf Tournee und wurden bereits in der „Brooklyn Academy of Arts"/New York, beim „Edinburgh International Festival"/Schottland oder im „Sydney Opera House"/Australien gezeigt. In der Folgezeit war Frieder Weiss unter anderem für die aufwändige Musiktheaterproduktion „King Kong" in Melbourne tätig. Zudem entwickelt er seine Innovation ständig weiter. Eine Herausforderung ist für ihn beispielsweise die Frage, wie die Zweidimensionalität von Videoprojektionen aufgehoben werden könnte. Dieses Problem lenkte sein Interesse auf Skulpturen und Installationen, um das feste Material in Verbindung mit Tanz visuell zu „stimulieren". Über die eigene Tätigkeit meint Frieder Weiss bescheiden: „Was ich mit anderen Künstlern gemeinsam habe, ist, dass ich mich meiner Arbeit völlig hingebe und meine ganze Energie darin investiere, etwas zu erschaffen, das niemand wirklich braucht. Meine Software ist eigentlich nutzlos und bewirkt im besten Fall nur ein ästhetisches Statement". Auf seine künstlerische Arbeit bezogen mag das Ansichtssache sein, es trifft allerdings sicher nicht zu auf seine Lehrtätigkeit an der „Technischen Hochschule" in Nürnberg oder seine Vorträge und Workshops auf Konferenzen und an Universitäten. Frieder Weiss lebt und arbeitet in Nürnberg beziehungsweise Berlin.

Web: www.frieder-weiss.de

„Weniger Youtube-Videos oder Weblinks ansehen! Das rate ich normalerweise meinen Studenten. Der Grund: Externe Stimulation oder Inspiration überdeckt oft die eigenen Ideen; das Resultat wirkt dann wie eine Kopie des Originals!

„Ideen müssen schriftlich festgehalten werden, weil sie flüchtig sind.“

Ideen müssen schriftlich festgehalten werden, weil sie flüchtig sind. Dies erlaubt einem aber auch, sie wiederholt zu haben. Meine besten Arbeiten sind aus dem Prozess ihrer Umsetzung heraus entstanden – nicht unter dem Aspekt, ob etwas gut oder relevant ist; das bewertet man selbst ohnehin anders, als der externe Erfolg es bisweilen nahelegt. Und manchmal erfährt man erst viele Jahre später, ob es überhaupt Relevanz hatte. Skeptisch bin ich hinsichtlich der Vermutung, dass es zu spüren ist, wenn eine Idee die Substanz für etwas Großes hat. Die Meilensteine meiner Arbeit haben sich eher überraschend beziehungsweise unter großer Unsicherheit bezüglich ihres Wertes eingestellt!
Zur Stimulans meiner Kreativität gibt es ein Ritual: Ich bringe mich beim Programmieren in einen ‚Flow'-Zustand. Dafür sitze ich am liebsten an einem ruhigen und vertrauten Ort mit Schallschutzkopfhörern auf den Ohren vor meinem Laptop. Das ist beruhigend, weil ich mich in einer gewohnten Umgebung befinde, die frei ist von ‚bedrohlichen' menschlichen Interaktionen. Genau genommen beginnt jedes größere Projekt damit, neue Features zu entwerfen, technische Ideen zu verwirklichen. Diese werden im weiteren Verlauf bewertet und verfeinert. Dabei gehört die von mir über viele Jahre hinweg weiterentwickelte Software ganz eng zu meiner Arbeit. Diese läuft auf zwei Ebenen ab – die der ‚Core'-Programmierung, sprich als Programmierer tätig zu sein, und die des Arrangement-Bereichs. In letzterem konnen die im ‚Core' angelegten Möglichkeiten live variiert, kombiniert und arrangiert werden.
Die Umsetzung von der Theorie in die Praxis verläuft bei mir mit genügend Raum für etwas Chaos. Ich bin zwar Ingenieur, und als solcher möchte man an Ordnung und Struktur glauben, doch ich brauche die Variation und Bewertung des Ergebnisses so sehr, wie sie bei der Züchtung von Pflanzen erforderlich ist. Vom Naturell eher ein Einzelgänger, benötige ich dennoch wichtige Gegenüber als Korrektiv. Ich selber kann nämlich zu wenig einschätzen oder auch nur behaupten, was wertvoll ist!
Falls ein Abgabetermin ansteht, aber die nötige Inspiration fehlt, rate ich: Auf Bewährtes zurückgreifen und mit der Kombination von Vorhandenem experimentieren. So ergeben sich häufig neue Aspekte. Es mag paradox klingen, funktioniert aber durchaus: in einer derartigen Situation kann ich trotz des Termindrucks Ruhe und Entspannung empfinden.

Stilistische Widererkennbarkeit als Konstante

Kreativität ist keine Frage des Alters per se. Am besten finde ich eine Mischung aus Erfahrung, Neugierde und ‚Biss'. Nach zirka zehn Jahren im Job hat man seinen Zenit ohnehin überschritten und sollte sich etwas Neues suchen, das einen fasziniert! Dies ist biografisch natürlich nicht gerade einfach. Mein Ausweg aus der Misere: Evolutionäre Schritte gehen! Für mich bedeutete das zunächst, vom ‚Ingenieur in der Technik' zum ‚Ingenieur in den Künsten' zu werden, später dann vom ‚Klang' zum ‚Bild' zu wechseln. Während dieses Prozesses gab und gibt es für mich aber stets eine eminent wichtige Konstante: stilistische Widererkennbarkeit zu entwickeln und sie sich zu bewahren! Dessen ungeachtet habe auch ich schon Mittelmäßiges abgeliefert, mit dem ich unzufrieden war, das aber dennoch Erfolg hatte.
Zur Frage ‚Wie sollte man mit Misserfolg umgehen und ist es wichtig durchzuhalten, weil der Erfolg eventuell erst später kommt?' möchte ich vor der Beantwortung folgendes anmerken: Die Formulierung impliziert eine zu sportliche, vielleicht eher dem Fußball angemessene Perspektive. Wie ich es sehe, verdient dieser Punkt indes eine pauschalere Betrachtungsweise, konkret: Wenn man voller Überzeugung und mit Beharrlichkeit das tut, was man tun möchte, wird es immer Phasen von Beachtung und Kritik geben – diese sind jedoch nicht unbedingt mit Erfolg gleichzusetzen! Ich selber beispielsweise mache das, was ich tue, schon sehr viel länger, als ich je gedacht hätte. Und Durchhaltevermögen war dabei sehr wichtig!

„Treffer sind so rar wie die große Liebe. Dergleichen passiert mit Glück einmal oder einige wenige Male im Leben!"

Der Kreativmarkt ist ja sehr referentiell. Wer einen Treffer gelandet hat, profitiert meist langfristig davon. Mit etwas Demut und Realitätssinn weiß man allerdings, dass diese ‚Treffer' so rar sind wie die große Liebe; dergleichen passiert mit Glück einmal oder einige wenige Male im Leben!"

Frieder Weiss

„Einer der wichtigsten Meilensteine meiner bisherigen Laufbahn war die Kooperation mit der international renommierten australischen Tanzkompanie ‚Chunky Move'. Ich hatte schon zwei Jahre auf dem Sektor interaktive echtzeit-visuelle Programmierungen und Tanz gearbeitet – zunächst aus reinem Interesse an den technischen Möglichkeiten. Die persönliche Begegnung mit dem Choreographen Gideon Obarzanek war von spontaner Freundschaft, Respekt für die Tätigkeit des anderen, Professionalität und Mut zum freien Experimentieren geprägt. Das hat die Arbeit auf ein neues Level gehoben. Inhaltlich war es Evolution statt Revolution – inklusive einiger entscheidender performativer Paradigmenwechsel hinsichtlich der interaktiven Gestaltung. Ein wichtiger Aspekt ist unter anderem gewesen, dass in den gemeinsamen Produktionen die Darsteller auf der Bühne keinerlei Bezug auf die Projektionen nehmen. Im Kontext von ‚Interaktivität' wirkt das paradox, aber für den Zuschauer entsteht dadurch eine neue, überraschende Einsicht!"

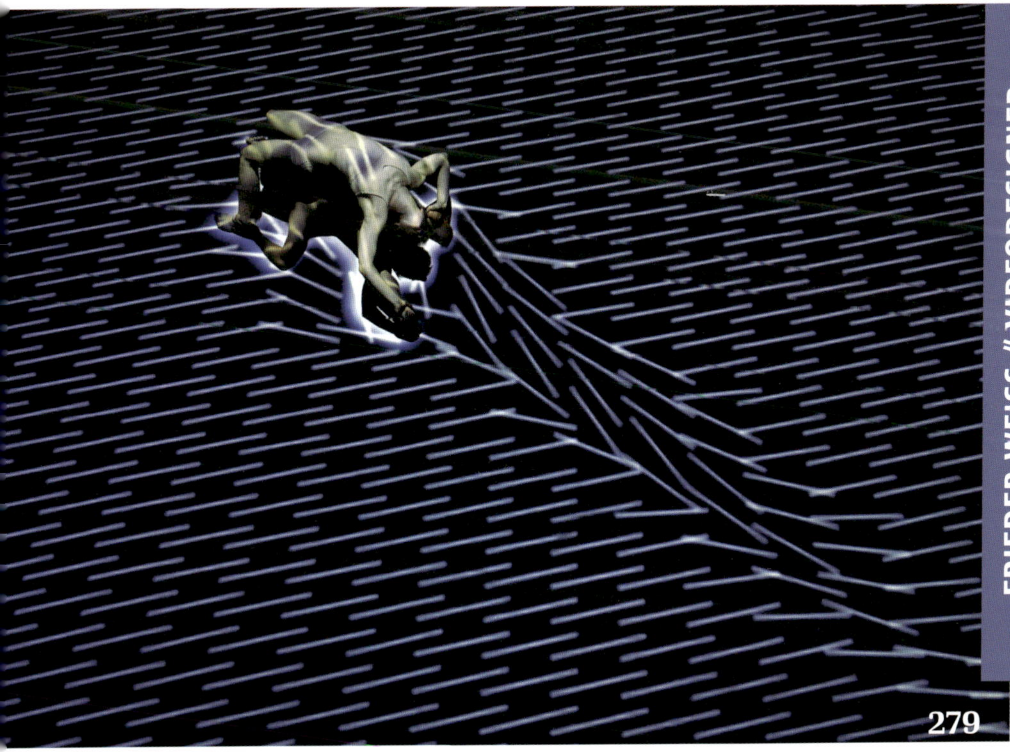

VOLKER WERTICH

SPIELEDESIGNER (DEUTSCHLAND)

„Seiner Zeit voraus zu sein, ist der wichtigste Aspekt für Fortschritt durch Kreativität!“

„Die Siedler“-Reihe revolutionierte das Genre der Aufbaustrategiespiele, zählt nicht nur in Deutschland zu den beliebtesten ihrer Art. Entwickelt hat das legendäre PC-Game Volker Wertich. Er ist verantwortlich für den ersten, 1993 erschienenen Teil sowie dessen dritte Folge (1998). Darauf begründet sich sein Ruf als Guru der Computerspiele-Branche. Gerade mal 24 Jahre alt, erschuf er binnen 20 Monaten und mit einem Budget von gerade einmal 200.000 Mark die mittelalterliche Welt der Siedler. Der Spieler startet mit einer Burg samt Rohstoffen und vielen fleißigen Akteuren („Siedler“). Durch Geschick ist es möglich, Reich und Besitz zu vergrößern. Die Arbeiter können sich auf einzelne Berufe spezialisieren, es werden Waren produziert, weitere Gebäude errichtet. Bald sind militärische Einrichtungen vonnöten, um die Expansion voranzutreiben. >>>

Die Leidenschaft für elektronische Spiele wurde in Volker Wertich (* 21. Juli 1969) bereits im Alter von zehn Jahren während eines Urlaubs mit den Eltern geweckt. In der Schwimmhalle des österreichischen Skiortes Kitzbühel faszinierte ihn ein Arcade-Spielautomat. Um auch daheim „Space Invaders" zocken zu können, bekam der Sohn eines Elektroingenieurs eine Atari 2600-Konsole geschenkt, dazu ein Modul, um kleine Programme zu schreiben. Als Vierzehnjähriger verkaufte der Mathematik-Begeisterte, der bereits als Achtjähriger eigene Brettspiele kreiert hatte, sein erstes selbst erfundenes Spiel. Vier Jahre später, kurz vor dem Abitur, folgte „Emerald Mine". Der Berufsweg war für ihn, einem Spieleentwickler-Autodidakten, vorgezeichnet: Nach der Zusammenarbeit mit der angesehenen „Blue Byte GmbH" rief Wertich 1997 „Phenomic Game Development" ins Leben. Dort erschienen unter anderem das wegweisende „SpellForce: The Order of Dawn" (2003), welches Elemente aus Echtzeit-Strategiespiel, Fantasy und Rollenspiel verbindet, sowie „BattleForge" (2009) – eine Mixtur aus Echtzeit-Strategie- und Sammelkartenspiel. Als „Electronic Arts" dieses Spiele-Entwicklungsstudio übernommen hatte, wurde er Geschäftsführer des Hauses. Sieben Jahre später trat Wertich als Creative Director von „Envision Entertainment" in Erscheinung, das er zusammen mit ehemaligen Kollegen gegründet hatte. Getreu dem Firmenslogan "Create worlds for gamers to connect and master challenges" werden dort Free-to-Play-Online-Spiele entwickelt. Ebenfalls 2013 erhielt Volker Wertich beim „Deutschen Entwicklerpreis" den „Spezialpreis der Jury". 2016 wurde „Envision Entertainment" für „Path of War", ihr erstes mobiles Spiel, mit dem „Deutschen Computerspielpreis" ausgezeichnet.
Volker Wertich, der Vater zweier Söhne ist, lebt in Ingelheim/Deutschland.

Web: www.envision-entertainment.de

„Der erste Schritt ist für mich immer eine Idee kombiniert mit der Motivation, sie Realität werden zu lassen. Wenn dieser Wunsch stark genug ist, dann bewältigt man viele Schwierigkeiten, um sich in den ‚Zustand des Machens zu versetzen'. Inspiration/Intuition kann sich, aus meiner Sicht, immer einstellen. Oftmals wird sie nur lange Zeit vom Rauschen der täglich anstehenden Themen und Probleme überlagert.

„Termindruck ist in der Entstehungsphase nicht hilfreich, kann aber dafür sorgen, dass der Fokus auf die wichtigen Fragen gelenkt wird!“

Dafür, dass etwas entsteht, ist Termindruck selbst nicht hilfreich, kann aber dafür sorgen, dass der Fokus auf die wichtigen Fragen gelenkt wird, bevor es vielleicht zu spät ist.
Viele Ideen habe ich, wenn ich alleine bin. Das kann in meinem Büro sein, aber auch völlig ohne sich geplant mit einem Thema zu beschäftigen – beispielsweise bei einer Wanderung oder unter der Dusche. Ein weiterer Weg ist für mich die Diskussion mit einem anderen Designer, in der gemeinsam bestimmte Ideen schrittweise verfolgt und andere verworfen werden. Beim Grübeln kommt es vor, dass ich im Kreis laufe – eine Beobachtung, die ich auch bei meinen Kindern mache.
Wenn die Deadline vorgegeben ist, sich jedoch keine Inspiration/Intuition eingestellt hat, muss der Abgabetermin verschoben werden; alles andere führt nicht zum Ziel! In meiner Branche ist die Umsetzung einer Idee so viel aufwändiger als die Ideenfindung, dass das Thema vorher bestmöglich durchdacht werden sollte.
Für einen Spiel-Designer ist es erforderlich, sich auch mit anderen Spielen zu beschäftigen. Aber anstatt unzählige Produkte kurz anzuschauen, ist es für mich viel wichtiger, ausgewählte Spiele sehr genau unter die Lupe zu nehmen. Es kommt auch vor, dass mir ein Spiel grundsätzlich gefällt, ich jedoch denke: ‚Nett gemacht, aber wenn man nun dies und jenes anders machen würde, dann...‘
In der Phase der Ideenfindung werden neunzig Prozent der Ideen verworfen. Das ist ganz normal. Es gibt dabei keine einfache Regel für gute und schlechte Ideen, aber man hinterfragt sich ständig: Passt dies zu den bisherigen favorisierten Ideen? Ist es zu kompliziert, geht es noch einfacher, ohne das Wichtige zu streichen? Kann man es später ausbalancieren? Wird es Spaß machen und den Spieler motivieren? Entspricht es der Zielgruppe?

„Whiteboards dienen als Experimentiergelände und Gedächtnisstütze.“

Um Ideen festzuhalten und Entscheidungen treffen zu können, arbeite ich sehr viel an ‚Whiteboards‘, also Weißwandtafeln/Flipcharts. Diese dienen als schnelles Experimentiergelände und gleichzeitig als Gedächtnisstütze sowie Gerüst, um weiteren Personen von der Idee, dem Konzept oder einer Lösung zu erzählen. Bevor es zum nächsten Thema geht, werden die Ideen zumindest fotografiert und archiviert.

Es ist ein besonderes Feeling, wenn man von einer Idee überzeugt ist – zum Beispiel, weil sie auf elegante Art und Weise mehrere Probleme gleichzeitig löst oder ganz neue Möglichkeiten eröffnet.
In unserer Branche entsteht aus einer Idee ein Spiel-Design, welches anschließend für alle anderen Abteilungen der ‚Bauplan' für die Umsetzung ist. Wir Designer haben dadurch natürlich den größten Einfluss auf das Endprodukt. Allerdings ist es auch so, dass sich im Laufe eines Projekts Prioritäten verschieben können: Nachdem eine Idee in die Realität umgesetzt und erlebbar wurde, stellt man fest, dass ein bisher als unwichtig angesehener Aspekt besonders viel Spaß macht – oder umgekehrt.

„Effizienz und Ehrgeiz halte ich nicht für kontraproduktiv, denn Eigeninitiative und Ausdauer sind notwendig."

Kreativität lässt sich überhaupt nicht erzwingen. Effizienz und Ehrgeiz halte ich jedoch keinesfalls für kontraproduktiv, denn Eigeninitiative und Ausdauer sind notwendig! Generell gilt: Die Kreativität einer Person ist kurzfristig nicht messbar. Man kann sie erst über längere Zeiträume besser einschätzen.
Für Kreativität wird ein grundlegendes Talent benötigt, welches – meiner Auffassung nach – nicht erlernt werden kann. Konfrontiert man Kinder ohne weitere Anleitung mit einem Berg Legosteine, dann wird eines von ihnen völlig erstaunliche Dinge bauen während viele nur wenig damit anfangen können.
Im Game-Design ist jede Idee oder Entscheidung ein Kompromiss. Für die Vorteile werden letztlich auch immer irgendwelche Nachteile in Kauf genommen. Eine gute Idee hat mehr oder gewichtigere Vorteile und wird daher dem Publikum besser gefallen.

„Wer ewig sich selbst kopiert, ist nicht mehr kreativ!"

Auf die Frage ‚Wie ist es möglich, sich künstlerisch treu zu bleiben, aber innovativ zu sein, ohne seinen Stil zu verleugnen und sich dennoch neu zu erfinden?' gibt es, so sehe ich das, nur eine Antwort: Wenn man ewig sich selbst kopiert, dann ist man nicht mehr kreativ. Innovation und Veränderung sind wichtig, man muss dafür nicht (und kann es auch kaum) den bisherigen Weg komplett verwerfen.
Seiner Zeit voraus zu sein, ist der wichtigste Aspekt für Fortschritt durch Kreativität! Es bedeutet aber auch, damit materiell meist nicht erfolgreich zu sein. Je nachdem, ob man hier als Einzelperson tätig ist oder vielleicht die Existenz eines ganzen Unternehmens davon abhängt, ist abzuwägen, wie weit man hinaus segelt'.

An welchem Zeitpunkt nun der kreative Prozess, also das Werk selbst beendet ist und freigegeben werden kann, dazu gibt es auf dem Games-Sektor seit vielen Jahren eine interessante Entwicklung: Die meisten Spiele werden nicht mehr abgeschlossen, sondern immer weiterentwickelt, solange sich Kunden noch dafür interessieren. Dadurch findet ein Projekt oft erst viele Jahre, nachdem es veröffentlicht wurde, ein Ende.

„Ich bin immer für deutliche Innovation, ohne die Wurzeln auszureißen!“

Auffällig ist in meiner Branche: Die Verlockung, etwas zu ‚recyclen', ist sehr hoch. Zweistellige Millionenbeträge werden in größere Spielprojekte investiert und die Geldgeber wünschen sich natürlich Garantien. Manchmal funktioniert es, dass ein Spiel fast nur ‚verbesserte Grafik' erhält und dennoch erneut erfolgreich ist. Viele Marken sind aber auch schon genau daran zugrunde gegangen. Umgekehrt kann eine zu radikale Veränderung beim Folgeprodukt auch den Erfolg kosten. Ich bin immer für deutliche Innovation, ohne damit die Wurzeln auszureißen.

„Erfolg hat zahlreiche Abhängigkeiten, welche sich durch eine gute Idee nicht ansatzweise ausschließen lassen!“

Erfolg hat zahlreiche Abhängigkeiten, welche sich durch eine gute Idee nicht ansatzweise ausschließen lassen. Die gesamte Umsetzung der Idee hängt meist von vielen weiteren Mitstreitern ab; dazu kommen zahlreiche weitere Faktoren wie Vermarktung, Finanzierung, Änderungen der Prioritäten oder Strukturen des Auftraggebers, Konkurrenz und so weiter.
Die Wünsche seines potentiellen Publikums zu kennen, ist kein Erfolgsgarant, denn die meisten Menschen wissen nicht, was sie wollen, bis sie es in den Händen halten oder erleben. Es wäre auch zu leicht, wenn man aus Umfrageergebnissen direkt das perfekte Produkt ableiten könnte.
Wird ein Volltreffer gelandet, sollte man offen für andere Meinungen bleiben und sich auf den Erfolg nicht zu viel einbilden. Früher oder später wird man auch Misserfolge verarbeiten müssen. Dabei habe ich durchaus schon die Erfahrung gemacht, dass die Kritiker unser Projekt liebten, es die Investitionskosten aber nicht eingespielt hat.

Dass bisweilen ein langer Atem vonnöten ist, dafür habe ich ein gutes Beispiel: Eines unserer Online-Spiele war zunächst nicht erfolgreich gewesen, doch unser Auftraggeber glaubte, wie auch wir, an das Projekt selbst. Wir konnten in den folgenden Monaten das Spielerlebnis Schritt für Schritt weiter verbessern, so dass sich die Anzahl der Spieler immer weiter erhöhte und das Projekt noch mehrere Jahre erfolgreich auf dem Markt war. Durchhalten kann also wichtig sein!"

Volker Wertich

„Nachdem ich in jungen Jahren zahlreiche andere Computerspiele gezockt hatte, kam mir die Idee, dass man einzelne Aspekte dieser Spiele zu einem ganz neuen Erlebnis zusammenführen könnte und daraus etwas Einzigartiges entstehen würde. Ich wollte ein Spiel erschaffen, in welchem der Spieler gottähnlich auf einer Landkarte gegen Konkurrenten Territorium sichert wie in ‚Populous', dabei aber über die gestalterischen Freiheiten eines Aufbauspiels wie ‚Sim City' und intelligent agierende Untertanen ähnlich den selbständigen Charakteren in ‚Little Computer People' verfügt. Damit war die Idee zu ‚Die Siedler' geboren. Es sollte dann zwei weitere Jahre dauern, bis ich das Konzept selbst umgesetzt hatte."

Sowohl „Siedler 1“ (rechts), als auch „Siedler 3“ (unten) hat Volker Wertich entwickelt. Die Reihe gilt als revolutionär im Genre der Aufbaustrategiespiele.

HEINZ WINKLER

MAÎTRE DE CUISINE (ITALIEN/DEUTSCHLAND)

„Ideen, denen man keine besondere Aufmerksamkeit widmet, werden oft ganz groß!“

„Jüngster Dreisternekoch der Welt“. „Erster italienischer Drei-Sterne-Koch“. „Koch des Jahres“. Auszeichnungen hat Heinz Winkler im Laufe seines Lebens viele erhalten. >>>

Als Vierzehnjähriger begann der jüngste Sohn einer 13-köpfigen Bergbauernfamilie seine Kochlehre. Nach dieser Ausbildung arbeitete er (* 17. Juli 1949, Brixen/Italien) in diversen Hotels und Restaurants in Deutschland, Frankreich, Italien und der Schweiz. Eine seiner Stationen war bei Paul Bocuse. In Kooperation mit dem als „Koch des 20. Jahrhunderts" gepriesenen „Vater der Nouvelle-Cuisine" erschienen die Bücher „Mein Meisterwerk: Bon appétit" und „Meisterhaft kochen leicht gemacht". Kurz nachdem Heinz Winkler 1979 als Küchenchef des Münchner Restaurants „Tantris" engagiert wurde, wird der Perfektionist vom „Guide Michelin" zum „Koch des Jahres" ernannt. Drei Jahre später kann sich der Südtiroler darüber freuen, der weltweit jüngste Maître de Cuisine zu sein, dessen Küche mit drei „Michelin"-Sternen ausgezeichnet wird. Seit 1991 ist er Inhaber/Küchenchef der „Hotel Residenz Heinz Winkler" im oberbayerischen Aschau. Dort goutiert eine globale Gourmet-Klientel seine leichte, ebenso minimalistische wie elegante und geschmackvolle „Cuisine Vitale". In ihr vereinen sich Tradition und Moderne. Die für den einflussreichen Lehrer typische Kochkunst kennzeichnet – jenseits von wechselnden Moden – eine Reduktion auf das Wesentliche, die Konzentration auf ein Hauptprodukt, das durch seine berühmten Saucen bereichert, aber nie verfremdet wird. Mit Höchstnoten in Restaurantführern und zahlreichen Preisen prämiert, erlangte Heinz Winkler zwanzig Mal die Bewertung mit drei „Michelin"-Sternen und rangiert damit in Deutschland auf Platz 2, was den Erhalt dieser Auszeichnung angeht. Seine Verdienste um das Ansehen der deutschen Gastronomie im Ausland bescherten ihm das „Bundesverdienstkreuz am Bande". Heinz Winkler, dank dessen Unterstützung das „Jeroboam" im Moskauer „Ritz Carlton" zwischen 2007 und 2009 dreimal als bestes Restaurant der russischen Hauptstadt ausgezeichnet wurde und das „Las Dunas" in Estepona (Spanien) einen „Michelin"-Stern erhielt, hat diverse Bücher veröffentlicht. Unter anderem sind das „Gourmet-Küche für zu Hause: Tips und Tricks vom Meisterkoch", „Vegetarisch für Feinschmecker", „Glücksmenüs", „Highlights der Kochkunst: Gezaubert mit Kräutern und Blüten", „Cuisine Vitale – Genuss für alle Sinne" und „Heilpflanzen für Genießer: Die natürliche Gourmetküche". Der Vater zweier Söhne lebt mit seiner Lebensgefährtin in Aschau im Chiemgau (Deutschland).

Web:www.residenz-heinz-winkler.de

„Nie an alten Strukturen festhalten, immer nach vorne gehen." Auf diesen Nenner bringt Heinz Winkler sein Credo. Die Initialzündung, um nach etwas Neuem Ausschau zu halten, ist für ihn „meistens Unzufriedenheit und Nicht-Stehen-Bleiben-Wollen, sondern stets weitergehen". Sich in einer derartigen Situation hinzusetzen und die Quelle der Intuition bewusst anzuzapfen, erachtet er als unmöglich. „Diese stellt sich nur spontan ein." Weder Ruhe und Entspannung, noch Termindruck hält Winkler für gute Stimulanzien. „Das Beste ist die Aufbruchstimmung". Sein idealer Ort, um kreativ zu sein: Frankreich. Inspiriert wird der Meisterkoch generell durch „Menschen, die etwas besser machen als ich selbst." Hat er eine außergewöhnliche Idee, „gehe ich damit erst einmal schwanger und überlege. Denn man sollte jeden Weg zu Ende denken, bevor er beschritten wird. Die Reifezeit in einem Entwicklungsprozess ist wichtig." Dabei übt es einen großen Reiz auf ihn aus, „sich ins Ungewisse wagen."

„Man sollte jeden Weg zu Ende denken, bevor er beschritten wird."

Ob ein Einfall die Substanz zu etwas Hervorragendem besitzt, „ist nicht zu spüren. Im Gegenteil: Ideen, denen gar keine besondere Aufmerksamkeit gewidmet wird, werden oft ganz groß!" Bis es soweit ist, gilt: „Theorie ist der Anstoß, die Praxis das Leben!" Maßgebliche Voraussetzung: Qualifikation getreu dem Sprichwort „Kunst kommt von Können". Doch auch die Inspiration „ist sehr wichtig in solch einer Phase". Irrelevant dagegen die Generationszugehörigkeit. Altersbedingtes Wissen oder jugendliche Frische – „beides ist auf seine Art gut". Wenngleich in seiner Branche viel im Team gearbeitet wird und es daher „möglich ist", in der Kooperation mit anderen Menschen die eigenen Defizite auszugleichen, „so entscheidet man am Schluss immer für sich selber". Dass niemand fehlerlos ist, weiß Winkler. Das zeigt sein Ausspruch „Alle Großen bewahren sich auch Zweifel". Wird ein neues Gericht kreiert, spielen in seinem Fall Gefühl, Intellekt und kommerzielle Absicht zu gleichen Teilen eine Rolle. Worum es ihm dabei primär geht, darum macht der Meister kein Geheimnis: „Selbstverwirklichung", lautet die ehrliche Antwort.

Dass Routine die Kreativität unterstützt, bejaht er. Seinem spezifischen Stil treu zu bleiben und dennoch innovativ zu sein, ist dann ein realistisches Ziel, wenn „man nur das tut, was man selber für gut und richtig hält". Dabei ist es durchaus erstrebenswert, seiner Zeit voraus zu sein, „aber nicht zu weit. Zehn Jahre sind okay". Abgeschlossen ist ein Werk ohnehin nie: „Es werden immer Nachbesserungen erforderlich sein, denn die Anschauungen und der Geschmack der Menschen ändern sich".

„Alle Großen bewahren sich auch Zweifel!“

Um sich breiten Zuspruchs zu erfreuen, „muss man den Zeitgeist erfassen“, die Wünsche seines potentiellen Publikums erahnen oder bestenfalls sogar mehr oder minder genau kennen. Ein großes Ziel vor Augen zu haben, hält Heinz Winkler für wichtig, „denn alles Gute ist erstrebenswert“. Hat es mit dem persönlichen Meisterwerk geklappt, „ist Erfolg anschließend der Lohn für gute und richtige Arbeit; die Bestätigung, dass der eingeschlagene Weg richtig ist.“ Vielleicht gelingt es dann, in der Folge längerfristig zur ersten Riege zu zählen und Gäste wie Kritiker gleichermaßen zu begeistern. Für einen derartigen Glücksfall gibt es einen guten Tipp: „Sich nie mit dem Gedanken abgeben“, dass diese Serie reißen und der Absturz folgen könnte, „sondern einfach alles werden lassen!“ Wird einem jedoch trotz aller Mühen kein Zuspruch zuteil, wäre es falsch, wie ein Getriebener zu agieren, immer hoffend, dass das nächste Mal das Erhoffte erreicht werden wird. Winklers Rat bei Misserfolg: „Durchhalten!“
Eine kreative Durststrecke überbrückt der Gastronomie-Profi übrigens mit einem Blick in ein Ideenarchiv. Allerdings war Winkler während der jahrzehntelangen, internationalen Karriere natürlich auch in der Situation, dass er liefern musste und ihm nichts Neues eingefallen ist. Seine spontane Empfehlung: „Da gibt man dann das Altbewährte ab.“ Hat der vielfache Preisträger eigentlich schon etwas Mittelmäßigem aus der Küche den Segen erteilt, etwas, mit dem er selber unzufrieden war? „Ja. Ich habe allerdings Glück gehabt, dass niemand es erkannt hat!“

Heinz Winkler

„Mein populärstes/repräsentativstes Werk ist die ‚Residenz Heinz Winkler‘, da ich sie gemäß eigener Ideen habe bauen lassen. Inspiration hierfür war die italienische Architektur.“

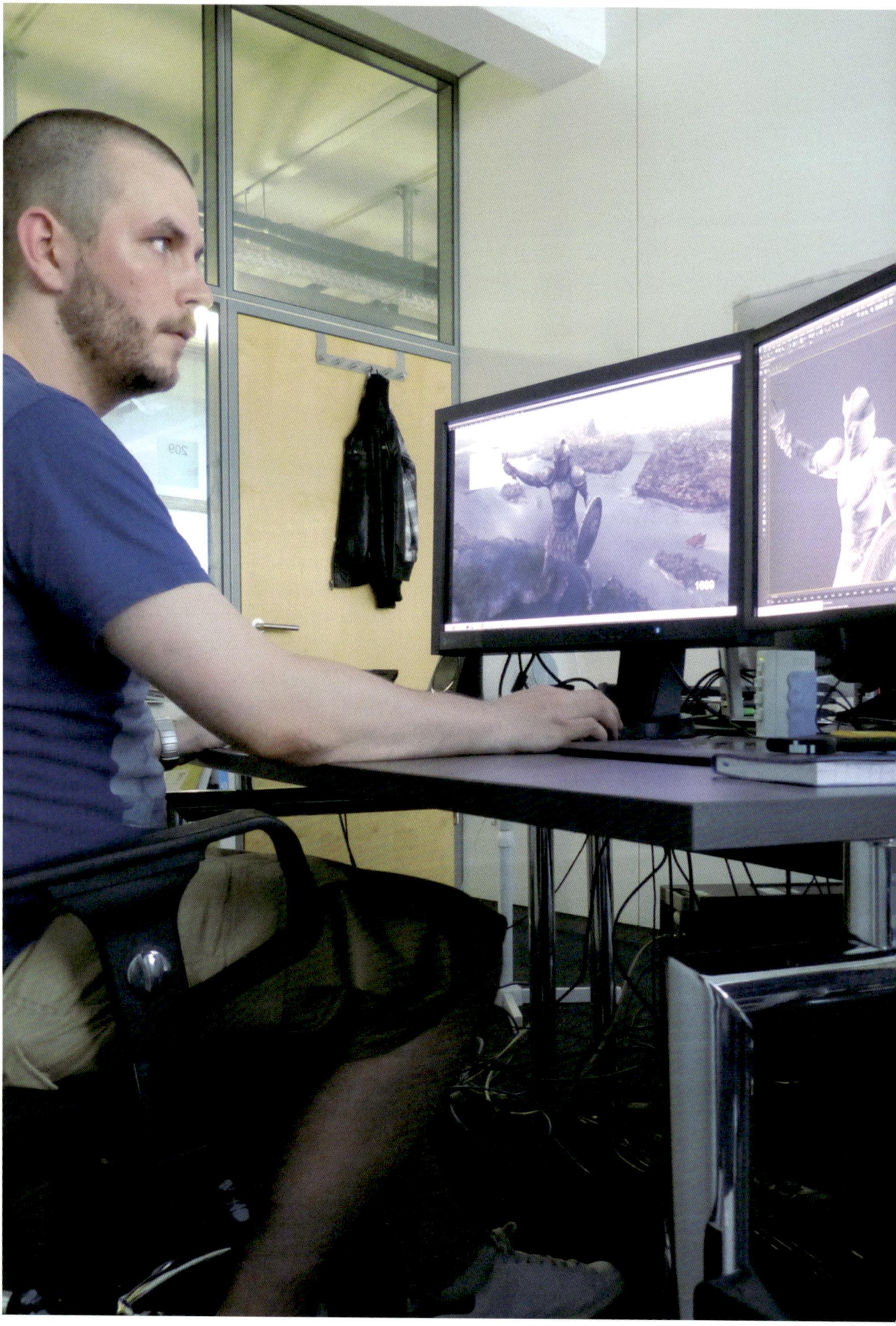

CHRISTIAN ZILLIKEN

DIGITAL ARTIST (DEUTSCHLAND)

„Etwas künstlerisch Wertvolles ist von größerer Bedeutung als etwas, das kommerziell erfolgreich ist!“

„Game of Thrones“, Staffel 2 bis 6 (Stand: Juni 2016). Einen Teil der imposanten Fantasiewelten (Landschaften, Städte, Heere, Schiffe, Burgen, Schattendämonen, Zombie-Pferde) in der erfolgreichen US-amerikanischen Fernsehserie (läuft auf SKY Deutschland) hat er mit erschaffen: Christian Zilliken. Die mit drei seiner Kollegen realisierten beeindruckenden visuellen Spezialeffekte für ihr Projekt „Game of Thrones – Braavos Establisher“ wurden von der „Visual Effects Society“ (VES) in Beverly Hills 2014 in der Kategorie "Outstanding Created Environment in a Commercial, Broadcast Program, or Video Game" ausgezeichnet. „Mackevision“, die Firma bei der das Team beschäftigt ist, erhielt 2015 für ihre Beiträge zur vierten Staffel von „Game of Thrones“ einen „Emmy Award“, den bedeutendsten Fernsehpreis der Vereinigten Staaten. >>>

War er anlässlich der zweiten und dritten Staffel der Kult-Saga noch für das ebenfalls auf datenbasierte Visualisierung spezialisierte Unternehmen „Pixomondo" tätig, so arbeitet Christian Zilliken seit 2013 als 'CG Supervisor' bei „Mackevision Medien Design" in Stuttgart. 'CG' steht für ‚Computer Graphics'. Das sind mittels dreidimensionaler Computergrafik erzeugte brillante Bilder – bewegt im Film-/Onlinebereich oder statisch für Plakate und Anzeigen. Alles, was vor dem geistigen Auge vorstellbar ist, kann mit ‚CGI' (‚Computer Generated Imagery') anschaulich verwirklicht werden. Derartige Produktionen können durchgängig am PC erstellt, aber auch mit realen Fotos oder Filmelementen virtuos kombiniert werden. Ihre grenzenlosen Möglichkeiten werden von der Werbeindustrie hoch geschätzt. So gehören zu den Kunden von „Mackevision", einem der Weltmarktführer im CGI-Bereich, neben dem Who's Who der Automobilbranche – von Audi über BMW, Chrysler und Ford bis Lamborghini, Maserati, Mercedes-Benz und Porsche – auch Bose, Boss, Epson, die Schmuckmanufaktur „Pandora" oder der Luxus-Motorboothersteller „Sunseeker".
Christian Zilliken (* 10. September 1980) hat sein Hobby zum Beruf gemacht. „Der Ursprung dafür liegt im Besuch einer Spielhalle als ich sieben oder acht Jahre alt war." Schon während seiner Zeit an der „Gesamtschule Bonn-Bad Godesberg" beschäftigte sich der Sohn eines Zimmermanns und einer Sekretärin mit der Welt der Computerspiele. Wie sie entsteht, faszinierte den Star-Wars-Fan. „Ich bin der klassische Autodidakt", gesteht Zilliken, „eignete mir mein Knowhow nach dem Try & Error-Prinzip an. Wenn ich etwas nicht wusste oder auf Probleme stieß, suchte ich im Internet Leute, die solche Fragen beantworten konnten; einen Studiengang in meinem Spezialgebiet gab es damals übrigens noch nicht." Auf eine dreijährige freiwillige Computerspiel-Abstinenz folgte ab der Volljährigkeit der professionelle Einstieg in die virtuelle Realität. Der vielgefragte Freelancer bekam unter anderem von der Firma „Pixomondo" verschiedenste Aufträge, darunter etwa den, die optischen Effekte in Filmen wie „Hugo Capret", der nostalgischen Liebesklärung an das Kino, dem spektakulären Jagdflieger-/Weltkriegsepos „Red Tails" oder dem stilisierten Science-Fiction-Streifen „Oblivion" sowie für die Staffeln zwei und drei von „Game of Thrones" beizusteuern. Nach zwölf Jahren als freier Mitarbeiter, „der immer gerufen wurde, wenn es brannte", nahm er 2013 seine erste Festanstellung an – bei „Mackevision". Seitdem hat der selbsternannte „Couchpotato", der sogar in der Freizeit Computerspiele zockt, visuelle Beiträge für weitere „Game of Thrones"-Staffeln sowie die US-Serie „The Shannara Chronicles", „Independence Day: Wiederkehr" und den Rache-Thriller „I.T." geliefert.
Christian Zilliken lebt in Stuttgart.

Web: www.mackevision.com

„Ruhe oder Termindruck können Kreativität stimulieren. Aus meiner Sicht ist beispielsweise ein Bild niemals fertig. An jedem Werk könnte ein Leben lang gearbeitet werden! Nichts ist perfekt! Trotz des Termindrucks muss man sich aber die nötige Ruhe und Entspannung einfach nehmen. Sorgfalt braucht nun mal ihre Zeit. Wenn man sich nicht an diese Regel hält, dauert es meiner Erfahrung nach im Endeffekt noch länger, bis ein Bild schließlich seinen finalen Zustand erreicht.

„Wer auf dem Schlauch steht, dem hilft es, etwas anderes zu machen als weiter mit dem zu kämpfen, was einen gerade blockiert.“

Wenn ein Abgabetermin vorgegeben, aber keine Intuition da ist, hilft es mir, zu reden. Ich arbeite zum Glück mit einem Team von Profis; stehe ich mal auf dem Schlauch, habe ich mit meinen Kollegen fundiertes Knowhow gleich in den Räumen nebenan. Kann ich darauf mal nicht zurückgreifen, zum Beispiel bei privaten Projekten, hat es sich oftmals als hilfreich erwiesen, etwas ganz anderes zu machen – mich um einen anderen Teil zu kümmern als um jenen Part, der mich gerade so blockiert; oft löst sich die Blockade dann ganz von alleine – teilweise, als ob es die einfachste Sache der Welt wäre! Manchmal ist genau das leider auch wirklich der Fall. Für mich ein Anlass, mich zu schämen, weil ich so lange für eine an sich offensichtliche Lösung gebraucht habe. Zum Glück kommt das aber nicht allzu oft vor.

Im Gegensatz zu Amateuren, die auf Inspiration warten können, hat ein Profi selten die Zeit, einfach Däumchen drehend dazusitzen. Ist zu Beginn der Arbeit keine Inspiration vorhanden, sollte sich diese spätestens im Kreativprozess einstellen. Ansonsten hat man, glaube ich, einen schweren Stand. Es ist gewiss immer ein Auf und Ab. Manchmal funktionieren Sachen besser, manchmal schlechter. Das ist zum einen eine Frage, was der Person Spaß macht, zum anderen hängt es jedoch sehr von der Aufgabe als solcher ab.

Kreativ tätig zu sein, bedeutet sowohl Magie als auch Schmerz. Als Künstler identifiziert man sich immer ein Stück weit mit seiner Arbeit. Das kann unschöne Nebenwirkungen haben. Ich habe versucht, das abzulegen, aber hundertprozentig bin ich es nicht losgeworden. Konkret: Wenn man mit einem Ergebnis unzufrieden ist, kann sich das auf die allgemeine Stimmung schlagen. Andersherum verhält es sich natürlich genauso: Wer mit einem Werk sehr zufrieden ist und dann im Kino oder Fernsehen das Ergebnis teilweise monatelanger Arbeit sieht, bekommt durchaus Gänsehaut.

So entsteht die „schöne, neue Welt“ aus Bits & Bytes

In meiner Berufssparte verläuft der Weg der konkreten Umsetzung von der Theorie in die Praxis folgendermaßen: Zuerst sind da ein weißes Blatt Papier und eine Idee. Diese wird aufgezeichnet und als Konzeptbild beziehungsweise später auch als Storyboard (für Bewegtbild durch den ‚Concept Artist') ausgearbeitet. Daraufhin werden die Bestandteile analysiert und aufgeteilt. Diese werden einzeln ausgearbeitet und anschließend dreidimensional umgesetzt – als sogenannte Gitter-Modelle, die in der 3D-Welt bewegt werden können. Solch ein Schritt nennt sich ‚modeling' und wird vom ‚Model Artist' ausgeführt. Besagte Modelle werden sozusagen ‚angemalt' (vom ‚Texture Artist') und die materiellen Eigenschaften definiert (vom ‚Shading Artist'). Sind diese Arbeitsschritte abgeschlossen, ist das Element fertig. Als nächstes werden die Bewegungen der Modelle sowie die Kamera-Einstellungen entsprechend des Storyboards umgesetzt (vom ‚Animator'), und im Idealfall alles final abgenommen.
In der vorletzten Stufe wird nun im 3D-Programm das Licht gesetzt (durch den ‚Lighting Artist'). Sobald dort alles stimmt, wird die Sequenz ausgerechnet. Das ist jetzt der Part, der die Sache recht kompliziert machen kann. Je nachdem, was abgebildet wird, ist das eine komplizierte Rechenaufgabe und benötigt viel Zeit bis sie ausgerechnet ist. Es dauert im Schnitt circa 20 bis 45 Minuten pro Einzelbild, es können aber auch mal bis zu drei oder, in Extremfällen, 24 Stunden pro Bild sein. Für eine Sekunde flüssiger Bewegung sind in der Regel 24 Einzelbilder erforderlich. Das heißt: Bei einer derartigen Spitzenbeanspruchung sind bis zu 24 Hochleistungscomputer der neuesten Generation und ein Tag erforderlich, um eine Sekunde Film zu erstellen. Bei einer Szene von 30 Sekunden kann man sich leicht vorstellen, wie viel Zeit und Rechenleistung benötigt wird. Das kann schon ausarten. Umso wichtiger ist es, dass in der Rechenaufgabe keine Fehler mehr sind und eine möglichst effiziente Rechenmethode verwendet wird. Falls doch noch etwas falsch ist, kann das Ergebnis im schlimmsten Fall nutzlos, also die darin investierte Zeit verschwendet sein und es geht von vorne los.
Wenn die beschriebenen Schritte abgeschlossen sind, wird die errechnete Bildsequenz nochmals zu einem Spezialisten der ‚Compositing'-Abteilung (dem ‚Compositor') weitergeleitet. Dort werden weitere Tricks angewendet, um das Bild zu verbessern sowie in erster Linie die Farben nochmals anzugleichen und gegebenenfalls das computergenerierte Motiv mit real gedrehtem Material zu verschmelzen. Dieses Ergebnis wird dem Kunden übermittelt. Später erhält es der ‚Grading Artist'. Er passt die Farben ein letztes Mal an und gleicht sie zum Beispiel dem Look des Films an.
Das war ganz grob der Ablauf. In vielen Fällen unterscheidet sich allerdings die Heran-

gehensweise etwas, außerdem gibt es noch zahlreiche weitere Schritte, die ich der Einfachheit halber hier ausgelassen habe; dazu gehört die Tätigkeit des für Effekte zuständigen ‚Effects/FX Artists' (wenn beispielsweise etwas in die Luft gesprengt wird) oder des ‚Matte Painters'. Er malt zum Beispiel den Hintergrund für ein Bild.

„Ab einer gewissen Komplexität ist es schlicht unmöglich, eine Aufgabe alleine zu bewerkstelligen."

Alle Arbeitsschritte werden von Spezialisten aus dem jeweiligen Fachgebiet bewältigt. Daran ist gut zu sehen, dass es ab einer gewissen Komplexität schlicht unmöglich ist, solch eine Aufgabe alleine zu bewerkstelligen.

Wenn es mit der Kreativität in diesem Beruf gut läuft, arbeitet man hoch konzentriert. Wir haben keine Rituale, um uns gewissermaßen in einen kreativen Workflow zu versetzen. Die Kreativität stellt sich vielmehr, wenn sie denn kommt, wie von selbst während der Arbeit ein – vielleicht durch das Eintauchen in das Bild oder einfach durch Konzentration. Als Muse habe ich selbstverständlich meine Freundin!

„Je besser jemand sein Werkzeug beherrscht, desto leichter fällt die Umsetzung einer Idee."

Kunst entsteht aus Können; je besser jemand sein Werkzeug beherrscht, desto leichter fällt ihm die Umsetzung einer Idee. Außerdem kann man über eine längere Zeit, die man in einem Bereich tätig ist, auch mehr lernen. Also spielen Erfahrung und Alter mit Sicherheit eine große Rolle. Allerdings ist man als junger Mensch wiederum am lernfähigsten. In diesem Kontext fällt mir ein befreundeter Künstler ein, der schon als Kind in Russland auf eine Kunsthochschule ging und als Jugendlicher mit einem Stück Kohle photorealistisch malen konnte. Heutzutage bringt er das anderen bei.

Ich bin gerne alleine kreativ, mag es aber ebenso, mit anderen zusammenzuarbeiten. Im Team lassen sich einfach größere Projekte stemmen. Gerade in meinem Bereich kooperiere ich mit hochgradig spezialisierten Leuten, die auf ihrem Gebiet jeweils jahrelange Erfahrung haben. Für einen Einzelnen ist es unmöglich, in allen nötigen Fachbereichen Spezialist zu sein. Bei privaten Projekten, die komplett alleine realisiert werden, besitzt man hingegen die absolute Kontrolle. Das hat für mich auch seinen Reiz.

„Sich einzubilden, alle Bereiche besser als der jeweilige Spezialist zu beherrschen, zeugt von Selbstüberschätzung."

Anderen Menschen zu vertrauen, die gegebenenfalls die eigenen Defizite in der Kreativität ausgleichen können, zeugt vor allem von gesundem Menschenverstand. Meine Spezialgebiete sind Material und Licht. Dazu gibt es noch andere Disziplinen, in die mich gut eingearbeitet habe; ich weiß also von den meisten Sektionen, worum es geht. Sich jedoch einzubilden, alle Bereiche besser als der jeweilige Spezialist zu beherrschen, ist ein Zeichen von Selbstüberschätzung. Eventuell gibt es jemand, der einfach alles am besten kann. Den habe aber zumindest ich noch nicht getroffen.

„Geld ist für die meisten Künstler vermutlich der unwichtigste Punkt, nur eine Art angenehmer Nebeneffekt."

Die individuelle Befriedigung in der kreativen Beschäftigung liegt für mich zuallererst in der Selbstverwirklichung, gefolgt von künstlerischer Anerkennung an zweiter und kommerziellem Erfolg an dritter Stelle. Man ist stolz, etwas geschafft zu haben; freut sich, wenn es anderen gefällt. Bringt es dann auch noch Geld, umso besser. Dies ist jedoch für die meisten Künstler vermutlich der unwichtigste Punkt, da es sich für sie um eine Art ‚angenehmen Nebeneffekt' handelt. Selbst bei Auftragsarbeiten finde ich, sollte das kommerzielle Interesse an letzter und das Ergebnis als solches an erster Stelle stehen! Hauptthema ist immer die Arbeit an und für sich. Etwas künstlerisch Wertvolles ist schließlich von größerer Bedeutung als etwas, das kommerziell erfolgreich ist!

„Es gibt nichts Perfektes außer der Realität!"

Welche Rolle Perfektion in der Kreativität spielt? Meiner Meinung nach gibt es nichts Perfektes, abgesehen von der Realität! Deren Perfektion empfinde ich persönlich überhaupt nicht als seelenlos, obwohl genau das in Verbindung mit Perfektion oft behauptet wird.

Wann der Kreativprozess eines künstlerischen Werkes beendet ist, hängt davon ab, worum es sich dabei handelt. Bei kommerziellen Projekten ist der Abschluss im Idealfall nicht später als der Abgabetermin. Ohne diesen könnte man, wie eingangs beschrieben, an jedem Bild bis ans Lebensende weiterarbeiten. Aber das ist natürlich nicht sinnvoll, denn wer dem konsequent folgen würde, bekäme niemals etwas fertig.

Bei privaten Projekten nehme ich mir so viel Zeit, wie ich benötige, um das Resultat selber gut zu finden. Dann zeige ich es erst einmal anderen Künstlern und Freunden, höre mir deren Kritik an. Wenn ich sie einsehe, arbeite ich damit weiter; kommt keine oder teile ich sie nicht, wird das Projekt veröffentlicht.

„Wer nicht offen ist für konstruktive Kritik, der hat es in einem Team eher schwer.!

Wer nicht offen ist für konstruktive Kritik, durch die ja etwas besser werden kann, hat es in einem Team eher schwer. Das heißt in der Konsequenz: Man kann sich dann vielleicht nur als Einzelkämpfer betätigen, und daher zumindest in meinem Bereich Kino/TV nie an etwas wirklich ‚Großem' arbeiten. Diese Aufgaben sind einfach zu komplex, als dass sie einer alleine bewältigen könnte. Etwas anderes anzunehmen, wäre ein Irrglaube.

Oft ist man mit dem Resultat bei der Abgabe eines erledigten Auftrags unzufrieden. Das kann an vielen Faktoren liegen – meistens liegt es daran, dass zu wenig Zeit zur Verfügung stand. Häufig ist der Grund für die Verdrossenheit, dass man zu vertieft in die Aufgabe war. Schon oft gab es bei mir jedoch den Fall, dass ich Szenen, mit denen ich total unzufrieden war, nach einem Jahr nochmals angeschaut habe und das Ergebnis absolut super fand. Man kann während der Arbeit betriebsblind werden oder sich zu sehr auf Aspekte versteifen, die im Gesamtbild allerdings zu vernachlässigen sind. Auch deshalb ist Teamarbeit so wichtig.

„Erfolg oder Misserfolg sollten Nebensache sein."

Sich darüber Gedanken zu machen, ob eine Erfolgsserie einmal reißen und der Absturz erfolgen könnte, bringt nichts! Ich versuche einfach, immer akkurat zu arbeiten. Erfolg oder Misserfolg sollten meiner Meinung nach Nebensache sein. Wer sich daran hält, gewissenhaft zu arbeiten, hat sich nichts vorzuwerfen, wenn es Misserfolge geben sollte und kann sich andererseits freuen, wenn die Arbeit von Erfolg gekrönt ist."

Christian Zilliken

„Die populärste meiner bisherigen Arbeiten ist vermutlich eine aus ‚Game of Thrones': Der Koloss von Braavos – eine riesige Statue vor den Toren der nördlichsten der neun ‚Freien Städte', die zum Teil an Venedig angelehnt ist. Für diese Einstellung haben meine Kollegen René Borst, Jan Burda, Steffen

Metzner und ich sogar einen ,Visual Effects Society Award' verliehen bekommen. Außerdem ist unser Arbeitgeber, die Mackevision GmbH in Stuttgart, mit einem Emmy Award ausgezeichnet worden.
Als wir die Konzepte für die Einstellung das erste Mal gesehen haben, war es ein Gänsehautmoment und uns ist sofort klar gewesen, dass diese Idee funktionieren wird! Inspiriert hat uns die kollektive Begeisterung dafür. Jeder hat etwas von seiner Fantasie in die Einstellung einfließen lassen."

Dankeschön an

Adlard, Charlie
Arkani, Homa
Blek Le Rat alias Prou, Xavier: Sybille Prou
Blum, Dieter: Samantha Dörfler
Charlie Le Mindu: François Thibault Pradet
Davis, Jim: Kim Campbell Beasley
Dondoli, Sergio
Edwards, David: Karine Scherrer
Emek: Erika Teyema
Godley, Kevin
Helfgott, David: Walter Hitz
Heuel, Ralf: Ina Bach
Kalle, Alexandra
Leopoldseder, Hannes: Michaela Wimplinger
Levi, Kobi
Livne, Alone: Corine White
Mayer, Jürgen H.: Wilko Hoffmann
Peterson, David J.
Powell, Aubrey
Rashid, Hani: Julianne Jones, Megan Collins
Rashid, Karim: Jessica Pearson
Rossi, Francis: Ilona Sawicka, Lyane Ngan
Sasson, Steven: Marc Pitzke
Schön, Geza: Katja Derow
Starzak, Richard alias Goleszowski, Richard: Christopher Lyon
Volpi, Demis: Franziska Klamm
Walsh, Peter
Weiss, Frieder
Wertich, Volker
Winkler, Heinz: Nadine Reinwardt
Zilliken, Christian: Nadja Atwaa

und

Benno Käsmayr (Maro Verlag)
Kira Elena Nolan
Fabian Schreyer

Bildnachweise:

Vorwort:
Santana/Hammerl:
© Thomas Braun
Volpi/Hammerl:
© Ursula Knipper
Adlard, Charlie:
© Olivier Roller (Fotos)
© Charlie Adlard (Graphiken)
Arkani, Homa:
© privat (Portrait)
Blek Le Rat/Xavier Prou:
© Sybille Prou (3)
Blum, Dieter:
© Dieter Blum
Davis, Jim:
© courtesy of The Star Press (Fotos)
© Jim Davis (Garfield)
Dondoli, Sergio:
© Sergio Dondoli/"Gelateria Di Piazza"
Edwards, David A.:
© Wayne Chinnock (Portrait & Products)
Emek:
© Ronni Kobrin-Golan (Portrait)
© Emek (Pearl-Jam-Poster)
Godley, Kevin:
© Susanne Godley (Portrait, Hats)
© Kevin Godley
Helfgott, David:
© Archiv fine arts management (Live)
© Peter Nance (Portrait)
Heuel, Ralf:
© Thies Ratzke Photography (Portrait)
© Oliver Schwarzwald (Dorfschönheiten/Wein)
Kalle, Alexandra:
© Stefan Gregorowius für TINA woman&style (2)
Le Mindu, Charlie:
© Olivier Ouadah_Graphic Design Roberto Martinez
Leopoldseder, Hannes:
© Hannes Leopoldseder privat (Portrait)
© Martin Hieslmair (Ars-Electronica-Center)
Levi, Kobi:
© Shay Ben-Efraim & Ilit Azoulay, Kobi Levi Footwear Art
Livné, Alon:
© Daniel Kaminsky (Collection 2016)
© Dudi Hasson (Collection 2015 + Alon Livné White-Collection 2016)
Mayer, J. H.:
© Joseph Wohlert (Portrait)
© Nikkol Rot for Holcim
Peterson, David J.:
© Erin Peterson
© Jake Reinig (Portrait)
Powell, Aubrey:
© Aubrey Powell/Hipgnosis
Rashid, Hani:
© Naho Kubota Photography (Portrait)
© Jacobo Espana (Yas Hotel Marina)
© Asymptote Architecture (Yas Island)
Rashid, Karim:
© BANDO E&C co., Ltd (Portraits):
© Karim Rashid Inc.
Rossi, Francis:
© Fabian Schreyer (2, live)
© Christie Goodwin (Portrait)
Sasson, Steven:
© The Eastman Kodak Company
Schön, Geza:
© Sandra Ludewig (Portrait)
Starzak, Richard/Goleszowski, Richard:
© Richard Laing (Portrait)
© James Fisher (Set)
Volpi, Demis:
© Roman Novitzky (2)
© Stuttgarter Ballett („Krabat")
Walsh, Peter:
© Arnau Oriol (@ Metropolis Studio)
Wertich, Volker:
© Besier Oehling Studio Ingelheim (Portrait)
Weiss, Frieder:
© Heinz Stricker (Portrait)
© Chunky Move (Tanzfotos)
Winkler, Heinz:
© Residenz Heinz Winkler (3)
Zilliken, Christian:
© Thomas Hammerl (Portrait)
© HBO/SKY Deutschland
Autorenportrait:
© Ursula Knipper